田野·社会丛书第二辑

凿井而饮：明清以来黄土高原的生活用水与节水

胡英泽　著

2018年·北京

图书在版编目（CIP）数据

凿井而饮：明清以来黄土高原的生活用水与节水 / 胡英泽著. — 北京：商务印书馆，2018
（田野·社会丛书）
ISBN 978-7-100-16228-9

Ⅰ.①凿… Ⅱ.①胡… Ⅲ.①黄土高原—水利史—研究—明清时代 Ⅳ.①TV-092

中国版本图书馆CIP数据核字（2018）第124924号

（田野·社会丛书）
凿井而饮：明清以来黄土高原的
生活用水与节水
胡英泽　著

商　务　印　书　馆　出　版
（北京王府井大街36号　邮政编码 100710）
商　务　印　书　馆　发　行
三河市尚艺印装有限公司印刷
ISBN 978-7-100-16228-9

2018年7月第1版　　　开本 710×1000　1/16
2018年7月第1次印刷　　印张 20 1/4

定价：62.00元

本研究受国家社会科学基金青年项目“明清以来黄土高原地区的民生用水与节水”（项目编号：06CZS019）资助

《田野·社会丛书》总序

走向田野与社会
——中国社会史研究的追求与实践

行　龙

人文社会科学领域的理论和概念总是不断出新，五花八门。回顾20世纪80年代以来中国社会史研究的发展历程，我们引进、接受了太多的西方人文社会科学的理论和概念。现代化理论、"中国中心观"、年鉴派史学、国家—社会理论、"过密化"、"权力的文化网络"、"地方性知识"、知识考古学、后现代史学，等等，林林总总。引进接受的过程既是一个目不暇接、眼花缭乱的过程，又是一个不断跟进让人疲惫的过程。在这样一个过程中，我们在不断地反思，也在不断地前行。中国社会史研究深受西方有关理论概念的影响，这是一个不争的事实。另一方面，我们又不时地听到或看到对西方理论概念盲目追求、一味模仿的批评，建立中国本土化的社会史概念理论的呼声在我们的耳畔不时响起。

这里的"走向田野与社会"，却不是什么新的概念，更不是什么理论之类。至多可以说，它是山西大学中国社会史研究中心三代学人从事社会史研究过程中的一种学术追求和实践。

"走向田野与社会"付诸文字，最早是在2002年。那一年，为庆祝山西大学建校100周年，校方组织出版了一批学术著作，其中一本是我主编的《近代山西社会研究》（中国社会科学出版社2002年版），此书有一个副标题就叫"走向田野与社会"，其实是我和自己培养的最初几届硕士研究生撰写的有关区域社会史的学术论文集。2007年我的另一本书将此副题移作正题，名曰《走向田野与社会》

（生活·读书·新知三联书店 2007 年版）。

忆记 2004 年 9 月的一个晚上，我在山西大学以“走向田野与社会”为题的讲座中谈到，这里的“田野”包含两层意思：一是相对于校园和图书馆的田地与原野，也就是基层社会和农村；二是人类学意义上的田野工作，也就是参与观察、实地考察的方法。这里的“社会”也有两层含义：一是现实的社会，我们必须关注现实社会，懂得从现在推延到过去或者由过去推延到现在；二是社会史意义上的社会，这是一个整体的社会，也是一个“自下而上”视角下的社会。

其实，走向田野与社会是中国历史学的一个悠久传统，也是一份值得深切体会和实践的学术资源。我们的老祖宗司马迁写《史记》的目的是“究天人之际，通古今之变，成一家之言”，为此他游历名山大川，了解风土民情，采访野夫乡老，搜集民间传说。一篇《河渠书》，太史公“南登庐山，观禹疏九江，遂至于会稽太湟，上姑苏，望五湖；东窥洛汭、大邳、迎河，行淮、泗、济、漯、洛渠；西瞻蜀之岷山及离碓；北自龙门至于朔方”，可谓足迹遍南北。及至晚近，“读万卷书，行万里路”几成中国传统知识文人治学的准则。

我的老师乔志强（1928—1998）先生辈，虽然不能把他们看作传统文人一代，但他们对中国传统文化的体认却比吾辈要深切许多。即使是在接连不断的政治运动环境下，他们也会在自己有限的学问范围内走出校园，走向田野。乔先生最早出版的一本书，是 1957 年由山西人民出版社出版的《曹顺起义史料汇编》，该书区区 6 万字，除抄录第一历史档案馆有关上谕、奏折、审讯记录稿本外，很重要的一部分就是他采访当事人后人及“访问其他当地老群众”，召开座谈会收集而来的民间传说。也是在 20 世纪 50 年代开始，他在教学之余，又开始留心搜集山西地区义和团史料。现在学界利用甚广的刘大鹏之《退想斋日记》、《潜园琐记》、《晋祠志》等重要资料，就是他在晋祠圣母殿侧廊看到刘大鹏的碑铭后，顺藤摸瓜，实地走访得来的。1980 年，当人们还沉浸在“科学的春天”到来之际，乔志强先生就推出了《义和团在山西地区史料》（山西人民出版社 1980 年版）这部来自乡间田野的重要资料书，这批资料也成就了他对早年山西义和团的研究和辛亥革命前十年历史的研究。

20 世纪 80 年代，乔志强先生以其敏锐的史家眼光，开始了社会史领域的钻研和探索。我们清楚地记得，他与研究生一起研读相关学科的基础知识，一起讨论提纲著书立说，一起参观考察晋祠、乔家大院、丁村民俗博物馆，一起走向田野访问乡老。一部《中国近代社会史》（人民出版社 1992 年版）被学界誉为中国社会史“由理论探讨走向实际操作的第一步”，成为中国社会史学科体系初步形成的一个最重要的标志。就是在该书的长篇导论中，他在最后一个部分专门谈“怎样研究社会史”，认为“历史调查可以说是社会史的主要研究方法”，举凡文献资料，包括正史、野史、私家著述、地方志、笔记、专书、日记、书信、年谱、家谱、回忆录、文学作品；文物，包括金石、文书、契约、图像、器物；调查访问，包括访谈、问卷、观察，等等，不厌其烦，逐一道来，其中列举的山西地区铁铸古钟鼎文和石刻碑文等都是他多年的切身体验和辛苦所得。

乔志强先生对历史调查和田野工作的理解是非常朴实的，其描述的文字也是平淡无华的，关于“调查访问”中的“观察”，他这样写道：

> 现实的社会生活，往往留有以往社会的痕迹，有时甚至很多传统，特别如民俗、人际关系、生活习惯，这些就可以借助于观察。另外还可以借助于到交通不便或是人际关系较为简单的地区去观察调查，因为它们还可能保留有较多的过去的风俗习惯、人际往来等方面的痕迹，对于理解历史是有用处的。（《中国近代社会史》，人民出版社 1992 年版，第 30—31 页）

二十多年后重温先生朴实无华的教诲，回想当年跟随先生走村过镇的往事，我们为学有所本亲炙教诲感到欣慰。

走向田野与社会，又是由社会史的学科特性所决定的。20 世纪之后兴起的西方新史学，尤其是法国年鉴学派史学在批判实证史学的基础上异军突起，年鉴派史学“所要求的历史不仅是政治史、军事史和外交史，而且还是经济史、人口史、技术史和习俗史；不仅是君王和大人物的历史，而且还是所有人的历史；这是结构的历史，而不仅仅是事件的历史；这是有演进的、变革地运动着的历史，不是停滞的、描述性的历史；是有分析的、有说明的历史，而不再是纯叙述性的历史；总之是一种总体的历史”。100 年前，梁启超在中国倡导的“新史学”与西方有异曲同工之妙，20 世纪 80 年代恢复后的中国社会史研究更以其“把历史的内容还给历史”的雄心登坛亮相。长期以来以阶级斗争为主线的历史研究使得历史变得干瘪枯燥，以大人物和大事件组成的历史难以反映历史的真实，全面地准确地认识国情、把握国情，需要我们全面地系统地认识历史、认识社会，需要我们还历史以有血有肉丰富多彩的全貌。可以说，中国社会史在顺应中国社会变革和时代潮流中得以恢复，又在关注社会现实的过程中得以演进。

因此，社会史意义上的“社会”，又不仅是历史的社会，同时也是现实的社会。通过过去而理解现在，通过现在而理解过去，此为年鉴派史学方法论的核心，第三代年鉴学派的重要人物勒高夫曾宣称，年鉴派史学是一种“史学家带着问题去研究的史学”，“它比任何时候都更重视从现时出发来探讨历史问题”。

很有意思的是，半个世纪以前，钱穆先生在香港某学术机构做演讲，有一讲即为“如何研究社会史”，他尤其强调：

> 要研究社会史，应该从当前亲身所处的现实社会着手。历史传统本是以往社会的记录，当前社会则是此下历史的张本。历史中所有是既往的社会，社会上所有则是先前的历史，此两者本应联系合一来看。
>
> 要研究社会史，决不可关着门埋头在图书馆中专寻文字资料所能胜任，主要乃在能从活的现实社会中获取生动的实像。
>
> 我们若能由社会追溯到历史，从历史认识到社会，把眼前社会来做以往历史的一个生动见证，这样研究，才始活泼真确，不要专在文字记载上作片面的搜索。（《中国历史研究法》，生活·读书·新知三联书店 2001 年版，第 52—56 页）

乔志强先生撰写的《中国近代社会史》导论部分，计有社会史研究的对象、知识结构、意义及怎样研究社会史四个小节，谈到社会史研究的意义，没有谈其学术意义，“重点强调研究社会史具有的重要的现实意义”。社会史的研究要有现实感，这是社会史研究者的社会责任，也是催促我们走向田野与社会的学术动力。

社会史意义上的“社会”，又是一种“自下而上”视角下的社会。与传统史学重视上层人物和重大历史事件的“自上而下”视角不同，社会史的研究更重视芸芸众生的历史与日常。举凡人口、婚姻、家庭、宗族、农村、集镇、城市、士农工商、衣食住行、宗教信仰、节日礼俗、人际关系、教育赡养、慈善救灾、社会问题，等等，均从“社会生活的深处”跃出而成为社会史研究的主要内容。显然，社会史的研究极大地拓展了传统史学的研究内容，如此丰富的研究内容决定了社会史多学科交叉融合的特性，如此特性需要我们具有与此研究内容相匹配的相关学科基础知识与训练，需要我们走出学校和图书馆，走向田野与社会。由此，人类学、社会学等成为社会史最亲密的伙伴，社会史研究者背起行囊走向田野，“优先与人类学对话”成为一道风景。

“偶然相遇人间世，合在增城阿姥家。”山西大学的社会史研究与人类学是有学脉缘分的，一位祖籍山西，至今活跃在人类学界的乔健先生1990年自香港向我们走来。我不时地想过，也许就是一种缘分，“二乔”成为我们社会史研究的领路人，算是我们这些生长在较为闭塞的山西后辈学人的福分。现在，山西大学中国社会史研究中心的鉴知楼里，恭敬地置放着“二乔”的雕像，每每仰望，实多感慨。

1998年，乔志强先生仙逝后，乔健先生曾特意撰文回忆他与志强先生最初的交往：

> 我第一次见到乔志强先生是在1990年初夏，当时我来山西大学接受荣誉教授的颁授。志强先生与我除了同乡、同姓的关系外，还是同志。我自己是研究文化/社会人类学的，但早期都偏重所谓“异文化”的研究，其中包括了台湾的高山族、美国的印第安人（特别是那瓦侯族）以及华南的瑶族。但从九十年代起，逐渐转向汉族，特别是华北汉族社会的研究。志强先生是中国社会史权威，与我新的研究兴趣相同。由于这种“三同”的因缘，我们一见如故，相谈极欢。他特别邀请我去他家吃饭，吃的是我最爱吃的豆角焖面。我对先生的纯诚质朴，也深为赞佩。（《纪念乔志强先生》，未刊稿，第32页）

其实，乔健先生也是一位纯诚质朴的蔼蔼长者，又是一位立身田野从来不知疲倦的著名人类学家。他为扩展山西大学的对外学术交流，尤其是对中国社会史研究中心的学术发展付出了大量的心血。我初次与乔健先生相识正是在1990年山西大学华北文化研究中心的成立仪式上。1996年，“二乔”联名申请国家社科基金重点项目——华北贱民阶层研究获准，我和一名研究生承担的“晋东南剃头匠”成为其中的一部分，开始直接受到乔健先生人类学的指导和训练；2001年，乔健先生又申请到一个欧洲联盟委员会关于中国农村可持续发展的研究项目，我们多年来关注的一个田野工作点赤桥村（即晋祠附近刘大鹏祖籍）被确定为全国七个点之一；2006年下半年，我专门请乔先生为研究生开设了文化人类学专题课，他编写讲义，印制参考资料，每天到图书馆的十层授课论道，往来不辍。这些年，他几乎每年都要来中心一到两次，做讲座，下田野，乐在其中，老而弥坚。前不久他来又和我谈起下一步研究绵山脚下著名的张壁古堡计划。如今，乔健先生将一生收藏的人类学、社会学书籍和期刊捐赠中心，命名为“乔健图书馆”，又特设两种奖学金鼓励优秀学子立志成才，其情其人，良多感佩。正是在这位著名人类学家的躬身提携下，我结识了费孝通、李亦园、金耀基等著名人类学社会学前辈及诸位同行，我和多名研究生曾到香港和台湾参加各种人类学、社会学会议。正是在乔健先生的亲自指导之下，我们这些历史学学科背景的晚辈，才开始学得一点人类学的知识和田野工作的方法，山西大学中国社会史研究中心的学术工作有了人类学、社会学的气味，走向田野与社会成为中心愈来愈浓的学术风气。

奉献在读者面前的这套丛书，命名为“田野·社会丛书”，编者和诸位作者不谋而合。丛书主要刊出山西大学中国社会史研究中心年轻一代学者的研究成果，其中有些为博士论文基础上的修改稿，有些则为另起炉灶的新作。博士论文也好，新作也好，均为积年累月辛苦钻研所得，希望借此表达出走向田野与社会的研究取向和学术追求。

丛书所收均为区域社会史研究之作，而这个“区域”正是以我们生于斯，长于斯，情系于斯的山西地区为中心。在长期从事中国社会史研究的过程中，编者和作者形成了这样一个基本认知：社会史的研究并不简单是“社会生活史”的研究，只有“自上而下”与“自下而上”的结合，理论探讨与实证研究的结合，宏观研究与微观研究的结合，才能实现“整体的”社会史研究这一目标，才能避免“碎片化”的陷阱。

其实，整体和区域只是反映事物多样性和统一性及其相互关系的范畴，整体只能在区域中存在，只有通过区域而存在。相对于特定国家的不同区域而言，全国性范围的研究可以说是宏观的、整体的，但相对于跨国界的世界范围的研究而言，全国性的研究又只能是一种微观的、区域的研究，整体和区域并不等同于宏观和微观。史学研究的价值并不在于选题的整体与区域之别，区域研究得出的结论未必都是个别的、只适于局部地区的定论，“更重要的是在每个具体的研究中使用各种方法、手段和途径，使其融为一体，从而事实上推进史学研究”。我们相信，沉湎于中国悠久的历史文化传统，研读品味先辈们赐赠的丰硕成果，面对不断翻新流行时髦的各式理论概念，史学研究的不变宗旨仍然是求真求实，而求真求实的重要途径之一就是通过区域的、个案的、具体的研究去实践。这里需要引起注意的是，这样一种区域的、个案的、具体的研究又往往被误认为社会史研究“碎化”的表现，其实，所谓的“碎化”并不可怕，把研究对象咬烂嚼碎，烂熟于胸化然于心并没有什么不好，可怕的是碎而不化，碎而不通。区域社会史的研究绝不是画地为牢的就区域而区域，而是要就区域看整体，就地方看国家。从唯物主义整体的普遍联系的观点出发，在区域的、个案的、具体的研究中保持整体的眼光，正是克服过分追求宏大叙事，实现社会史研究整体性的重要途径。丛书所收的各种选题中，既有对山西区域社会一些重大问题的研究，也有一些更小的区域（如黄河小北干流、霍泉流域），甚至某个具体村庄的研究，选题各异，而追求整体社会史研究的目标则一。

作为一种学术追求与实践，走向田野与社会也是区域社会史研究的必然逻辑。我们知道，传统历史研究历来重视时间维度，那种民族—国家的宏大叙事大多只是一个虚幻的概念，一个虚拟和抽象的整体，而没有较为真切的空间维度。社会史的研究要“自下而上”，要更多地关注底层民众的历史，而区域社会正是民众生活的日常空间，只有空间维度的区域才是具体的真实的区域，揭示空间特征的“田野”便自然地进入区域社会史研究的视野，走向田野从事田野工作便成为一种学术自觉与必然。

社会史研究要“优先与人类学对话”，也要重视田野工作。我们知道，人类学的田野工作首先是对“异文化”的参与观察，它要求研究者到被研究者的生活圈子里至少进行为期一年的实地观察与研究，与被研究者“同吃同住同劳动”，进而撰写人类学意义上的民族志。人类学强调参与观察的田野工作，对区域社会史研究具有重要的借鉴意义。走向田野，直接到那个具体的区域体验空间的历史，观察研究对象的日常，感受历史现场的氛围，才能使时间的历史与空间的历史连接起来，才能对“地方性知识”获取真正的认同，才能体会到“同情之理解”的可能，才能对区域社会的历史脉络有更为深刻的把握。然而，社会史的田野工作又不完全等同于人类学的田野工作。“上穷碧落下黄泉，动手动脚找资料”，搜集资料、尽可能地全面详尽地占有资料，是史学研究尤其是区域社会史研究最基础的工作。

如果说宏大叙事式的研究主要是通过传统的正史资料所获取，那么，区域社会史的研究仅此是远远不够的，这是因为，传统的正史甚至包括地方志并没有存留下丰厚的地方资料，“地方性资料”诸如碑刻、家谱、契约、账簿、渠册、笔记、日记、自传、秧歌、戏曲、小调等，只有通过田野调查才能有所发现，甚至大量获取。所以说，社会史的田野工作，首先要进行一场“资料革命”，在获取历史现场感的同时获取地方资料，在获取现场感和地方资料的同时确定研究内容认识研究内容。在《走向田野与社会》一书开篇自序中，笔者曾有所感触地写道：

> 走向田野，深入乡村，身临其境，在特定的环境中，文献知识中有关历史场景的信息被激活，作为研究者，我们也仿佛回到过去，感受到具体研究的历史氛围，在叙述历史，解释历史时才可能接近历史的真实。走向田野与社会，可以说是史料、研究内容、理论方法三位一体，相互依赖，相互包含，紧密关联。在我的具体研究中，有时先确定研究内容，然后在田野中有意识地收集资料；有时是无预设地搜集资料，在田野搜集资料的过程中启发了思路，然后确定研究内容；有时仅仅是身临其境的现场感，就激发了新的灵感与问题意识，有时甚至就是三者的结合。

值得欣慰的是，在长期从事社会史学习和研究的过程中，走向田野与社会这一学术取向正在实践中体现出来。《田野·社会丛书》所收的每个选题，都利用了大量田野工作搜集到的地方文献、民间文书及口述资料；就单个选题而言，不能说此前没有此类的研究，就资料的搜集整理利用之全面和系统而言，至少此前没有如此丰厚和扎实。我们相信，走向田野与社会，利用田野工作搜集整理地方文献和资料，在眼下快速城市化的进程中是一种神圣的文化抢救工作，也是一项重要的学术积累活动。我们也相信，这就是陈寅恪先生提到的学术之“预流”——“一时代之学术，必有其新材料与新问题。取用此材料以研究问题，则为此时代学术之新潮流。治学之士，取预此潮流，谓之预流”。

走向田野与社会，既驱动我们走向田野将文献解读与田野调查结合起来，又激发我们关注现实将历史与现实粘连起来，这样的工作可以使我们发现新材料和新问题，以此新材料用以研究新问题，催生了一个新的研究领域——集体化时代的中国农村社会研究。

对于这样一个新的研究领域，这里还是有必要多谈几句。其实，何为“集体化时代”，仍是一个见仁见智的问题。陋见所知，或曰“合作化时代”，或曰“公社化时代”，对其上限的界定更有互助组、高级社，甚至人民公社等诸多说法。我们认为，集体化时代即指从中国共产党在抗日根据地推行互助组，到20世纪80年代农村人民公社体制结束的时代，此间约40年时间（各地容有不一），互助组、初级社、高级社、人民公社、农业学大寨前后相继，一路走来。这是一个中国共产党人带领亿万农民走向集体化，实践集体化的时代，也是中国农村经历的一个非常特殊的历史时代。然而，对于这样一个重要的研究领域，以往的中国革命史和中国共产党党史研究并没有给予足够的重视，宏大叙事框架下的革命史和党史只能看到上层的历史与重大事件，基层农村和农民的生活与实态往往湮没无闻。在走向田野与社会的实践中，我们强烈地感受到，随着现代化过程中“三农”问题的日益突出，随着城市化过程中农村基层档案的迅速流失，从搜集基层农村档案资料做起，开展集体化时代的农村社会研究，是我们社会史工作者一份神圣的社会责任。坐而论道，不如起而行之。21世纪初开始，我们有计划、有组织地下大力气对以山西为中心的集体化时代的基层农村档案资料进行抢救式的搜集整理，师生积年累月，栉风沐雨，不避寒暑，不畏艰难，走向田野与社会，深入基层与农村，迄今已搜集整理近200个村庄的基层档案，数量当在数千万字以上。以此为基础，我们还创办了一个“集体化时代的农村社会”学术展览馆。集体化时代的农村基层档案可谓是“无所不包，无奇不有”，其重要价值在于它的数量庞大而不可复制，其可惜之处在于它的迅速散失而难以搜集。我们并不是对这段历史有什么特殊的情感，更不是将这批档案视为“红色文物”期望它增值，实在是为其迅速散失而感到痛惜，痛惜之余奋力抢救，抢救之中又进入研究视野。回味法国年鉴学派倡导的“集体调查”，我们对此充满敬意而信心十足。

勒高夫在谈到费弗尔《为史学而战》时写道：

> 费弗尔在书中提倡“指导性的史学”，今天也许已很少再听到这一说法。但它是指以集体调查为基础来研究历史，这一方向被费弗尔认为是“史学的前途”。对此《年鉴》杂志一开始就做出榜样：它进行了对土地册、小块田地表格、农业技术及其对人类历史的影响、贵族等的集体调查。这是一条可以带来丰富成果的研究途径。自1948年创立起，高等研究实验学院第六部的历史研究中心正是沿着这一途径从事研究工作的。（勒高夫等主编：《新史学》，上海译文出版社1989年版，第14—15页）

集体化时代的农村社会研究，还使我们将社会史的研究引入到了现当代史的研究中。中国社会史研究自20世纪80年代复兴以来，主要集中在1949年以前的所谓古代史、近代史范畴，将社会史研究引入现当代史，进一步丰富革命史和中国共产党党史的研究，以致开展“新革命史”研究的呼声，近年来愈益高涨。我们认为，如果社会史的研究仅限于古代、近代的探讨而不顾及现当代，那将是一个巨大的缺失和遗憾，将社会史的视角延伸至中国现当代史之中，不仅是社会史研究“长时段”特性的体现，而且必将促进“自上而下”与“自下而上”的有机结合，进而促进整体社会史的研究。

三十而立，三十而思。从乔志强先生创立中国社会史研究的初步体系，到由整体社会史而区域社会史的具体实践，从中国近代社会史到明清以来直至中国的当代史，在走向田野与社会的学术追求和实践中，山西大学的中国社会史研究在反思中不断前行，任重而又道远。

1992 年成立的山西大学中国社会史研究中心，到今年已经整整 20 年了。《田野·社会丛书》的出版，算是对这个年轻的但又是全国最早出现的社会史研究机构的小小礼物，也是我们对中国社会史研究的重要开拓者乔志强先生的一个纪念。

2012 年岁首于山西大学

中国社会史研究中心

目　录

序　论

本书所研究的生活用水，主要指人在日常生活中饮、食、洗等方面的用水，也包括人所饲养的畜类的生活用水。

本书所研究的地域范围，主要为黄土高原，当然有时会涉及这个地区之外的内容，如与黄土高原相接的河北、河南等地（冀西、豫西部分地区本身就属黄土高原范围）。本书讨论的核心是生活用水，流动的水和流动的人往往突破了黄土高原的边界，所以生硬地把黄土高原和北方其他地区割裂开来，并不符合事实，也不利于总体研究和比较研究。本书的时间范围是明清以来，包括明、清、民国以至现代的历史。由于历史时期生活用水形式的稳定性以及相关资料的分散性，每一部分内容都要显示出明清以至现代的过程，显然面临着很大困难，因此，各个章节在时间方面可能有所侧重，但总体上还是能体现出明清以来的时间过程。当然，部分研究根据需要，在时间上还有上溯。这是首先要强调和说明的。

人们常说的"早起开门七件事，柴米油盐酱醋茶"，早就成为中国人民为生活奔波忙碌、维持生活基本需求的写照了，然而其中却没有水。还有一句谚语，"宁可三日无油，不可一日无水"，又说明水在日常生活里的重要性。河南省新安县庙上村有一块全村同立的石碑，碑文记载："清光绪三年，大旱三载，饿死、逃水者十有八九。室中有米粟石余、香油数斤而死者，乃缺水也。"[①] 寥寥数语，令人震撼，生动深刻地揭示了水与民生的关系。看来，维持日常生活的基本需求，水还是应当排在第一位。

---

① 光绪十五年《新安县石井庙上村碑记》，见范天平编注：《豫西水碑钩沉》，陕西人民出版社 2001 年版，第 471 页。

黄土高原是中国生活用水用最困难的地区之一，日常生活又离不开水，那么历史时期黄土高原地区的生活用水是如何解决的？这是一个非常重要的民生问题，同时也是一个长期被关注水利的研究者所忽略的问题。

人们不禁要问，既然生活用水是一个关乎民生的重大问题，为什么很少有研究者来对这一重要领域进行研究呢？这一方面与历史时期农业水利的地位有关，另一方面和时代变迁以及生活质量观念的变革有关。

在历史时期，灌溉用水关系到农业生产、国家正赋，历来为最高统治者以及各级官员所重，在水源丰富且稳定的区域，国家对农业水利工程的经费、管理等方面大量投入，以保障财政收入。除国家直接投资修建的水利工程外，民间亦有开发灌溉水利之举，形成官渠、民渠相辅相成的格局。在一定时期，官渠的日常管理下放民间，民渠的管理制度效仿官渠，二者又互相渗透，使得水利管理水平达到了较高程度。[①] 此重彼轻，虽然黄土高原等地存在乡民生活用水的困难，虽然历来为乡民所重，但相较国家正赋，毕竟属于日常饮食的民间“琐碎”之类，乡村社会也就长期处于“凿井而饮，耕田而食”的自为状态。受此影响，农业水利和生活用水就被赋予了不同的意义等级。

生活用水的意义等级还表现为城市与乡村的差异。和乡村聚落不同的是，各级治所具有政府行政之功能，亦关乎最高统治者及地方官员自身生活，多有官方主持修建生活用水工程，附近乡村稍可沾润其泽，但相对广大乡村而言，真是微不足道。

从世界范围来看，我们今天所使用的公众健康一词，起源于19世纪，它是出于对大城市日常生活供水条件的回应，这和大城市居民饮用不清洁卫生的用水引发的霍乱有关。[②] 生活用水作为日常生活必需的物质，供水条件和用水需要的改变，也是和15—19世纪欧洲和中国城市兴起的消费思想有关。[③]

另一方面，生活用水困难在空间上和时间上都是一个相对的概念，是一个变

① 董晓萍、〔法〕蓝克利：《不灌而治——山西四社五村水利文献与民俗》，中华书局2003年版，第5页。

② Denis Smith, *Water-Supply and Public Health Engineering(Studies in the History of Civil Engineering, Volume 5)*, Variorum, 1999.

③ S. A. M. Adshead, *Material Culture in Europe and China,1400-1800: The Rise of Consumerism*, Macmillan, 1997.

化的动态过程。由于水资源环境的不同，同时代不同区域获取生活用水有难易之别，有的地区易于得到生活用水，有的地区则非常困难。在同一区域，由于时代变迁和生活质量观念的改变，相沿已久的生活用水却被认为是一种需要改造的民生困难。随着现代国家的建构，过去不为所重的生活用水问题逐渐列入政府规划，实现了从传统社会的民间“琐碎”到现代社会重大民生问题的转变。

与此相对应的是，历史时期农业水利研究的喧闹和生活用水研究的冷清。研究者早已认识到水资源的重要性并展开研究，推动了从水资源角度解释的社会科学理论的发展。历史学、社会学、人类学、民俗学、政治学等对水资源与国家、社会的关系提出了问题并给予了回答，其中尤以魏特夫的“东方专制主义”、日本学者提出的“水利共同体”影响较彰。虽然学科不同、研究方法各异，但这些研究者多把注意力集中在农业水利灌溉方面，却长期忽视了生活用水这一重大民生问题的研究。

一、学术史回顾

就国内范围而言，研究者从不同的学科背景出发，已经出现了一些生活用水的研究成果，就笔者目力所及，有以下方面。

水利学方面的研究，以中国科学院黄土高原综合科学考察队编著的《黄土高原地区水资源问题及对策》（中国科学技术出版社 1991 年版）为代表，主要体现了自然科学的特点，其中涉及到现代生活用水困难问题，为了解黄土高原用水环境提供了相关知识背景。20 世纪 80 年代，沈树荣等人所著《水文地质史话·札记》（地质出版社 1985 年版），在促进自然科学与社会科学跨学科研究方面进行了有益探索，从水文地质角度对有关历史资料加以梳理并进行了初步研究。

从水井、水池等给水形式来看，在水井方面，古人对水井的研究和论述主要集中在凿井技术、农业生产领域。[①] 今人对水井的研究较多，包括以下几方面：考

① 明代徐光启《农政全书》较早对水井的开凿和汲水进行了系统详尽的记述。清代王心敬的《丰川续集》卷八有《井利说》一文，从发展农业生产的角度，对井灌进行了较为全面系统的论述。

古学研究主要利用考古发掘，分析水井之年代、形制、水井发明的意义等。[①] 水利学研究主要探讨凿井技术、水井灌溉与农业生产之关系。[②] 民俗学研究主要探讨与水井有关的民俗事项、民间文化、民间传说[③]，其中吴裕成的《中国井文化》一书，是系统研究井俗的开篇之作。书中就掘井、汲井、井的水质与功用、井与历史人物、井俗大观、井与哲学、文学、传说等进行了民俗学研究。该书以水井为切入点，从文化的视角审视井，构画社会生活的状貌，但没有对乡村给水制度进行微观研究。乡村地理学研究主要考察水井与村落布局、形态之关系，对生活用水困难略有探讨。[④] 此外，民国时期的一些调查报告也涉及水井的内容[⑤]，这些调查报告中有关水井的内容较多地为学界所引用，其中的水井习俗似乎有概念化为华北模式的趋势，其实，这些调查报告只涉及山东、河北两省处于平原地区的少数村庄，与河北、河南、山西、陕西等这些位于黄土高原或部分属于黄土高原的广大地区相比，并不能反映地区的总体特征，需要深入研究并加以完善和修正。

---

① 就我们所见有王克林：《水井的发明与意义》，《中国社会经济史论丛》第1辑，山西人民出版社1981年版；黄崇岳：《水井起源初探——兼论“黄帝穿井”》，《农业考古》1982年第2期；刘诗中：《中国古代水井形制初探》，《农业考古》1991年第3期；张子明：《秦汉以前水井的考古发现和造井技术》，《文博》1996年第1期；郑洪春：《考古发现的水井与“凿井而灌”》，《文博》1996年第5期；王凌浩、黄渭金：《河姆渡水井研究——兼论我国水井的起源》，《农业考古》2002年第1期；傅淑敏：《略论山西龙山文化时期的水井》，见中国水利学会水利史研究会、山西水利学会水利史研究会编：《山西水利史论集》，山西人民出版社1992年版。

② 王仰之：《中国古代的水井》，《西北大学学报》1982年第12期；陈述平：《明清时期的井灌》，《中国社会经济史研究》1983年第4期；唐嘉弘：《井渠法和古井技术》，《农业考古》1984第1期；缴世忠：《华北水井与水井灌溉史寻踪》，《农业考古》1994年第1期；李辅斌：《清代山西水利事业述论》，《西北大学学报》1995年第6期；房建昌：《历史上西藏水利状况概述》，《中国边疆史地研究》1996年第3期；王涛：《史前水井的考古学分析》，《文博》2001年第2期。此外，中国农业博物馆资料室编写的《中国农史论文目录索引》，林业出版社1992年版，对1992年以前有关水井研究的论文目录进行了整理。李心纯：《黄河流域与绿色文明》，人民出版社1999年版，则从自然环境对生产技术选择的视角，对山西、河北地区清代井灌事业的发达进行了分析。此外还有一些论文和著述论及井灌与农业生产。

③ 就我们所见有：〔澳〕谭达先：《中国的解释性传说》，商务印书馆2002年版；吴裕成：《中国的井文化》，天津人民出版社2002年版；王森泉、屈殿奎：《黄土地民俗风情录》，山西人民出版社1992年版；董晓萍、〔法〕蓝克利：《不灌而治——山西四社五村水利文献与民俗》。

④ 张晓虹：《陕西历史聚落地理研究》，见《历史地理》第16辑，上海人民出版社2000年版；王建革：《华北平原内聚型村落形成中的地理与社会影响因素》，见《历史地理》第16辑，上海人民出版社2000年版。

⑤ 李景汉：《定县社会概况调查》，中国人民大学出版社1986年版；〔日〕中国农村惯行调查会：《中国农村惯行调查》，岩波书店1952—1957年版。

就水池而言，相关专题论文更为少见。董晓萍等人的研究，实际上反映的是黄土高原缺水地区凿池引水解决生活用水的情况。研究者认为，“四社五村”个案的意义在于它对节水水利的独特阐释和成功实践，建立了一套在干旱地区团结生存的可持续经验。不过正如该书总序所说，调查的目标，是由县以下的乡村水资源利用活动切入的。本研究以为，州县治所的生活用水问题也是一个重要的研究领域，将其与广大乡村的用水运作机制进行比较，有益于对上下两层生活用水的理解。另外，该著展现的是引蓄峪水、凿池而饮的生活用水形式，相对于集蓄雨水而言，仅为一种类型。① 另外，刘景纯的研究对人民公社时期普遍存在于咸阳原上的池塘景观的成因、兴废以及对农民生活的作用做了详细的分析和论述，着重指出重建池塘景观和美化新农村的可能。该研究将池塘这一景观与人民公社时期联系起来有其合理之处，但水池的修建历史更为久远。②

就水质而言，法国年鉴学派的布罗代尔重视日常生活研究，主张饮料的历史研究必须从水开始，他在对 15—18 世纪世界范围的饮食专题论述中，涉及用水困难、给水形式、饮水与健康、水质改良等方面，其中对中国饮水观念和习俗进行了扼要评述。③20 世纪 80 年代，我国一些具有地质学背景的学者在促进自然科学与社会科学跨学科研究方面进行了有益探索，他们从水文地质角度对有关历史资料加以梳理并开展初步研究，结集而成《水文地质史话 · 札记》一书，其中涉及水质内容。④ 近年来，疾病生态史、医疗社会史成为中国史学界研究热点，有研究者已经对南方地区生活用水水质的某些方面进行相当讨论。台湾学者萧璠的研究表明，汉宋间南方的地理环境产生了各类地方疾病、传染病，除了自然地理的背景之外，生活习俗、日常生产活动等人为因素如江、河、溪等生活水源易于受到污染，是产生地方病的原因，包括水环境在内的南方地理环境影响了区域政治、

① 董晓萍、〔法〕蓝克利：《不灌而治 —— 山西四社五村水利文献与民俗》。

② 刘景纯：《人民公社时期咸阳原上农村聚落池塘景观的兴废与重建》，《中国历史地理论丛》2001 年增刊。

③ 〔法〕费尔南 · 布罗代尔著，顾良、施康强译：《15 至 18 世纪的物质文明、经济和资本主义》（第一卷）《日常生活的结构：可能与不可能》，生活 · 读书 · 新知三联书店 1997 年版，第 265—270 页。

④ 沈树荣、王仰之、李鄂荣等：《水文地质史话 · 札记》（水文地质工程地质选辑第二十一辑），地质出版社 1985 年版。

军事、财政制度或措施。[①] 余新忠、李玉尚从环境与用水卫生入手，对近代江南地区的生活用水与传染疾病进行研究，从疾病生态与社会变迁的角度考量近代江南的历史。[②] 梁志平新近的研究也表明，江南地区居民饮用水源主要是江（浜）水。[③] 上述研究比较一致的观点是，南方地区密集的水网和生活用水习惯为疫病的传染提供了方便，在很大程度上饮水不洁反映了南方地区水质问题的主要特征。由于这些学者处理的课题是南方地区的水质问题，更多突出了人的生活习惯与生产活动等人为因素造成水源的外在污染，导致饮水不洁，换言之，此类研究偏重于水体外在的“所染”，而较少关注“所染”之外水体自身的“所含”。同时，由于研究地域不同，对日常生活实践中有关水质引起的视觉、味觉、心理感受以及身体实践等方面的讨论亦未展开。

与南方相比较，北方地区尤其是黄土高原的生活用水及水质问题研究相对薄弱。就已有研究而言，主要集中大都市如西安、北京、开封的城市用水，其中对水质问题间有论及。[④] 诚然，大都市的生活用水问题十分重要，但基层民众的生活用水及其水质问题同样值得关注，台湾学者周春燕广泛搜集文献资料，开展北方城市、乡村居民的生活用水研究，颇有启发。[⑤]

由于本书部分章节涉及到医疗社会史，因此，在这里有必要对相关研究加以简要评述。20 世纪 80 年代，在对史学研究进行反思的过程中，台湾学者杜正胜提出新社会史概念，并组织和倡导成立了“疾病、医疗与文化”研讨小组，让台湾的中国疾病史学、医疗社会史蓬蓬勃勃地发展了起来。大陆史学界最初关注疾病

---

① 萧璠：《汉宋间文献所见古代中国南方的地理环境与地方病及其影响》，见李建民主编：《生命与医疗》，中国大百科全书出版社 2005 年版。

② 余新忠：《清代江南的卫生观念与行为及其近代变迁初探》，《清史研究》2006 年第 2 期；李玉尚：《地理环境与近代江南地区的传染病》，《社会科学研究》2005 年第 6 期。

③ 梁志平：《水乡之渴：江南水质环境变迁与饮水改良（1840—1980）》，上海交通大学出版社 2014 年版。

④ 我们所见有蔡蕃：《北京古运河与城市供水研究》，北京出版社 1987 年版；《西安城市发展中的给水问题以及今后水源的利用与开发》，见黄盛璋：《历史地理论集》，人民出版社 1982 年版；邱仲麟：《水窝子——北京的供水业者与生活用水（1368—1937）》，见李孝悌编：《中国的城市生活》，新星出版社 2006 年版。

⑤ 周春燕：《明清华北平原城市的民生用水》，见王利华主编：《中国历史上的环境与社会》，生活·读书·新知三联书店 2007 年版。

医疗，也是史学内部反省的结果，不过相对缺乏理论自觉。据余新忠的观点，是在各自的研究领域内与疾病和医疗问题不期而遇。如曹树基一直从事明清移民史和人口史这样与疾疫相关度极高的课题研究，晏昌贵、龚胜生和梅莉等人系历史地理专业出身，侧重于探讨地理环境的变动。杨念群从事西医东传的研究，不过他的关注点并不在此，而只是将此作为一个切入点，来对近代中国空间转型的实施制度进行探讨，显现出了比较明确的理论自觉。总之，历史研究的基本关注显然不在疾病和医学本身，只不过借此来增益史学研究的维度和深度，以此来说明、诠释历史上社会文化的状况及其变迁，研究取向也是各不相同。[①]2006年8月，国内首次“社会文化视野下的中国疾病医疗史”国际学术研讨会在天津南开大学召开，对疾病医疗史的进一步深化具有推波助澜的作用。[②]杨念群的《再造“病人”——中西医冲突下的空间政治（1832—1985）》（中国人民大学出版社2006年版）是近年来医疗社会史的重要成果，该书从医疗和身体入手，借助空间、地方与疾病隐喻等概念，梳理近代以来的一百多年中，主要源自西方的现代医疗卫生机制是如何植入中国社会的，以及在这一过程中中国的政治和社会运作机制。在他看来，现代政治不仅是行政体制运作的问题，而且也是每个“个人”的“身体”在日常生活中如何被塑造的问题；包括政治对身体进行的规训与惩戒。[③]上述研究，虽然提供了相当启示，但其研究的疾病类型不同于本书所探讨的地方病（水土病），尤其是生活用水改造和地方病医治密切关联，显现了其独特状貌。

综上所述，现在虽然出现了一些生活用水的研究，但不足之处也是明显的。其一，在内容上，缺乏全面系统的生活用水研究。其二，在地域上，缺乏对黄土高原生活用水的整体研究。其三，在视角上，受灌溉水利影响，对生活用水独特而重要的类型意义尚未深刻认识。在充分吸收和反思学界有关生活用水研究成果的基础上，本书要强调的是，农业用水和生活用水在水源利用方面存在重大区别，

---

① 余新忠：《从社会到生命——中国疾病、医疗史探索的过去、现实与可能》，见杨念群等主编：《新史学——多学科对话的图景》（下），中国人民大学出版社2003年版。

② 王涛锴：《“社会文化视野下的中国疾病医疗史”国际学术研讨会综述》，《中国史研究动态》2006年第11期。

③ 余新忠：《另类的医疗史书写——评杨念群著〈再造“病人”〉》，《近代史研究》2007年第6期。

有着独特的研究意义。农业用水属于一种生产资料，水利灌溉的投入是以获取一定的产出为目的。生活用水主要是为了人或其他生物如牲畜、家禽自身的生存和发展，具有公益性。当然，其中包含用于农业或运输业的牲畜、市场交易的家禽等所可能创造的价值。虽然从水源开发、供应、分配等方面来看，两种类型的给水形式大体相似，如有汲取地下水的凿井而饮，也有辘轳上下的凿井以灌；有引渠用汲的轮水制度，也有严密的水利灌溉渠系及分水日程。但二者还是分属不同类型，用水制度存在较大差异。

研究者已经注意到水利这一概念蕴含着丰富的内容，认为水利社会研究要走向深入，必须进行水利社会的类型研究，既要对都江堰等丰水地区的水利社会进行研究，也要注意到山西或西北缺水地区的水利社会研究，还要对内河航运和海运等水运型社会进行研究，通过不同类型的研究，庶几能对水利社会有一个完整的理解①，我们开展的黄土高原生活用水研究，正是水利社会的重要类型②。

二、研究视角

眼光向下，关注普通民众的生活与命运，是社会史研究的一个重要学术取向。在传统社会，乡村生活用水得不到国家层面的重视，在社会生活的研究领域，生活用水也很少引起研究者的注意，所以，进行生活用水研究开启了社会史研究的一个独特视角。

本研究是从社会史的角度，充分利用田野调查搜集到的碑刻资料和田野访谈，关注环境与社会相互关系，对历史时期黄土高原地区生活用水的日常实践进行全面细致的呈现和展示，以生活用水为切入点，理解北方的乡村社会。

黄土高原水资源环境决定了生活用水的特点。黄土高原地区属于干旱半干旱地区，降水不多，蒸发强烈，地貌类型复杂，地形破碎，冲沟发育，贮水导水性

---

① 王铭铭：《“水利社会”的类型》，《读书》2004年第11期。

② 行龙：《从“治水社会”到“水利社会”》，《读书》2005年第8期。

差的黄土广泛分布。地表水、地下水只在河谷、阶地、山前等径流汇集区易于取用，大部分山区、丘陵地区水源条件不好。因此，区内人畜饮水的总体特征是：水源类型不一，取用条件变化大，有不少地区人畜饮用水严重缺乏；传统的供水方式，以人力为主；饮用水量较低，饮水卫生缺乏保障。由于地形地貌条件的限制，河流密度较小，且大多为间歇性河流，区内人畜饮用水源以地下水为主。据20世纪90年代初期的调查，黄土高原地区地下水饮用人数占农村总人口的80%，地下水主要是浅井水、深井水和泉水，饮用人数各占一半。地表水饮用人数占农村人口的20%，其中水源包括河溪水、池窖所蓄之水；在山区和地表水稀少的丘陵地区，地下水位也较深，常以取用深井水为主，其中一些地区因为地下水位太深，无法取用，只能修池打窖集蓄降水，以水质不良的池、窖之水为生。①

根据我们对历史文献的研究和田野考察的经验，历史时期黄土高原地区的生活用水特征，仍与上述统计基本相符。正如本书所言，在黄土高原地区生活用水凿井而饮的形式较为普遍，有的地区或挖池蓄水依赖池窖，或修渠引导河溪，总体来讲，水资源及其开发利用条件是造成黄土高原地区生活用水困难的根本原因。

生活用水困难或缺水是一个相对的概念，它和用水量、水质、取水的难易程度有着密切关系。根据我们对历史时期黄土高原地区生活用水的研究，从时间上来看，缺水可分为常年性缺水和旱年旱季性缺水。所谓常年性缺水就是在一些地方长期缺水，其缺水状况又可大致归纳为三种类型，一是黄土丘陵地带缺水，山西西北、陕西北部一带最为典型。因为黄土层堆积较厚，地下水埋藏很深。另外，在长期的侵蚀作用下，形成千沟万壑的地貌，贮水条件差，降水很快流失，地下水难于贮存。一是山区缺水，如位于太行山脉的山西省壶关县、黎城县，河南省林县，陕西省的潼关、华阴县等，河泉稀少又难以凿井汲引。一是水质性缺水，就是地下水中含有过量的物质，形成苦咸水或高氟水，如在山西南部、关中东部、甘陇一带都存在水质性缺水问题。另外，黄土高原地区分布着一些盐池，周围地区的用水因为含盐量过高而不能饮用，运城、解州的盐湖地区水质不堪饮食。所

① 中国科学院黄土高原综合考察队：《黄土高原地区水资源问题及其对策》，中国科学技术出版社1991年版，第236页。

谓旱年旱季性缺水，就是缺水有一定的时间变化性，这和黄土高原地区降水量年季变化大的特征密切相关。黄土高原素有十年九旱之称，一年之中尤以春、夏两季最为集中。

从我们所搜集的水井碑刻、旱井收水规约、引渠用汲制度当中，也反映出黄土高原地区水资源环境的基本特征：受干旱年份或春、夏季节性降水量少的影响，地下水位下降，井水出水量减小或干枯；水池、旱井收水量不足；河涧泉溪断流，从而导致严重的生活用水困难。

黄土高原人畜生活用水水质受当地下垫面的理化性质和水源防护措施两大因素影响。下垫面包括地表土层及地下含水岩层，它们是饮用水贮存与径流的空间通道，其物理化学性质必然会影响水质。现代研究表明，受黄土高原物理化学性质的影响，其水质问题表现为以下几方面：1. 浊度。黄土的特殊物理化学性质，使大部分黄土覆盖均有不同程度的地表地下水浊度超标。2. 酸碱度。由于蒸发强烈及含水层等原因，黄土高原区内地下水大部分偏碱性。3. 硬度。无径流条件的地表水如窖水、池水等总硬度通常很高。4. 含氟度。一些缺水地区所凿深井之水含氟浓度高。5. 在一些人类居住历史很久的地区，有时地层的硝酸盐含量较高，其地下水亦会受到污染。① 这些分析水质的现代科学话语，在传统社会更多地体现为具体的用水实践，如居民所谓的甜水井、苦咸水、水硬等。

在田野调查和具体研究过程中，我们常常被无与有、少与多、变与不变这样的命题所牵引。所谓无与有，少与多，是指在黄土高原的一些地方没有或缺少生活用水资源，但在民间实践中却遗存了丰富的生活用水资料和严密的用水制度，越是稀缺的资源，越是有严密的开发、管理、分配资源的制度。所谓变与不变，是指时代在变迁，而水资源的缺乏和人的生活用水基本需要之间的矛盾却未发生大的改变。在黄土高原的部分地区水源丰富，但从更大范围来看，普遍存在水资源缺乏的情况，因而形成生活用水困难。关乎民生的水成为一种稀缺性资源，在区域社会中发挥着支配性、决定性作用，相较其他方面，水资源对社会的制约性显得更为突出，可谓以水为中心，用于分析其他区域社会的理论或研究框架并不

① 中国科学院黄土高原综合考察队：《黄土高原地区水资源问题及其对策》，第 246 页。

能对此进行较好的解释。在全面细致地呈现历史时期黄土高原地区人们的生活用水图景的同时，这些命题促使我们不断地追问这些历史知识可能蕴含的意义。对我们而言，细腻生动的刻画诚然是一个重要的任务，但这还远远不够，在此基础上我们还试图从生活用水的视角考察黄土高原区域社会是如何组织、运行、控制的，形成有别于过去分析北方乡村的新视角。

三、研究概念

早前，中外学者已经从中国经验出发，认识到不同类型的圈层，具有社会化的功能，其中有些涉及到区域性水利问题。弗里德曼在对东南家族组织的研究中指出，灌溉性的水稻经济是东南地区宗族发达的一个重要原因，水利纠纷常常导致宗族—村落间的冲突、械斗，可能形成导致遍及整个冲突区域的联盟。[①]施坚雅曾提出“市场圈”的概念，强调基层市场决定了农民实际的社会区域边界，宗族、婚姻、信仰、秘密会社、绅士等都包含其中。[②]杜赞奇认为，施坚雅所说的市场圈、婚姻圈、交往圈并不一致，而是嵌入在文化网络之中。杜赞奇注意到，在全河流域灌溉区，用水户根据距离远近和不同需要等环境的变化来参加不同层次的水利组合体，在水利体系中，不断出现分裂与组合。从水利组织中显示了文化网络的一些特点，如行政区划与流域盆地相交叉，集镇与闸会在某种程度上部分重合，祭祀等级与不同层次的水利组织相互适应。各种组织的权力资源相互混合，在争斗中将集镇、乡绅甚至行政机构引为后援。[③]正如研究者所指出的那样，在上述研究中，水利只是服从其核心概念的侧面内容。[④]更为重要的是，上述研究所指的水利，均是指农业用水，没有涉及到生活用水。

---

① 〔英〕莫里斯·弗里德曼著，刘晓春译，王铭铭校：《中国东南的宗族组织》，上海人民出版社2000年版，第132—138页。

② 〔美〕施坚雅著，史建云译：《中国农村的市场和社会结构》，中国社会科学出版社1998年版。

③ 〔美〕杜赞奇著，王福明译：《文化、权力与国家——1900—1942年的华北农村》，江苏人民出版社2006年版，第17—25页。

④ 张亚辉：《人类学中的水研究——读几本书》，《西北民族研究》2006年第3期。

近年来，日本学者所提出的水利共同体在中国史学界有较大影响，但它研究的也是农业水利类型，并且围绕四个方面产生争论。水利共同体虽然研究的是农业水利，和本题研究的生活用水属于不同的类型，但通过比较，水利共同体所讨论的一些问题仍能为生活用水研究提供一定的借鉴。

水利组织和水权。水利组织是一个共同使用水系及水系附带的水利设施的组织，水本身属于共同体所有，也就被规定为公有，在一定的规章制度下，将公水分配给单个的用户。在我们的研究中，水井、水池相对于水渠而言是较小规模的生活用水设施，有时则以整个村庄为单位修建水井、水池，但有时村庄内部按照血缘关系、地缘关系，划分成更小的社区，水井、水池属于这些村庄内部的小社区，相互之间形成明确的边界，并非村庄公有。另外，在水井、水池、旱井多重用水形式并存的村庄，水井、水池可能属于村庄公有，旱井也有村庄公有，但在绝大多数场景下为家户私有，水的公有、私有并存。所以，水权并不一定为村庄公有，这是和水利共同体的差异。

水利设施的管理、运营。水利共同体是一个以一定的水利设施为共同基础的功能集团，它的管理和运营要遵循从各自的用水区域中推举出河正、渠长等负责人的原则，虽然表面上颂扬平等，但事实上却进行着基于土地所有的阶级统治。需要指出的是，生活用水的引渠用汲形式即一个村庄或多个村庄通过修筑渠道来引水解决生活水源，由于牵涉村庄整体利益，村庄推举出渠司等水利负责人，但是生活用水和土地灌溉存在严格界限，所以，水利设施管理未必就反映了基于土地所有的阶级统治。凿井而饮的研究也表明，无论是村庄内部小社区还是整个村庄的水井，都存在用水家户轮流担任负责水井事务的“井头”和井绳日常管理工作的制度，说明用水家户在用水以及水利设施的管理等方面是相对平等的。

水利组织与村落的关系是争论的中心主题。好并隆司曾提出一个假说，即水利组织不是水地所有者的组织，而是以水地使用者为单位的组织。另外，石田认为水利组织虽然不是直接以村落为基础的，但却以村落的诸功能为媒介，与村落紧密联系在一起的。可见，由于地权和水权的分离，水利组织和村落的关系也相对松散。从生活用水三种形式来看，一方面我们要看到以血缘、地缘关系为基础办理水井、水池等村庄内部小社区的分化；另一方面我们要注意以村庄为整体单位修建、管理生活用水设施的事实，更要看到多个村庄共同经营、管理井、池、渠的现象。似乎可以这样说，在水源不太缺乏的村庄内部有所分化，但在缺水地区，生活用水组织和村落的关系更为紧密。

水利组织与国家（公共权力）。围绕水利组织的公共权力的定位问题，也有两种看法。一种认为它是内在的，另一种则认为它是外在的存在，这个决定着水利组织是否具有共同体性质。按照共同体理论，如果水利组织是共同体，就不需要官方对水利设施管理的介入，或者是水利纷争都遵循内部解决的原则。内部无法解决冲突，向官方寻求对违反内部秩序的行为进行惩罚的惩罚条例的权威，则表明国家权力已经介入，共同体的性质已经发生改变。从我们的研究来看，生活用水既存在内部商讨化解矛盾的情况，也有官府判决解决冲突的案例，水利组织与国家权力因场景不同而表现出复杂的面向。①

生存层次需求不同，各类社会圈层的关系存在差异，生存问题的次序决定了某一圈层的主导性地位。有研究者指出，现有的各种社会圈层理论，并非谁包括谁的问题，各类圈层体现为包含、从属、依附、互相搭配等关系。②我们认为，生存包含生活、生产两方面，而生活包含物质生活、精神生活，生产包括人自身的生产和农业、手工业等产品的生产，当然，生产在很大程度上是为物质生活提供基础。由此观之，现有圈层理论所研究的生存问题，涉及到水利方面，受研究观念、地域范围、关注重点等方面限制，仍然局限于农业生产的灌溉用水，而忽略了日常生活用水，尤其是在生活用水困难地区，生活用水的重要社会意义。

应当说，董晓萍、蓝克利等人开展的水利的研究，所属区域就在黄土高原范围之内，像山西洪洞、霍州的四社五村、介休源泉，陕西的三原、泾阳等个案研究都属于干旱缺水地区的水利社会类型研究，其中四社五村的研究可谓不多见的具有较高学术价值的生活用水研究。然而，在他们看来四社五村为不灌溉水利的

---

① 〔日〕森田明：「水利共同体」論に対する中国からの批判と提言，東洋史訪第13号，兵庫教育大学東洋史研究会，第115—129页。

② 邓大才：《“圈层理论”与社会化小农 —— 小农社会化的路径与动力研究》，《华中师范大学学报》2009年第1期。

类型即不灌而治，“它不是另类水利，而是全面认识灌溉水利的补充模式”[①]。

如果它属于不灌溉水利，那么它和灌溉水利有什么同与不同？从研究者所出调查资料集的名称来看，四社五村属于不灌溉水利，但研究内容却反映的是晋南缺水地区生活用水的图景。正如研究者所言，四社五村水利的独特性在于“它把很大精力投放在维持生活用水的稳定的公共制度上，强调水利工程防渗和限水饮用”。“在长期的社会历史生活中，它的执行目标被简化为两句话：‘耕而不灌’和‘人畜饮水’。”[②]研究者还强调，四社五村农民所用的水利概念即为饮水水利。[③]这充分说明，所谓的不灌而治其实就是生活用水型水利。它与干旱地区农作物灌溉的生产用水属于不同性质的用水类型，具有重大区别。

既然如此，能否把生产用水和生活用水简单地用灌与不灌加以区分呢？诚然，把缺水地区解决生活用水的水利形式简单理解为不灌溉水利，似乎可能提供了与灌溉水利进行类型比较的便利，但这样就不可避免地出现一种倾向，即从水利灌溉的视角去理解生活用水而过度解读不灌的意义，过度强调社会对不灌的限制，在一定程度上影响了对生活用水类型意义的正确理解。例如，在四社五村研究中还提出了不灌溉打井，即打井不是搞农田灌溉，而是把它当作现代技术，围绕土地做文章，浇灌果树，开发果树副业。[④]灌溉农田庄稼就是灌溉水利，灌溉农田里的果树就是不灌溉水利，这样的理解显然有误，也是受不灌思维影响所致。如果摆脱不灌的束缚，把四社五村放置在黄土高原地区生活用水的研究视野中，并不会削弱其本身的学术价值，只是面目更加清晰、意义更为突出而已。

如果从黄土高原生活用水研究来看，董晓萍等人对于四社五村的研究具有重要的学术价值。值得关注的是，除不灌而治外，研究者还提出了水权村圈、渠首村圈、用水村圈的概念，用于解释四社五村水利组织运作的不同层次、级差秩序。这些区分，其实把四社五村分成了三个小社会，即水权村小社会、渠首村小社会、

---

① 董晓萍、〔法〕兰克利：《不灌而治——山西四社五村水利文献与民俗》，第18页。
② 董晓萍、〔法〕兰克利：《不灌而治——山西四社五村水利文献与民俗》，第192页。
③ 董晓萍、〔法〕兰克利：《不灌而治——山西四社五村水利文献与民俗》，第185页。
④ 董晓萍、〔法〕兰克利：《不灌而治——山西四社五村水利文献与民俗》，第204页。

用水村小社会。[①] 在这里“圈”有几方面含义，一是清晰的边界，二是不同的层次、级差秩序，三是具有社会的意义。研究者已经意识到生活用水在地处黄土高原的四社五村具有统摄社会的主导性意义，但囿于不灌溉水利的思维，未能进一步对概念加以提炼。

基于上述反思，我们一方面注意搜集和利用丰富的民间生活用水碑刻资料，另一方面重视民间生活用水的具体实践经验，在此基础上，提出生活用水圈的概念，尝试运用它来理解黄土高原生活用水与乡村社会的关系。如果说，市场圈是通过商品流动把村庄联系起来，婚姻圈则是通过人（主要是女性）的流动把各个村庄联系起来，祭祀圈则是通过神把各个村庄联系起来[②]，水利共同体通过农业用水的流动把村庄联系起来，生活用水圈则通过井、池、渠等各类形式的生活用水把村庄内部、村庄与村庄之间联系起来。

黄土高原生活用水困难较为普遍，对居民生活的基本需求造成很大制约，生活用水相对于其他地区、相对于灌溉水利在社会中具有基础性、优先性和主导性。因此，生活用水既是黄土高原乡村社会得以运行的基础，也是认识黄土高原乡村社会的关键。

生活用水圈指为了解决共同生活用水而共同治水的居民所属的地域单位。受环境差异和生存选择影响，生活用水形式可分为水井、水池、旱井、水渠等，因此，生活用水圈是一个可伸缩的空间单位。生活用水圈具有一些基本特点：1. 清晰界定生活用水与其他类型用水的边界；2. 清晰界定用水者的边界；3. 费用共担；4. 集体商议，共同管理；5. 用水分配制度适应水源供应条件及其变化；6. 有与生活用水相关的祭祀活动；7. 有保持水质清洁卫生的制度；8. 国家仲裁执行食用为先的原则。生活用水圈有着重要的社会意义。黄土高原生活用水困难，生活用水对社会制约性比较突出，以水的占用、提供、冲突解决等为核心内容的用水制度反映了社会组织、运行、控制等重要方面，并对其他方面产生了影响，成为社会得以建构的纽带，因此生活用水圈可作为研究黄土高原乡村社会的

---

① 董晓萍、〔法〕兰克利：《不灌而治——山西四社五村水利文献与民俗》，第 204—207 页。

② 林美容：《由祭祀圈来看草屯镇的地方组织》，《“中央研究院”民族学研究所集刊》，1987 年，第 62 辑。

一个框架。

需要说明的是，本书的重点在于研究过去所忽略的生活用水研究，因此，对生活用水圈的讨论仅局限于其自身的讨论，至于和婚姻圈、祭祀圈、市场圈等其他圈层的关系虽然也很重要，但限于篇幅和精力，只能留待以后再做进一步研究。

四、研究资料

研究视角和观念的转变，使得过去不为人所重的史料进入研究视野，从这个意义来讲，本研究所运用的是一些新史料。

地方志。明清以来，在黄土高原的一些地方志中，在“山川”、“水利”等卷目中记载了当地水资源的匮乏和生活用水的艰辛，但大都比较简略。相较而言，“艺文”等卷目中所载要详细得多，但在地域上侧重于治所生活用水的解决，组织者又多为地方官员，涂抹了一层关心民瘼与惠政泽民的色彩。散落于地方志中的零星片段虽然有助于了解历史时期各地生活用水困难的大致状况，但民间生活用水的具体实践基本付诸阙如，因此，单纯依靠地方志资料难以开展生活用水研究。

碑刻资料与田野访谈。“芳草无情，更在斜阳外”，近年来，为了搜集历史时期生活用水资料，我们坚持不懈地走向田野与社会，残垣断壁下，荒草丛生处，人家院屋内，长期不为研究者重视的水井、水池、水渠的碑刻被发现。在申报国家社科基金青年项目之前，我们已经在山西省南部的临汾、运城等地，河北省的武安、井陉等地，陕西省的合阳、大荔、韩城等地开展过四个多月的田野调查，搜集到百余块和生活用水有关的碑刻及田野访谈资料。

随着研究区域范围的扩大和研究内容的拓展，对生活用水资料的类型和数量都进一步提出了要求，为解决资料问题，我们仍然坚持不懈地开展田野调查，先后在山西省北部的偏关、朔州、原平等地，中部的介休、灵石等地，东部的阳泉、平定、昔阳等地，东南部的高平、阳城、沁水等地，西南部的永济、临猗、万荣、稷山、河津、闻喜、安泽、临汾等地，陕西省的韩城、大荔、澄城、蒲城等地进行了大量的田野调查。生活用水的碑刻资料散落在各个村庄，黄土高原沟壑纵横，交通不便，为资料搜集和研究进展增添了很大的困难，许多时候是以步当车，走乡串户，手抄笔录。面对广阔的黄土高原，我们的田野调查虽然非常艰辛但还显得十分有限，但积少成多，分类整理，基本掌握了生活用水的类型性资料，先后搜集到500余块碑刻资料和20余万字的田野访谈资料。

需要指出的是，一些地方水利工作者、文史工作者对水利碑刻情有独钟，把搜集而来的碑刻结集出版，如《豫西水碑钩沉》、《渭南地区水利碑碣集注》等为我们了解河南、陕西部分地区的碑刻资料提供了便利。近年来，随着《三晋石刻大全》的陆续出版，又补充了一些新的资料。当然，这些已经公开出版的资料，仍然有不少田野考察时抄录的生活用水资料未在其中，说明碑刻资料的搜集、编纂者仍未能对此类碑刻给予重视。

这些碑刻资料保存在乡村社会，是对当地生活用水有着重要意义的民间文献，但很久以来受到传统水利观念影响而未能进入到官方历史书写，也很少引起研究者的重视，因此，这些碑刻资料具有重要的史料价值和类型意义。

档案资料。中华人民共和国成立以后的不同时期，国家为了解决生活用水困难开展了大量工作，有关生活用水困难、地方病的调查材料，解决生活用水困难的经验交流材料等保存在各级档案馆。所以在开展田野调查的同时，我们十分注意相关档案资料查阅和利用，围绕研究重点，我们先后在山西省档案馆、安泽县档案馆、闻喜县水利局，陕西省档案馆、大荔县档案馆、渭南市水利局、澄城县水利局查阅有关生活用水档案，其中安泽县档案馆的水土病医治档案成为支撑本研究部分章节的重要资料。

档案资料虽然成于1949年后，具有强烈的行政色彩和时代背景，但其中不少内容详细反映了当地的生活用水困难，描述了乡村的生活用水习俗，有利于从宏观层面上把握黄土高原各地尤其是缺水地区的生活用水困难，也可弥补田野调查未能深入开展地区资料不足的缺憾。

在具体研究中，我们采取实事求是的科学态度，对于上述各类资料进行分类比较研究。首先，根据生活用水形式大的类型，我们把这些资料分为水井、水池与旱井、水渠三种类型；其次，在每一类型内部，我们既注重山西、陕西各地生活用水的共性特点，也强调具体实践的差异性，而不是用一般性去掩盖特殊性，尽量做到全面客观。

五、研究体系

在描述历史时期黄土高原生活用水总相的同时，我们尝试建立生活用水的研究体系。这一体系由生活用水类型及其用水制度研究、水质与民生、节水三部分构成。

生活用水类型及其用水制度有四章内容。其中分别通过凿井而饮、仰天蓄水、引渠用汲对黄土高原地区生活用水进行了分类研究，换句话讲，自然环境规定了水源的占有、供应、分配以及冲突，三种形式的生活用水者要面对各种需要解决的问题，因而用水制度有自身的侧重面，相互间存在一定的差异性。

第一章凿井而饮的用水制度主要体现在对于汲水者、汲水时间、汲水量、汲水次序等方面的规定。第二章仰天蓄水又分为水池与旱井两种形式。凿池而饮因为是集蓄自然降水，它的用水制度主要体现在维护水源卫生和汲水量的限制；旱井因为多是个体家户修建，其关注点在于保持水源的清洁卫生，在家户旱井与村庄水池收水的矛盾中，要先公后私，在旱季严禁家户的水窖收水。第三章引渠用汲内部也有较大差异，如有的重点在于供水渠道的建造、修复、日常维护等，有的则集中在水量分配，或以固定规模的水池，或以固定的用水日期对用水量进行分配和限制，有的则突出地表现为外来者对于水资源的入侵和占用，有的则表现为对于水源不稳定的应对。

三种形式的用水制度在具体的场景中内容非常复杂，甚至存在一些实质性的差别，但它们又具有一些相似性，最重要的一点就是他们同属于黄土高原缺水地区的生活用水实践，是中国对于整个人类用水经验的贡献。一方面是水资源匮乏且不稳定的自然环境，另一方面是长期稳定生活在这片土地上的人口以及在此基础上形成的区域社会。在缺水环境下，人们制定了严格的生活用水制度，以规范人们的用水行为，其中许多规范使“出入相友，守望相助”相互依存的人们能够在缺水环境下最大限度地实现合理用水，避免或减少用水矛盾或冲突。虽然有的制度经过了不断的修改、调适，但在缺水环境下，这些生活用水制度能够长期传承下来，其可持续发展的品质尤其难能可贵。

黄土高原的北部处于农牧交接地带，这里既有汉族和游牧民族的交流融合，也有相互间的军事和政治斗争，在中国历史上，尤以明代的九边军事防御最具代表。沿长城一线，尤其是地处黄土高原范围内的长城以及墩堡，长期驻守着数量庞大的军士和战马，在缺水地区，士马的生活用水成为制约日常生活与军事行动的重要因素。在具体研究中，我们逐渐认识到明代九边制度在中国历史的重要性，那么在漫长的国防线上，庞大的士马生活用水是如何解决的？战争生活用水对明代历史产生了怎样的影响？明末清初，山西东南部经历了长期的寇乱，从而引发我们对乡村社会如何应对战乱时期日常生活用水问题的关注。于是，以前未曾考虑的战争与生活用水这一重大问题引起了我们深刻思考并对最初制定的研究计划进行了调整，专设"明代边地守战与生活用水"作为第四章，相对于前三章"凿井而饮，耕田而食"的常态生活用水，它毕竟是一种非常态的生活用水类型了。

第二部分主要研究水质与民生。生活用水困难一为水量性缺水，一为水质性缺水，在一些地方有水不能喝，原因是水中含有过量的不适于人体需要的某些成分或缺少人体需要的某些成分。因此它不仅引发了用水困难，还导致了水土病。

第五章重点是黄土高原的水质与民生。我们认为，中国南北地理环境不同，生活用水类型有较大差异，相对而言，南方饮用江河之水的形式较为普遍，北方凿井而饮的形式则比较多见。相应地南北地区水质与民生也体现出结构性差异，南方的水质问题侧重于江河之水的外在"所染"，北方尤其是黄土高原地区水质问题突出表现为井水内在"所含"。这种生活用水实践历经文字流布成为一种文化观念。

第六章则以山西省安泽县的地方病医治为个案，结合改水与地方病医治两方面内容，从现代国家通过群众运动对社会生活进行改造这一角度进行了细致考察。一方面，在于揭示水质与地方病的密切关系、地方病带来的社会问题；另一方面在于说明，中华人民共和国成立后，解决乡村人畜生活用水困难、水土病医治成为政府的一项制度安排，和历史时期相比较发生了重大转变，它是一个自上而下、国家对地方社会全面的渗透过程，其背后都隐含改造自然、改造环境、医治病人、改造社会的逻辑。

第三部分是节水问题。传统时代生活用水的节水并不和现代社会意义的节水完全相同，受技术条件限制，在无法或难于获取水源的情况下，节水更多的是生活用水过程中的节水。虽然历史和现实都有大量的节水实践，但在文献资料中很少有记载，田野访谈又都重复较多，大体相同，这部分受到了资料限制。经过多方努力，我们基本上对黄土高原的节水习俗有了比较全面的研究。

不论这种研究体系有多大的局限性，我们深深地认识到，在传统时期，生于斯长于斯的人民和脚下的黄土高原联系得如此紧密，又如此地受到自然环境的限制，以至于水资源条件相比其他因素显得更为重要也更为长远。

第一章　凿井而饮

19世纪末，在华北的一位西方传教士曾写道："水井确乎是中国乡村外部装备的一个重要特征。"[①] 北方村庄内外分布着数量不等的水井，用于解决生产与生活用水，这是北方乡村社会的一大特色。北方与南方的地理环境不同，在生产和生活用水方面的差异显而易见。南方雨量较充足，江河湖泊多，还有星罗棋布的大小塘堰，获取生产和生活用水较易；北方地区降雨量小，河流较少且多为季节性浅河道，地下水位深，要取得生产和生活用水较为困难，通过凿井以取得水源就成为必要了。[②]"土厚由来产物良，却艰致水异南方，辘轳汲井分畦灌，嗟我农民总是忙。"[③] 这虽然是乾隆皇帝感叹井灌植棉的艰辛，却也生动地写出了北方与南方在用水方面的差异。

凿井是中国最伟大的发明之一，早在原始社会后期（约6000年前）就已经出现了水井的雏形。凿井技术的出现，使人们摆脱了对江、河、湖、泊、泉等水源的依赖，扩展了生存和发展空间，为农业聚落形成创造了条件。"日出而作，日落而息，凿井而饮，耕田而食。"这首传唱千古的《击壤歌》，既反映了一种治世的社会理想，又精炼传神地勾画出中国传统乡村社会的特征。《周易·井卦》中的"改邑不改井"，《孟子·尽心章句》的"民非水火不生活"，晋祠难老泉柳氏坐瓮

---

① 〔美〕明恩溥著，午晴、唐军译：《中国乡村生活》，时事出版社1998年版，第41页。

② 王庆成：《晚清华北村落》，《近代史研究》2002年第3期。另外，黄宗智在研究华北乡村时指出与华北平原相比，长江下游和珠江三角洲的渠道灌溉和围田工程需要较多人工和协作。这个差别可以视为两种地区宗族组织的作用有所不同的生态基础。见黄宗智：《华北的小农经济与社会变迁》，中华书局1986年版，第244页。

③ 河北省保定市原清朝直隶总督大院内保存有乾隆三十年《御题棉花图》刻石诗16幅，文中所引为第二幅《灌溉》题诗。

的传说，轰动一时的电影《老井》，在讲述关于用水的哲理与故事的同时，也为我们研究北方传统乡村社会提供了一个视角。

随着农业社会的发展，水井与聚落的关系日益密切，在基层社会单位的建构中发挥了重要作用。《文献通考》载：

> 昔黄帝始经土设井以塞争端，立步制亩以防不足。使八家为井，井开四道而分八宅。凿井于中，一则不泄地气，二则无费一家，三则同风俗，四则齐巧拙，五则通财货，六则存亡更守，七则出入相司，八则嫁娶相媒，九则无有相贷，十则疾病相救，是以性情可得而亲，生产可得而均。均则欺凌之路塞，亲则斗讼之心弭，既牧之于邑。故井一为邻，邻三为朋，朋三为里……迄乎夏殷不易其制。[①]

这段谈及水井的内容是与乡党、版籍、职役这些国家基层社会制度联系在一起的，与《击壤歌》联系，与《周易》、《孟子》这些典籍参照，实际上梳理出一条自上而下的、基于上层与精英角度的研究路径。对于上层而言，他们胸怀天下大治的理想，将其寄托于乡村社会的秩序，而乡村社会的秩序建立在八家为井的乡邻同井汲饮的基础之上。考于史籍，我们却发现上层或志书有关水井的记载不是少而又少，就是与农业生产相关的水井灌溉，所以几千年来我们都熟悉凿井而饮的社会理想，但缺少民间的具体实践经验，而后者对研究传统乡村社会的意义不言而喻。

目前，从社会史角度对乡村社会的水井进行全面考察的论文还比较少见[②]，这与研究者的学术旨趣、学术观念有关，也与传统社会各阶层对不同功用的水井给予不同的关注有关。政府与地方官员对与农业生产相关联的井灌关注较多，以发展生产保证国家正赋；而广大范围的乡村社会，其生活用水则处于一种自为的状

---

① （元）马端临：《文献通考》卷十二《职役考一・历代乡党版籍职役》，中华书局1988年版，第1页。

② 就我们所见有：王庆成：《晚清华北村落》，《近代史研究》2002年第3期；胡英泽：《水井碑刻里的近代山西乡村社会》，《山西大学学报》2004年第2期；朱洪启：《二十世纪上半叶华北水井的使用与管理》，《南京农业大学学报》2004年第3期。

态。民国时期的一些官员已开始对政府凿井仅为灌溉农田、增加生产提出质疑，认为开凿饮水井可以解放劳动力，从而间接达到促进生产之目的。①

黄土高原的乡村民众对生活用水有深刻的体认。“凿井而饮，耕田而食”的社会理想，对于普通民众却是面对的现实生存问题，“田之所以能耕者，实井泉之裕，有以资之也。故耕田急而凿井为尤急”②。农业生产诚然重要，但它是以人的基本生活问题尤其是饮水的解决为前提。所以，乡村民众对饮水问题高度重视，民间保存了大量的井、池、渠等水利的碑刻，这样就形成史志中相对缺失，乡村社会遗存丰富的水井资料状况，就此而言，水井制度可谓是一种民间文化。本章就是以我们多年的田野考察中搜集的水井碑刻为基础撰写的。从考察地区来看，山西省主要包括东部的阳泉，东南部的长治、晋城，西南部临汾、襄汾、运城、闻喜等市县；陕西省主要是关中地区的大荔、合阳、韩城、蒲城、澄城等县市，河南主要利用豫西的水利碑刻集进行研究。③这些地区位于黄土高原，受自然条件、社会条件、技术条件的限制，多数地区乡村生活用水困难。④从水井的功用来讲，这里主要探讨生活用水，并偏重于村庄内部的水井。从时段上来讲，主要是明代中晚期至20世纪80年代，上限由碑刻资料的时限决定，下限主要考虑了农村饮水解困工程展开后，生活用水烙上了“国家”的色彩，发生了制度性的变迁。

黄土高原传统乡村社会的给水形式是多样的，有水井、旱井、水窖、池塘、水渠、河、泉等，本章仅限于水井研究，试图通过汲水制度的结构性的微观考察，分析水井制度在划分社区空间、规定社会秩序、管理社区人口、建构村际关系等方面的作用，揭示水井在社区建构中所发挥的作用，深化对北方传统乡村社会的

① 民国三十二年《各县请求凿井案·勘察耀县水利及凿井事务报告》载：“该处地处高原，黄壤层厚，地下水面过低，凿井不易，最深井有逾六十丈者，汲深绠长，取水不便，丰日之间，仅能汲水一二担，如经他处驮水，又须至二十里外……该处居民，对于饮水颇成问题，惟查本局此次凿井计划，系以灌溉农田，增加生产为原则，对于农民饮水，是否与此原则昭合，自应加以考虑，窃以解决农民饮水，虽不能直接增加生产，然于凿井方面施以改善方法……汲水自能较便，民力既裕，则有余力，躬耕垅亩，间接上对于农田生产似亦不无裨补。”陕西省档案馆：卷宗号96-2-501。

② 山西省闻喜县柏林村乾隆四十六年《凿井记》。

③ 范天平编注：《豫西水碑钩沉》，陕西人民出版社2001年版。

④ 中国科学院黄土高原综合科学考察队：《黄土高原地区水资源问题及其对策》。

认识。

水井属于微观型的水利设施，其具体的运行制度因各地自然条件和社会环境不同表现出一定的差异，为从宏观层面归纳其基本特征，所以采用了东拼西凑的办法，以显示其基本状貌，但这种做法可能会掩盖水井习俗丰富多彩的面向，也是不得已而为之。

一、水井与空间建构

黄土高原地下水层较浅、易于凿井的地区，个体家户常在自己院中、屋内修筑浅井，随用随汲，甚为方便，名为家井。例如，山西省盂县榆林坪的古石铺、马圈等村，据村民介绍，家井在清代以前就已修成，代代相传，沿用至今。[①]

在缺水环境下，虽然开凿水井需要耗费大量的费用，也有个体家庭独自修建水井的情形。据山西省柳林县金家庄段家坡村有一块石碑记载："昼而于田，夜则掘井，持镢执锹冲冲用力者，余之高祖父也。荷畚负笼皇皇运土者，余之高祖母也。盖不知费几经营，而井始及泉，受稽其深，盖一十三丈云。"[②]反映了一位名叫段顺先的老人和家人一起经过长期艰苦的工作终于在自家窑洞内凿井出水的事迹。

当然，更多的情形是，水井处于有一定时空坐标的村庄，水井事务体现了地缘关系。家族是乡村社会的血缘组织，水井事务在一定程度上也体现血缘关系。一般来说，单姓村庄地缘关系与血缘关系重合，如仅有一口井则合族办理，如有多口井则分社区办理；在多姓村庄中，地缘关系与血缘关系呈现不同组合，若有一口井，则为多族合村办理，若为多口井，有每个家族对水井事务各自安排的，也有按社区办理的。而无论单姓、多姓村庄，大多的情形是，水井事务体现为村庄内部中落、村东、村西路南、北坡或巷、片、段、节等某一区位的事务，这一

① 阳泉供水志编纂委员会：《阳泉供水志》，山西人民出版社2006年版，第138页。
② 转引自白占泉：《吕梁民俗》，北岳文艺出版社1998年版，第174页。

区位既可以由同姓家庭也可以由异姓家庭构成，地缘关系显得更突出一些。

水井事务包括打井、维修、日常管理和水资源分配等方面，其中打井、维修、汲水器具等所需费用、人工、饭食是水井事务的核心问题。[①]为了便于汲取、分配用水，一些水井旁专门放置了水槽，制作、购买水槽需要一定费用。例如，山西省平定县小桥铺村新凿水井后“复为水槽以便用”[②]。水井开凿后，各种原因导致水井淤塞或天旱引起的地下水位下降，需要淘挖水井，畅旺水源，淘井有时也需要一定费用。光绪年间，平定县西古贝村之水井因泥石所陷，泉源不出，于是公议淘井，共捐钱数十余吊。[③]

所见碑刻中，不管是一村之井、一族之井、一区之井，在解决费用、出工、管饭等事项，采取“均摊”的形式最为普遍。

一类是按人均摊。如山西省闻喜县上宽峪村乾隆四十三年（1778）《重修井崖记》载：“凡近此井吃水之家，照户口收钱，共成厥美。”昔阳县桃躯村嘉庆十五年（1810）《重修河东井》载：“共人口七百，每口出钱三百八十文”，昔阳县山上村道光二十四年（1844）水井碑记“以上通共人口叁佰贰拾柒口，每口拨工壹个，每口摊钱壹拾陆仟叁佰捌拾文”。稷山县南位村同治十一年（1872）《重修东井碑记》、民国八年（1919）《重修碑记》等碑刻均有按人摊钱的记载。陕西省韩城县

---

① 乡村社会在处理水井事务时，多采取大家商议的议事形式。闻喜县岭东村明正德元年《东官庄创开新井记》记载该村创开新井时“孙定、杨选与诸杖者议之咸集”的场面；该村乾隆十一年《中落井》记众议之事，乾隆十六年《官庄村东甲重修井石记》有“佥议重修”之说。此外闻喜县上宽峪村乾隆三十七年《穿井小引》、乾隆四十三年《重修井崖记》、民国三十年《重修井厦记》亦存佥议之记。闻喜县店头村道光四年《新建真武庙重修井厦记》、乾隆五年碑记、乾隆四十年《重修井记》、乾隆四十一年《重修享殿暨井舍记》、同治七年《重修店头村官道井厦记》、民国二十二年《重修井厦论》对众议水井事务均有记载。佥议、众议、咸议水井事务在稷山县的乡村广见。稷山县南位村乾隆三十四年碑记：该村南巷同众商议开井一眼，建井房一间；嘉庆九年碑载：“因而合社公议，舍旧图新”；该村民国八年《重修井碑记》载：“合社商议修井泉，皆乐然”；民国九年《修井记》载：“洞危水弱不足本社之用，合社商议先修其洞后深其底”；民国十八年碑记：“今春合社商议在官院之西南隅另掘新井”；民国二十九年《重修老井新井碑记》载：“幸有急公好义之者诸人，集众商议，咸皆乐从”。南位村从清朝至民国几百年间在水井事务中沿用此种形式，这在山西、陕西、河南省地区其他乡村水井碑刻中也较为多见。这反映了乡村公务事务中家户集体参与的形式，绅士在其中发挥的作用微乎其微（见胡英泽：《从水井碑刻看近代山西乡村社会——以晋南地区为个案》，山西大学历史文化学院2003年硕士学位论文，第8页）。

② 山西省平定县小桥铺村乾隆四十八年《新建穿井碑记》。

③ 山西省平定县西古贝村光绪三十一年《淘井碑记》。

留芳村咸丰三年（1853）《重修井泉并建井房碑记》则记载“遂集同井之人，努力捐资”。河南省南阳县蟒庄村道光元年（1821）《蟒庄村凿井碑记》载曰：阖村“即分八家一牌，以次用力，虽有饔食不给，而昼夜亦弗少休”。

值得一提的是，一些村庄处理水井事务时，男性与女性所出费用有所区分。闻喜县岭东村康熙五十年（1711）《井亭记》载：“征资官户，征资官丁，而女半之，费凡若干金。”妇女在水井事务中只分摊一半费用。还有一些村庄妇女在水井事务中完全不承担费用，只有男子才承担相应费用、劳力等。闻喜县西雷阳村井汲艰难，后人口滋生，生活用水量增加，需要开掘新井。“穿井因水而设，食水者从工而分，做工者由丁而播。”井成之后则“照丁分水”。由此可见，水井事务所承担的劳力、费用是和井成之后的汲水权利相对应的，为保护家户男丁相应的用水权利，“诚恐巷内风俗不古，奸恶之徒恃强横行，造患于众，兹创勒碑□，以息后世之争端”[①]。临汾土门村乾隆五十三年（1788）凿井碑记：“公议按丁摊水，协力穿井”，该村民国二十三年（1934）、三十五年（1946）凿井碑记均按“丁”摊钱，经田野调查，临汾的洪洞、赵城等地区“吃水论丁”[②]，即凿井、修井、置买汲井器具等女子不出钱、力，汲水时女子亦没有“井分”，家有几丁，挑几担水[③]。这些村庄生活用水并不紧缺，“吃水论丁”并非出于限定水量的考虑，而是传统社会男性权力的体现。

此外，有些家户离村而野居，住所距离村庄稍远，相较庄内家户取水、用水量可能略少。甚至有的家户常年在外营生，生活用水或许仅限于返乡居住短暂的时日，村庄对其承担水井费用时亦相应有所照顾。如闻喜县柏林村乾隆四十六年（1781）《穿井记》规定，“村居者人、畜俱各作一分，野居者人、畜俱各作半分”。

一类按地均摊。如昔阳县崔家庄乾隆三十八年（1773）《新修石坪碑记》载：“每亩地出五十文，日后如有住主，用水之人每亩地亦绑钱五十文。”昔阳县

---

① 山西省闻喜县西雷阳村康熙四十三年《功完告成序》。

② 民国三十八年3月1日《晋南日报》，第4版。《为什么不让我担水》一文刊登了赵城羊堡凹村罗舍儿的一封信：“我村要买井绳，按人口出钱，前些年人家有女孩时，说女孩不算人，不出绳钱，现在人家女孩出嫁了，我家有了女孩，就非摊绳钱不行。开始我想不通，不愿出女孩的钱，认为是捉鳖。后来经过好多人和我谈话，想通了这问题，吃水就应出钱，为什么女孩不算人呢？以前不出是不合理。”

③ 访谈对象：王丁虎，男，66岁，山西省临汾市尧都区土门镇人。访谈时间：2002年8月2日。

同治四年（1865）《新建东廊并凿井记》载："共地廿三顷九十四亩，每亩凑钱廿二文。"

按人均摊侧重于人口，按地均摊偏于财富，还有一些村庄把户口、地亩以至钱粮统加考虑。山西省高平县张壁村嘉庆八年（1803）碑、道光十一年（1831）《张壁村重修井台壁记》均载"以人丁地亩捐资"，稷山县南位村民国十八年（1929）凿井碑记："共费大洋一百三十余圆，按户数、人口、钱粮之多寡以摊派。"民国二十九年（1940）《重修老井新井碑记》载："共花费洋四佰伍拾余圆，按门儿、人口、粮单、牲口四项，拉平起款。"稷山县吴嘱村民国二十四年（1935）碑刻也有类似记载。详考碑记，按地均摊确切为家户所有之田地，而碑记中有以"钱粮之多寡"、"粮单"为集资依据，则反映了每个家户纳税的情况，而非实际占有田地。一方面考虑了每个家户的人口数量，这与每个家户所需用和消耗的水量关联。一方面考虑了每个家户的经济状况，这与每个家户在水井事务中所能承担的财力有关。这种综合考虑、分摊费用解决水井事务的方式，借用了赋税单位，也就是说采用与国家制度相关的形式，经由国家色彩而赋予了合理性，体现出权威性和公正性，易为民众所接受，从而具有极强的操作性。①

除按人、按地集资之外，一些村庄在筹措费用时，按每个家户拥有的牲畜数量进行摊派，这主要是在用水紧张的状况下考虑了牲畜用水的因素。山西省稷山县南卫村民国八年（1919）《重修井碑记》载："共费钱五十余串，合社公议按人口、牲畜起收，而牲畜只做一半起收。"临汾市尧都区南太涧村民国二十九年（1940）《重修西井碑记》载："每人一口摊洋二元，每牲一口摊洋三元。"山西省闻喜县店头村民国七年（1918）《修盖井房碑》载："按人数、牲数摊银若干两。"该村民国二十二年（1933）《重修井厦记》载："挨户每人一角，马各二角，共集资十余元。"在缺水地区，人的生活用水困难，那么牲畜就更可想而知了。在闻喜县北垣地区，部分村庄到三伏天时，有些人把牲口拴到窑洞底部以减少牲口出汗达到少饮水之目的，还有的在天旱不用牲口时，将牲口赶到塬下有水喝的朋友或亲戚家。大部分家户洗脸时合用一盆水，而且只盛少半

---

① 胡英泽：《水井碑刻里的近代山西乡村社会》，《山西大学学报》2004年第2期。

盆水，洗完脸后把洗脸水澄清再作他用。对于洗锅水和洗碗水也是澄清后，把稠的喂家禽或倒掉，清的再备用或饮牲口。[①]我们在山西万荣、稷山、临猗等县，陕西合阳等县部分地区田野调查时，也了解到因缺水而对水加以重复利用的情况。在用水秩序中，人的生活用水优先，但在农耕社会，农业生产需要一定数量的畜力，而牲畜的日平均用水量要比人多，在富水地区，当然不存在人与牲口生活用水的矛盾，但在缺水地区，人与牲畜之间、有牲畜之家与无牲畜之家在生活用水之间的矛盾是显而易见的，因而水井事务的部分费用要由有牲畜的家户根据其数量交纳。

此外，还有一种集资形式为按时辰摊钱。陕西省合阳县方镇灵泉村处于黄土高原，由于井深汲艰，供需关系紧张，因而每天每个时辰有固定的汲水之家。该村光绪十三年（1887）《重修东井龙王庙及房屋碑记》、光绪二十六年（1900）《灵村重浚东井并舍宇碑记》，前者规定“每时辰每个派银二钱，共收钱一十四千四百八十一文”，后者记载“每一时辰援钱一百文，共收时辰钱九千三百三十五文”。这种以汲水时间为单位的集资方式，看起来是以汲水量为单位，因为一定时间内的汲水量相对固定，实际上每一个时辰分配有一定的汲水家户，所以以时辰为集资单位其实质仍然是以一定的家户为基础。[②]

不论按人、按地均摊，或二者综合考虑，还是按牲畜数量，按时辰摊钱的集资形式，都是乡村公共资金缺乏和土地私有制下小农经济的结果，一方面它体现了村庄处理公共事务的一般性原则，一方面反映了缺水环境中，村庄为解决生活用水这一公共事务原则的特殊性。引人关注的是，根据碑刻资料和访问调查，宗族在处理水井事务时同样采取了按人、按地均摊的方式，运用宗族共有的财产来完成水井事务的情形是非常罕见的，平摊集资更加凸显了独立的户、门在乡村社会的作用。

传统乡村社会有名目繁多的会，水井亦不例外，不少地方通过会的营运，筹集、积累资金，用于水井相关的事务。陕西省韩城县留芳村嘉庆二年（1797）

---

① 闻喜县水利志编纂领导组：《闻喜县水利志（初稿）》（内部资料），1986年，第134—135页。

② 访谈对象：党福祖，男，75岁，陕西省合阳县方镇灵泉村第2居民小组。访谈时间：2005年5月30日。

《建井房石记碑文》反映了因财力不足，"集八家各出少许，立龙王一会，营运多年，得金四十六两六钱六分。又募户银五两零八分，共金五十有奇，以成是举"的情形。山西稷山县南位村同治十一年（1872）《重修东井碑记》载："东井灯山会拨钱三千文整，同井汲水之人，各施钱文，因人做工，轮家管饭。"山西省闻喜县下宽峪村，也以会的形式筹集和积累资金。[①] 山西洪洞县堤村乡李村，从清朝至民国末年该村东部立有三会，井王会为其中之一，由百余汲水之户为管理好水井自愿组成。[②] 陕西韩城县党家村之土门巷井有土门会、西井有龙王会，通过官产的借贷营运增值生利，用于水井事务[③]，在农历二月初二龙抬头这天，龙王会上用官产买羊祭献井神龙王爷，祭祀完毕会中之人分吃羊肉。与党家村不同的是，山西省交城县西营村在农历六月十三井神生日这天，每口水井供献羯羊[④]，祭祀完后折社儿，凡属该井吃水家户，每户一份，但必须捐钱，以此作为井上一年的开资。[⑤] 羊汤俗称腥汤，折社儿完后大人将腥汤舀回，给小孩们做拌结汤吃。这其实是通过祭祀井神，分享井神享用之食，利用井神权威筹集资金的形式，这种形式与平摊集资的基本精神是相通的，只不过在世俗事务中运用了神灵的权威。

除上述情形外，有私家凿井将其捐给社区，由私入官。如平定县道光十九年（1839）《思源井碑记》、道光三十年（1850）《后思源井碑记》则记载了父子二代凿井入官的义举，父亲"尽出己囊，不愿捐敛居民"，井成之后，捐井入官，儿子继之又凿井二眼，不仅"施其井入官，且割地段丈余，以便往来路径"。高平县乾隆五十三年（1788）《赤祥村新井小引》也褒扬了一位尽出己资，凿井归公的义士。潞城县县北的北行村有养生井，水井旧属一家，岁旱，众乡邻不得汲饮，后易私为公，取名养生井。[⑥] 这种由私家开凿水井，井成之后又捐入官伙、由私而公的情形虽然较为少见，但也反映了生活用水的公益性特征。

---

① 访谈对象：王希生，男，78 岁，山西省运城市闻喜县下宽峪村。访谈时间：2002 年 8 月 19 日。

② 洪洞县堤村乡《李村史话》编辑组：《李村史话》（内部资料），1987 年，第 87—88 页。

③ 访谈对象：贾才旺，男，92 岁，陕西省韩城市党家村第 4 居民小组。访谈时间：2005 年 6 月 6 日。

④ 阉割过的公羊。

⑤ 西营村志编纂委员会：《西营村志》，香港天马图书有限公司 2002 年版，第 304 页。

⑥ 雍正《山西通志》卷三十一《水利》，雍正十二年刻本，第 3 页。

有的私人家户开凿水井后，把水井充公，虽然允许村庄其他家户用水，但家户可能因此而获取了一定的地位和权利，并在水井的管理、维修等方面扮演领导角色。清代，山西省柳林县金家庄段家坡之人段顺先，苦于村中缺少生活用水，在村庄不少地方开凿水井，均告失败。一次偶然的机会，他发现自己家中土窑内的地面一直很潮湿，很可能下面有水。于是，他和妻子二人白天干活，晚上挖井，挖了好多年，掘至十三丈深，有泉水流出。后来，段顺先夫妇把此井充公，全村人取水。据碑刻记载，道光十八年（1838），段家第七代曾修补水井，历时四十多天，费钱六十余吊。光绪四年（1878），段家第九代段绍曾等再次修补水井，历时长达两年，费钱一百吊。井上壁间嵌有石刻，记载段顺先夫妇凿井始末及后辈修补时日。凿于自己家中的水井虽然充公，但水井事务由段家后代负责，反映了缺水地区家族与生活用水开发、管理的关系。[①]

按人均摊的集资方式自然形成按片吃水的资源分配方式，一些水井规约明确规定，摊钱、出工者有井分，不摊钱、出工者则没有井分，即“取足于□兹落而井食之众，不食井者弗与也”[②]。根据对乾隆三十八年（1773）闻喜县《狮子坡打井碑记》的统计，在此次开掘水井过程中，输金者姓名凡32人，碑记在详列输金者姓名之后，特别强调：“以上人等，俱系输金有分家。”其实在水井事务中，一个井区内部并非所有的家户都参与分摊费用，存在搭便车的现象，如闻喜县东官庄明正德元年（1506）《东官庄创开新井记》载：“敛收工资，有慨然出者，有吝啬不出者，定、选预不立记，虑后一概混杂，一则负出物者，二则遂奸人也。特将出过财力之人，勒之于石，他日永为子孙继承。”[③]实际是对井分的规定和对未出工资家户的惩处。这样就为同井之人这一生活单位划定了一个汲水的空间单位，这实际是一次“地域认同”的强化过程，进而对乡村空间结构发挥了重要的影响。

井分是修建水井之初家户在井地、经费、人力等方面投入的体现，同时也是获得汲水权利的前提，它不但可以继承，甚至在有的村庄还可以典卖。据山西省

① 陈保华主编：《柳林县水利志》，山西人民出版社2006年版，第592—593页。

② 山西省闻喜县岭东村乾隆十一年《中落井碑记》。

③ 定、选系人名孙定、杨选的略写，二人系此次创开新井的首事人。

襄汾县盘道村原家巷水井碑刻记载，“合井人间有典卖井分者，不得由己典卖于井外人，井外人亦不得典买，如违，典卖者罚银五钱，典买者亦罚银五钱，井分两家俱不能得，入官”[①]。以此观之，井分是可以典卖的，不过其范围仅限于同井之人，合井人与井外人之间则严加禁止并制订出相应的惩罚措施。这说明井分不单纯是井汲的权利，最重要的是受到以同井这样的空间单位形成的人与人、家户与家户的身份的限制。进一步来讲，研究者由于所涉课题可能更多地关注以整体村庄为单位的共同体，其实，以水井等事务为中心，有的村庄以水井划分为不同的井汲单位，村庄内部并非同质，形成严格的、有清晰边界的组织，为了维护井汲秩序，同井之人制定了规约，对违反规约者有明确的惩罚制度，避免同井人与井外人之间因井分的典卖而导致井汲秩序的紊乱。

井区与井区之间只是一种相对封闭的界线，水井所有权有一定的私权性质，但水资源具有公益性的特点，使得汲水权与水井所有权在特定的场景中分离，汲水就成为一种跨界行为。在田野调查中，村庄内部、村庄之间某一水井因水位下降、异物落入、井工建设等原因造成汲水行为中断或困难，也可到邻近之井汲水，但这种汲水行为是短暂的，以不影响他井之人汲水权为前提，在自己的水井恢复正常后，跨界汲水行为立即终止。

在乡村社会还有一种个体跨界汲水行为，即一些经济富裕的家户，采取多元投资的策略，同时在两个或两个以上的水井拥有井分，他们参与不同的水井事务，承担摊钱、出工、管饭等义务，以获取更丰富的水资源所有权和更便捷的汲水权，体现出他们在用水方面的优越性。[②]这种个体跨界行为并不多见，但这种特例显示出个体经济行为对于汲水空间界线的突破，使两个对于多数成员视为封闭的汲水空间，因某些特殊家户的汲水行为而产生了联系，两个井区的空间区域性质发生了变化，成为两个联系的区域。

汲水空间在特定情况下也是会发生变化的，以山西省闻喜县郝壁村为例，村中由马、郝二姓构成，起初马、郝二姓为解决家族给水问题，各凿一井，形成各

---

① 山西省襄汾县盘道村道光八年《修井碑记》。

② 访谈对象：王尧生，男，55 岁，山西省临汾市尧都区土门镇人。访谈时间：2002 年 8 月 2 日。

自的汲水空间，两姓有着明确的边界线。后来随着人口的繁衍增殖，两族先后有数家从村庄中心迁出，到村庄边缘与异姓家庭比邻而居，形成新的地缘关系。从方便汲水的角度考虑，迁出户距族中水井较远，离异族水井较近，但根据水井规约对于边界线的规定，异族不得在水井汲水，迁出户只好舍近求远，远汲族中水井，其汲水空间和居住空间在地域空间上是分离和割裂的。在居住关系上新迁户与异姓原住户同在一个居住区，但从使用水井来看，他们还属于另一水井区的异族。为了克服远汲的生活困难，两族人商议，村外马姓可以在近已郝姓水井内汲水，村边郝姓可以在近已之马姓井内汲水，两族采取互惠和交换的方式，对边界线进行了重新划分，新迁户和原住户在汲水方面才真正形成了新的水井区，水井更多地体现了基于血缘关系的地缘关系，成为血缘、地缘的延伸和象征，也是家族凝聚和认同的标志。①

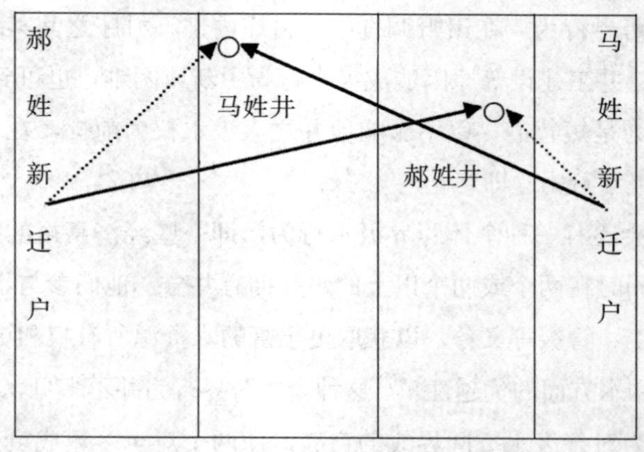

图 1.1　山西省闻喜县郝壁村水井区示意图

这种情形也存在于异姓家族组成的水井区，从区内迁出的住户若没有新凿水井或融入新的水井区，依然在原住区中的水井汲水，这是地缘关系的延伸和象征，同时也强化了地域认同感。这种由井汲而划分的空间单位，反映了团体与

---

① 访谈对象：郝如藏，男，86 岁，山西省运城市闻喜县郝壁村。访谈时间：2002 年 8 月 20 日。

团体之间的关系，更加突出了生活空间的划分，是乡村社会内部形成的一种较为独特的空间结构形式。一些村庄以甲、社为单位组织水井事务，这和上述以落、巷、片在形式上有所不同，反映了国家在乡村的基层组织和其他形式的民间组织与水井事务的关联。在我们看来，甲属于国家行政的下层组织，社属于乡村社会自发组织，虽然存在不在一起居住但同属一甲一社的情形，但两者的划分基本上还是以共同居住的地域关系为基础的，这些组织主要还是反映了区域空间的关系。山西闻喜县岭东村清同治十二年（1873）《重修东甲井记》，井以东甲为名，稷山县杨史村道光二十年（1840）《穿井并建井厦序》载："余村北甲无相院前凿井饮人，由来已久……于是纠集甲众，共出床头之金，以穿新井。"均反映了以甲为单位组织水井事务的情形。陕西省合阳县东清村九郎庙万历四十八年（1620）《清善庄穿井碣记》载："九郎庙东西二十三甲众社人等，聚集商通于南湾观音堂后官地一所凿井一眼，工食砖木凡物等项费用银二十余两，新旧井三眼，如后但有损坏者，二十三甲通修，若有一人不依者，故立碑为证。"[①] 此后，碑文顺次刊列了二十四甲及其负责人姓名，与前面所载的二十三甲相比，增加了一甲，第二十四甲的字体明显与前二十三甲不同，为后来所加，表明村庄规模扩大了，也体现了该村甲、社等组织与水井组织一致，行政区划与汲水空间重合。

稷山县化峪镇南卫村嘉庆九年（1804）水井碑记载："余社旧井，南北两社汲水数百世矣。"该村民国九年（1920）《重修井记》载："合社商议，先修其洞，后深其源……本社起收钱四十余串。"该村民国二十九年（1940）《重修老井新井记》载："今夏天旱，社人又感井水之不足用"，反映了以社为单位组织水井事务的状况。上述几种情形反映了行政区划空间与汲水空间、其他民间组织与水井组织的重合。里甲、保甲、社、宗族、水井等组织交错重叠，对乡村社会空间结构进行规定，勾画出一幅多种区划结构叠交的图景。

在一些村庄，水井组织借用了里甲、保甲等基层组织的一些名称和运行原则。山西省襄汾县尉村的水井规约和陕西省合阳县东清村相似，也是以"甲"为单位

---

① 此碑最后一句"若有一人不依者，故立碑为证"，文似不通，但原文如此。

组织，但这里所指的甲却是一种经费筹措和汲水分配单位，不同于基层组织的甲。据尉村水井碑石记载，同井之人在槐树井颓坏后，把汲饮家户人口分编成甲，按甲计算应当分摊的银两，每甲摊银五两五钱。水井修好之后，每日两甲轮流取水，倘有“乱甲不规”者，罚银五钱，永为定例。碑文记载，该井共分十四甲，每甲有三至六户不等。[①]这与里甲制所规定的每甲十户显然有别，其实是一种更为细密的“按人均摊”形式。另外，尉村的水井之甲数，在一定场景下会发生变化。该村乾隆年间所修理的一口水井，原来编为十三甲，有井分者一百余分。乾隆四十六年（1781），同井之人公议修井，其时有不随井分、情愿“出甲”者，最后该井井分变成一百分整，编为十甲，作为轮流汲水之规。[②]

1949年以后水井制度既发生了相应变化，也保留了传统的因素。在人民公社时期，水井一般都由大队或生产队负责管理，也有的仍然由乡村社会自发组织按片管理，水井事务的费用有的出自集体资金，有的是集体出一部分，同井家户分摊一部分，有的则继承传统完全由家户分摊。闻喜县郝壁村1964年5月1日所立凿井碑记载：“本大队共有二百八十七户，一千三百七十余人，地居高塬，水位较低，历来人畜饮用颇难……此井深五十八丈，迄期四年零十个月，总计支款九千一百元，除大队开支四千一百元外，其余全大队每人分摊四元。”稷山县化峪镇南卫村1986年3月25日《重修水井碑记》载：“两队干部及全体社员有鉴于此，倡议即时淘井，而众意乐从，特于本年古历三月二十五日，有两队选拔思想红、热爱集体的社员刘建新等十余人，即日动工，以大无畏的精神，奋战三昼夜。”参照该井民国九年《重修井记》，这眼水井属于一社，而在此时一社分为两个生产队，两队共用一井。稷山县吴嘱村1988年阴历二月十一日修盖井厦碑记载：“全巷耆老有鉴于此，于本年正月二十一日商议，按门户均摊和自愿捐献，集资修整，共收人民币二百四十五元，经大家踊跃参加劳动，不数日施工告峻。”此碑花名分吃水人、门、捐钱、捐工四类书写，以巷为基本区域，按照传统原则来办理水井事务，也显示了水井空间的约束性和稳定性。在田野调查中了解到，在人民公社

① 山西省襄汾县汾城镇尉村嘉庆九年《重修井碑》。

② 山西省襄汾县汾城镇尉村嘉庆三年《重修井序》。

时期，一些村庄属于甲队的家庭仍要去乙队的水井汲水，虽然甲队水井离家近，但他们历来就在属于乙队区划的井中汲水，说明了行政区划对乡村内部用水联系的分割，也反映了水井所形成的汲水空间的稳定性。

二、水井与社会秩序

同井之人，经过出工、摊钱、管饭等集体参与的形式获得了井分，拥有汲水权，形成了同井汲饮的清晰边界，构建了一个相对封闭的汲水空间，形成了一个生活用水圈。但是，排除了外人之后，在一个封闭的汲水空间内部，有汲水权的个人或家户之间，在汲水时间、汲水量等方面仍然需要进行明确的规定，否则，内部的冲突和争执无法避免。

我们考察的山西、陕西、河南部分地区处于黄土高原，井深绠长，汲水十分困难。在黄土高原地区，如万泉县明代“隶平阳，旧为汾阴地，以万泉名，虽因东谷多泉，实志水少也，城故无井，率积雨雪为蓄水，计以罂、瓶、盎、桶，取汲他所，往返动数十里，担负载盛之难，百倍厥力。……有此人民即掘此井，千百年中殆不知其几掘也，而卒不可得掘。去此地甚远，虽或有井，又皆七八十丈许，此井仅二三十丈而已”[①]。万泉县穿井艰难，深者八九十丈，浅亦五六十丈，而且开凿一井所费不赀，是以井少而人苦。[②]“丁樊冯村出了名，杜村千尺还有余”的民谚则是说，丁樊、冯村井深八九十丈，已经够深了，但杜村的井更深有千尺，竟达百丈！临晋“县境缺水，西北乡井深四五百尺，汲水恒需四人之力”[③]。稷山县“城西南四十里，庄近南山，井深千尺，居民艰于瓶绠，贮水以饮之”[④]。陕西省

① （明）乔宇：《万泉县凿井记》，民国《万泉县志》卷六《艺文志》，第512—513页，民国七年石印本。此井指穆公井，明嘉靖七年，御史穆伯寅出按山西，见万泉县城无井，令官民凿井，民人感其恩德，名之穆公井。

② 民国《万泉县志》卷一《舆地志・山川》，第66页。

③ 山西省民政厅编：《山西省民政刊要》（民国二十二年），《近代中国史料丛刊》三编，第74辑，台北文海出版社1997年版，第275页。

④ 雍正《山西通志》卷三十三《水利》，第42页。

澄城县中部一带井水深二十六丈至三十余丈不等，故各村用窖储雨水以资饮，夏日天旱之时，井水不足，窖水东西又无，往往有十余里取水于谷者。[①]陕西省合阳县除少数村庄，靠井水生活的村庄都是三四十丈甚至五六十丈的深井。在太行山区，许多村庄难以开凿水井。据山西省黎城县洪井村水池碑记载，以洪井村为中心，南至北社村，北至源泉村，东西则极二漳之流域，横亘百里，纵约两舍（一舍三十里），均无井泉，所资以为饮料者多半仰给于池。[②]壶关县素有“干壶”之称，百里无井。[③]河南省汝阳县蟒庄村，“尺土之下，积石坚厚莫测，掘井求泉，为尤艰焉……每逢农功偕作，富者驾车转运于异地，贫者荷担汲于他方，近则三里之外，远则七里之中……深几十二仞，而泉涌焉”[④]。因开凿红旗渠而闻名的河南省林县，“居太行之麓，山石多，水泉少，田苦旱，人苦渴，由来久矣，其不患远汲者，惟漳、洹、淇、淅滨河之区，余则掘地尽石，凿井无泉”[⑤]，“凿井浅者百余尺，深者倍蓰（倍数，五倍），绠如牛腰，一人不能举。岁当暑旱泉缩，居民环井而立，炊时瓶罂不盈，民大以为苦”[⑥]。在这样的特定环境里，汲水的垂直距离和水平距离较大，井的出水量有限，那么对于汲水类型、汲水者、汲水时间、汲水量等加以限制，制定相应的规则、维持井汲秩序就显得尤为必要。

乡村社会对汲水者男女之别加以区分。儒家所构建的礼制模式，绵延渗透于中国广大的乡村社会，反映在社会生活的方方面面，男女之大防就是其中一项重要内容。俗话说“大门不出，二门不迈”、“远到磨台，近到灶台”，妇女的活动主要局限在家庭内部。当然，对于女性去井上汲水，在一些地方是禁止的，在一些地方是允许的。禁止妇女上井，除了礼制之外，一个重要的原因是，在黄土高原的好多地方，水井很深，汲水艰难，妇女的体力难以承受。

在有的村庄，井汲便利，妇女可以上井汲水，为了分别男女，建立用水秩序，采取了分井汲水的办法。在高平县赤祥村，因为村民生活离不开用水，白天黑夜

---

① 民国《澄城县附志》“附志之三”，民国十五年铅印本，第20页。

② 山西省黎城县洪井村民国二十五年《洪井村修理大池碑记》。

③ 《创建龙王庙记》，道光《壶关县志》卷九《艺文志上·文类》，道光十四年刻本。

④ 河南省汝阳县蟒庄村道光元年《蟒庄村凿井碑记》。

⑤ 民国《林县志》卷十一《艺文·清下》，民国二十一年石印本，第13页。

⑥ 《新开天平水记》，民国《林县志》卷十四《金石上》，第48页。

汲水的人众多，就像去集市一般，场面十分混乱，白叟幼童以及幼妇去取水都十分不便，并且害怕有奸邪之徒对幼妇图谋不轨。为了缓解用水困难，乾隆五十三年（1788），村里有善心人出资，另凿了一眼新井，泉甘水肥。有了新井以后，只许白叟幼童以及妇女去新井取水，本村的男性少壮者仍要去老井取水，不得介入斯井之畔。这种汲水规定，不仅保护了妇女，维持了礼制，而且对村庄汲水的人进行了分流，节省了取水时间。

用水有日常和“有事”之别，如婚丧嫁娶、修盖房屋、迎神赛会等需水量较大，在水量有限、用水紧张的村庄，有事之家势必影响其他家户的日常用水，形成用水矛盾。山西省平定县娘子关镇回城寺村乾隆四十二年（1777）所立之《公议用水碑记》中明确记载了“神祀上官，供水足用；发引[①]告助、贺喜、修盖房屋，大家公议”。

用水目的不仅是满足人畜生活需要，还有家庭小面积的灌溉、养殖业、手工业、矿业等追求利益的用水类型，当几个用水类型并加于同一水井时，时常以用水目的确定哪一类位序优先。一般而言，人、畜生活用水处于最优先的位序，而对其他类型的用水则有相当的抵制性，即所谓“食用为先，杂用为次”[②]。平定县柳沟村咸丰十年（1860）《施双眼井碑记》载：“每逢水短之时，由耆老施主管锁，按先后取汲，一□不许并下两斗，凡攻炉、养驼、外村人等一概禁取。”这是在缺水之季，禁止冶炼、养殖家户用水。万荣县解店村咸丰十年（1860）《解店凿井记》载：“凡染房、店户、囱案人及□众求利者，俱不得在此井内汲水，镇中人各宜体谅焉。”则是对于谋利目的之用水类型明确禁绝以保证家庭的生活用水。

区分日常用水与“有事”用水，生活用水和谋利用水外，汲水秩序构成了水井制度的中心内容，其中“绳制”具有普遍性。井绳分为官绳和私绳两类，官绳为官伙集体购置使用，管理也为公共管理，每天晚上要下绳，以避潮湿、防偷盗，称为“盘绳制”[③]。私绳为绳主所有，即“绳主制”，绳主汲水完后，可以将绳让给

① 古代出殡时送丧的人用绋牵引灵柩作前导，叫作发引。后来也指出殡时抬出灵柩。

② 山西省高平县梨园村玉皇庙同治十三年《告示碑》。

③ 陕西合阳、韩城称为“出索”。

乡邻使用，称为“让绳制”。井绳的性质不同，汲水秩序也不相同。

一般而言，采用官绳制的村庄其汲水秩序很单纯，就是先来后到，按序汲水，但一遇天旱，来取无次，就需要制定规矩。河南省汝阳县蟒庄村嘉庆十年（1805）的《井水汲水使用疏》较为全面地反映了汲水规则，基本涵盖了我们在山西、陕西所做田野调查的内容，兹将全文叙列如下：

> 一不许另绳拔水，偷拔者罚钱五百文。
>
> 一来取水，携一筒缴一筒，携两筒缴一担，照先后次序取水。或将筒缴满，携罐汲筒中水解渴，仍许将筒添满。不许一人携四支来取水。无论几人、担几对筒，总要见几人到，违者罚钱三百文。
>
> 一取水不许在井上借筒用，亦不许有筒者和做人情，违者每人罚钱十文。
>
> 一不许在井上私饮六畜，违者罚钱三百文。
>
> 一或残疾或男□□□以孤寡无靠、男子外出者来取水用，有愿导给水者不罚，仍许缴水，旁人不许。
>
> 一有将筒送至井上，或有故偶然离（去），来时仍许照前次序缴水。不得以身离井上，遂置后取水。
>
> □□□□凡有所罚钱文，村□□□□□□公事用。

需要补充的是，如果后来者急需用水，那么他可以“插水”，将前面人绞的水先担走，但将水送回家后，要返回来帮借水者绞水，称为“还水”。在山西省万荣县、陕西之合阳县流传着这样的汲水习俗，因为井深汲艰需要几人合作绞水，已绞好的水置于井台，路过口渴之人，不要问主人家让我喝口水，不吭气就喝，喝完就走人，绞水众人无人干涉，因为路人饮用的是还没有分配的官水。若绞水者中有一人答应，他在最后分水时要少分一瓢水，因为是他答应路人喝水，所以路人所喝之水是其私水。[①]采用私绳制即绳主制的村庄，绳主有一定的特权，表现为隔担插水、拽绳、索水等。在万荣、闻喜、永济等地的调查访问

① 访谈对象：范铭山，男，88岁，山西省万荣县杜村人。访谈时间：2002年8月13日。

中，有“隔担插水”的俗约。闻喜县岭西东村、岭西西村、上宽峪村、下宽峪村、堡头村、郝壁村等村庄，家中富裕者购买井绳、柳罐，贫困者或伙摊购买，或向别人借用，谁是绳主，就可以隔一担或两担水，插一担水。具体运作情况是绳主挑水回家，他人绞水，绳主送水返回井房后，无论谁在绞水，隔一个人或两个人，不用排队，直接插队绞水，而当绳主摇辘轳时，在他后面绞水的人要帮助绳主拽绳，等绳主挑水走后，他人又开始摇辘轳，在他后面的人又为他拽绳，这就是“隔担插水”。隔担插水反映了绳主汲水位序的优先权，因为他是汲水器具的所有者，就可以打破按序等水的秩序，而乡民对于绳主隔担插水的汲水优先权亦表接受。隔担插水中他人帮助绳主拽绳的劳动和下述数量不同的索水，依我们的理解其实是绳主与其他汲水者间的互惠，拽绳是一种辅助绳主的体力劳动，绳主参加汲水劳动。索水是用绳者直接把水送到绳主家，绳主不参加劳动，索水看似以几担水作为使用井绳的费用，其实也是以劳动的形式付报酬。井深十数丈数十丈甚而百丈，井绳的价格应该不低，加上扁担、水桶等汲水器具，对于绳主而言应当是一笔不小的费用，乡邻借用应该付出一定的报酬。另外，隔担插水既弥补了绳主劳动力的不足，也节约了绳主的时间，又照顾和满足了乡邻汲水的需要。

水井日常管理最重要的事务是每天夜晚下井绳，俗称“下绳”、“盘绳”、“出索”。下绳的主要目的是保护井绳，一防潮湿，一防偷盗，以免影响正常汲水。如山西省稷山县之杨史村、梁村、南位村、吴嘱村、任家庄、薛家堡、西位村、武堆坡等村庄；永济县之窑头村、北阳村、南阳村、小樊村、西敬村、东吕村、西吕村、栲栳村、秦村等村庄；临汾之土门村、南太涧、北太涧；翼城县之隆化村、广适村、南官庄等村庄。襄汾县盘道村规定，“取水之人，日出下绳，日入盘绳，如违，罚银五钱”[①]。曲沃县之南阳等村庄都有每天“下绳”、“盘绳”的习俗，陕西省之韩城、合阳、大荔县有出索的井俗。以稷山县杨史村为例，每个井上有个一尺来长、二寸多宽的木板，上穿一孔，系根绳，绑支棍，上写“轮流交转”四

① 山西省襄汾县盘道村原家巷道光八年《修井碑记》。

字，俗称“绳板子”。[①]永济县窑头村民国年间轮流交转牌上写有“一日不盘，罚洋拾圆”[②]。同井之家，挨家比户，每晚轮流下绳（早上搭绳则由最早汲水者负责），绳板则由前夜下绳之家吃完早饭以后交转给下一家，有时不一定当面交到下家手中，而是把绳板挂在下家的门环上，提醒轮值之家人出门进门都能看见，知道今天自己下绳，不要忘记。一些村庄每家下绳天数并不一样，但原则是一样的。也有一些村庄将水井日常管理交付给近井之家，由此家固定下绳，多为义务性质，少数有些微薄的报酬，如稷山县阳平村，有人管井，专门下绳，搭绳，到大家摊绳钱时，他不摊钱，属于半义务，半有报酬。[③]

有的地方井很深，水井汲水需要双索、两桶，井索比井深还要长数米，用以倒水、回旋调换，由于井索特别长而重，须由两人甚至多人抬到井畔然后下索。盘绳、下索并非一项轻松的劳动，所以盘绳之人有一定的汲水优先权。在闻喜县，负责搭绳盘绳的人称为“下家”，等待汲水的人称为“挨家”。绞上一桶叫一头，绞上两头为一担，因为下井桶小，所以三头为“满一担”。下家享有一定特权，他担一担水回去再来到井上时，那挨家的三头就绞够了，然后下家再绞，这叫“摘一担”。他摘了一担担回去时，下一个挨家才挨到了，所以下家是每过一个挨家就摘一担，因为下家最后还得盘绳，为了报答他的劳动，就形成了这种独特的用水分配形式。[④]这种情形采取的是官绳制，与上述私绳制的绳主有隔担插水、索水的权利不同，下家汲水摘一担的优先权，是对他盘绳劳动的报酬，这种用水分配形式在乡民看来公平而合理。

公（官）桶制与官绳制密切关联。一些村庄的井绳、扁担、木桶皆为公众摊钱购置的，担水之木桶名曰“公桶”。[⑤]使用官桶分两种情形，一种情形是井上汲水固定一套，用于挑水一套，此外还有备用水桶。使用公桶在一定程度上其实是对用水量的一种规定，因为社区的汲水器具有限，等水之人按序汲水，汲水者将

---

① 访谈对象：杨志遐，男，73岁，山西省稷山县下迪乡杨史村人。访谈时间：2002年8月8日。

② 访谈对象：高淑梅，女，63岁，山西省永济市张营乡北阳村人。访谈时间：2001年2月18日。

③ 访谈对象：杨志遐，男，73岁，山西省稷山县下迪乡杨史村人。访谈时间：2002年8月8日。

④ 冯志华主编：《闻喜县水利志》（内部资料），山西省闻喜县水利局，2005年，第460—461页。

⑤ 西营村志编纂委员会：《西营村志》，香港天马图书有限公司2002年版，第183页。

水挑回家中要尽快将公桶送回，因为后面等水之人也要汲水，这样就限制了汲水者每次的汲水量，保证了社区之人有限度地用水。一种情形是，井上固定使用官桶汲水，各家户挑水则用私桶。

公桶制在有的村庄一直沿用到20世纪60年代，60年代出版的一些农村医疗卫生普及手册述及井水水源保护的一项措施，指出“有公用的吊桶，用了以后要挂起来，或搁在比较高的干净的地方”，显示公用水桶仍然存在。[①]此后公桶制逐渐由木桶改为铁桶，后则大多数人家自备铁桶，公桶制在有的村庄废除，在有的村庄仍然延续下来，并制定严格的井绳、水桶的管理制度。陕西省韩城留芳村大巷井南墙壁上刻有1985年5月24日井管会制定的规约：“新索新桶，人人爱护；如果有失，必须声明，如不声明，追查之出，罚人民币十五元。”

绳制以外，汲水时间和汲水时的劳动组合亦构成汲水秩序的重要内容。

水井是以汲取地下水源解决生活用水的形式，在黄土高原的一些地区，地下水埋藏很深，生活用水非常困难，因此，日常汲水秩序有严格的规定。在有的地区，地下水位也较低，但在正常状况下，其出水量尚能满足同井之人日用所需，然而在地下水位发生变化尤其是天旱后地下水位下降时，从水井中汲取的水量可能会减少。沁水县南阳村“康熙年间，凿井数处，俱未及泉，而振泉掘水，乃皆细流也。阴雨时多，水仅足用，天或稍旱，半用不足，暇则远方搬运，忙则争窃抢取，屡遭惊恐，心胆皆寒。水之艰苦，无出余庄者也”[②]。

天气干旱会影响到正常的汲水秩序，所谓“当雨泽调均之岁，犹可相资。一值大旱，恒数汲而桶始满，遂使亲睦之众，不惟不肯相让，而且竟起争端”[③]。因此在天气干旱、水位下降时对于井汲秩序也有相应的规限。如山西省闻喜县西雷阳村康熙四十三年（1704）《工告完成序》规定：“每遇天旱，轮流分水，抓阄为序。”也就是说，未遇天旱，这些地区日常的汲水制度相对要宽松些。在闻喜县北垣缺水地区，正常与天旱时的汲水秩序可以挨水和派水区分，在地下水位正常时，按照先来后到次序、绞水者和拽绳者结成井汲劳动组合，依次汲水。天旱时地下

① 上海市农村医疗卫生普及手册编写组：《农村医疗卫生普及手册》，1969年。

② 山西省沁水县南阳村乾隆十九年水井碑记。

③ 河南省汝阳县蟒庄村道光元年《蟒庄村凿井碑记》，见范天平编注：《豫西水碑钩沉》，第259页。

水位下落，有的水井出水量有限，就不挨水了，而变为派水。如闻喜县东彦村一口水井一天只能出 20 担水，一个牲口相当于两个人，男女不分大小，按人口计算，然后牲口、人口合计有多少，分为几组，三天一轮。[①] 曾为八路军总部驻地的武乡县砖壁村，在井沟、兽降沟、老坟沟都有旧存的活水井，水量最多的要算南大井，一昼夜才可流 30 担水，其他井每天能流 8—10 担水。一遇天旱，井里的水就更少了。[②]

汲水时间的规定以晌、番和时辰具有代表性。山西省闻喜县西雷阳村东巷水井规定，“九晌轮流汲水”，这样的取水次序可能随着人口滋生和村居的拓展造成一些家户用水的不便，只是，村人屡次商讨修改这项汲水规约而未果。其原因是各家户在承担水井事务时费用多寡不一，更改用水秩序，费用承担亦要相应变化。道光六年（1826）村众纠合众议修井，按照各家所摊费用增加一晌，从此，村庄汲水次序成为十晌，轮续取水。[③]

郝壁村嘉庆七年（1802）水井碑记载，该村西节郝姓井共分六番，嘉庆二十年（1815）《十字井记》刊列了郝姓八番，嘉庆七年（1802）的番依次为头、二、三、四、五、六番，与嘉庆七年水井碑不同的是，嘉庆二十年（1815）的番依次为头、三、五、七、九、十一、十三、十五番，番数为奇。《十字井记》载：“井之番分，凭此取水……自古为然，不必紊乱，但三番半番与五番一番西井取水，于此井无干，轮流番次，郝户五日，马户一日（马两支一日），空口难凭，立番分永远为照。”[④] 从碑文来看所谓番，就是一定数量的家户在固定日子汲水。三番半番与五番一番虽然在碑文中规定了汲水家户，但又注明第三番中半番家户与第五番全部家户在西井取水，西井为马姓水井，两姓之水井以互惠形式照顾了因路远汲水不便的家户。稷山县杨家庄、闻喜县下宽峪等村在缺水季节吃水就要对每天汲水家户进行规定，实际上也是分番次。陕西省合阳县方镇灵泉村按照规定的时辰汲水，其东井

---

① 访谈对象：韩俊秀，男，84 岁，山西省闻喜县东彦村人。访谈时间：2007 年 7 月 18 日。

② 肖江河主编：《砖壁村志》，山西人民出版社 2006 年版，第 36 页。

③ 山西省闻喜县西雷村道光六年《本巷重修官井记》。

④ 针对番数为奇的现象，本人做了调查访谈，访谈对象郝如藏讲道：“三番不算番，五番算半番”，三番和西面马家换了，各家族有家户住得离自家井较远，为解决吃水不便问题，两姓协商马家可以在郝家井吃水，郝家也可以在马家井吃水，井中没有出现二、四、六、八、十、十二、十四番，估计是和马家交换了。

光绪二十六年《东井轮流时辰碑》记载，汲水时辰分为甲、乙、丙、丁、戊、己、庚、辛、壬、癸，不过，其具体运作状况在田野工作中尚未调查明了。

图 1.2 20 世纪 50 年代山西省万荣县多人协作汲水图

说明：1. 资料来源：中国共产党晋南地方委员会、山西省晋南专员公署编：《晋南区十年巨变》（内部资料），1959 年，第 96 页。

2. 图中显示，摇辘轳者三人，蹲地拽绳者一人，挑水者一人，后面为排队等水者。右下角是堆放的井绳。

在水位较低的情况下，用辘轳汲水需要多人协作。闻喜县在“北垣缺水区的水井提水中，全靠人力绞动木轱辘，依靠皮制或麻制井绳传替两只水桶一上一下取水。井绳一般长四十丈到七十丈，用牛皮和麻来制成。直径在二公分以上，重约二十五公斤到四十公斤以上，所用提水为柳罐或木桶，一只桶一般盛水在十公斤到十五公斤左右。绞水时需二到三人合作，一人拽绳一人或二人绞，顺序是先拽绳后绞水，依次类推”①。一般的情况是一人绞水摇辘轳，称为“绞家”，一人在对面往上拽上井桶的绳，称为“杀家”，尤其在水桶快出井口时，杀家把绳往后一杀，踩进井口石的脚疙窝里，然后把绳往怀里杀，绞家把桶梁抓住后，将辘轳一倒转，杀家把怀里存的三尺绳顺势松出去，正好水桶就放在了井沿上，“绳杀三

① 闻喜县水利志编纂领导组：《闻喜县水利志（初稿）》，第 134 页。

尺，脚踩一头”是一项颇有讲究的劳动技能。[①]

有一种番既是对汲水时间和汲水量的限制，也是同井之人汲水劳动的组合形式。在万荣县杜村，天旱无水要上大井绞水，规定以一炷香为时限，以一番为单元，按番轮流。所谓番，按老人的解释是一番子为 10 担水，7 个人负责摇辘轳，1 个人拽绳，1 个人挑水，分工协作，每人 1 担水，计 9 担水，另外 1 担水属于绳主家，绳主不参加汲水劳动，从 10 担水中抽 1 担水。[②] 新绛县汾河以南地区汲水论把，与万荣之番相类。

在陕西省合阳县方镇灵泉村，对于汲水的组合称为班，8 人组合称为“全班子”，3 人摇辘轳绞水，2 人一边一个拽绳，另外 3 人挑水，挑水的 3 个人回来之后，又换摇辘轳绞水的 3 人，换下的 3 人又挑水回家，共绞 11 担水，8 人每人 1 担水，索水 3 担（送给绳主的水）。5 人、6 人也可以组合，只不过索水减为 2 担。在农忙季节，虽然井深难汲，但一些体壮男子，利用闲暇，3 人组成一班，2 人绞水，1 人踩索，索水为 1 担。当 3 人刚开始绞水时又来绞水者，可加入劳动组合，若 3 人已经绞了 2 担水，那么后来者就不能加入这一班。[③]

吃水论番，实际上是富水地区在枯水季节或者贫水地区的村民为了保证家家户户最根本的用水需求而采取的自我调节、自我制约，通过采取这样的措施，保障了每个家庭的用水，化解了相互间的冲突，最大限度地配置、利用了水资源，在某种程度上缓解了人口对水资源的压力[④]，因而这种汲水制度具有可持续发展的品质。此外，吃水论番在某种意义上节约了时间和劳力，在井很深、出水量不够大、汲水困难的情况下，多人同一时间汲水不便，排队等候时间长，排在后面的人还可能由于井里水位下降而打不上水，汲水按番或按时辰排定，就可以避免有时人多打不上水，有时又无人的情况，这其实也是一种秩序。

上述汲水秩序、汲水组合的番、班制度，反映了同井社区内部人与人之间的关系，显示了在生产条件和自然资源的限制下，人们为了获取一定数量的生活用

---

① 冯志华主编：《闻喜县水利志》，第 460—461 页。

② 访谈对象：范铭山，男，88 岁，山西省万荣县杜村人。访谈时间：2002 年 8 月 13 日。

③ 访谈对象：党福祖，男，75 岁，陕西省合阳县方镇灵泉村第 2 居民小组。访谈时间：2005 年 5 月 30 日。

④ 胡英泽：《水井碑刻里的近代山西乡村社会》，《山西大学学报》2004 年第 2 期。

水，必须进行彼此监督、劳动分工、相互合作以在规定的时间内最大限度满足用水需要的生活图景，也体现了在水资源匮乏的环境中，乡村社会在解决用水问题上理性的制度选择。在这些形式多样的微观社会制度中，同井之人，通过自由组合、分工协作、生产互助、共同劳动的井汲行为，集体参与、轮流负责的井绳管理以及其他水井事务的管理[①]，营造了社区日常生活的秩序，同井共饮，相依相助，更是汲水空间建构的具体实践。

曾有学者指出，从历史上看，封建国家控制乡村的里甲制与保甲制等下层组织，与土生土长的乡村宗族及庙会组织之间的关系一直含混不清。在实际运行当中，保甲组织与宗族组织有可能完全重合从而承担起组织下层政体的任务，而宗教组织的会首往往还担负起组织全村性的非宗教活动的责任。此外，在华北农村，本来是互助性的生产或生活组织演变成社区或村庄管理机构是比较常见的，如华北平原的青苗会，不仅是一个保护庄稼的村庄组织，而且承担起为国家政权征收捐税和摊款的职能。[②]

水井组织一定程度上也显现出演化为社区管理组织的趋势。这种邻里互助的社区自治组织的形式，其功用并不仅仅限于汲水方面，而是承担了社区生活的其他职能，如迎神赛社等活动。稷山县杨史村乾隆五十五年（1790）水井碑刻载："阳史村东甲，井上官银积至五十余金，又值年丰人和，于是合甲之人，思为置箱之用，徂钱物有限，虚愿难副，因此纠集合甲，各拔资财二十余金，今事已成矣，由是而迎神赛社可以耀观瞻，亦可以不病民。"碑中所记是花费井上官银购买唱戏

① 胡英泽：《水井碑刻里的近代山西乡村社会》，《山西大学学报》2004年第2期。民国以前村庄的公务由村内的首事人负责，首事人是产生于村庄内部的负责一村公务的头人。其产生形式可分为三类。一类是由大家推举，长期担任，多为德高望重有才干之人。一类是轮值，在多姓村庄中，每个家族推出一人，每个家族负责一年；在单姓村庄中，也有按家轮流充任纠首之人。在田野调查中，一些村庄每年正月对村庄一年事务以抓阄形式进行安排，即将一村之事务如水井、修路、唱戏等诸项事务写在纸上，由全村家庭抓阄，谁抓到什么事务，一年村中之此项事务就由他来负责，几乎家家都有负责的事务，富户负责的事务相对较多。在问及访问对象选择某项事务者是否因才干、品德不能胜任时，他们答道："在神庙里抓阄，神让你干你就能干了，有神相助，大家都服你。"负责村务被赋予了神灵相助的色彩，这种形式实际是乡村权力借助神权而具有合法性，进而使实际运作过程因具有众者信服的权威性而能够得到乡邻的支持和认同。这种抓阄安排村务的形式实质也是轮值。一类为临时推选。即遇到"官伙"之事，大家推选出着头人，经营负责。水井事务的情形同样如此。

② 〔美〕杜赞奇著，王福明译：《文化、权力与国家——1900—1942年的华北农村》。

所用的服装和道具，用于迎神赛社时唱戏演剧。闻喜县郝壁村嘉庆二十年（1815）《十字井记》载："井之番分，凭此取水，迎送东岳神，亦照此而摊使费，自古为然，不必紊乱。"这里汲水秩序和迎神赛社的规则是相同的。官银与迎神赛社有某种联系。在稷山县坞堆坡访问调查时了解到这样的习俗：即每年正月初一到十五，村中皆要闹红火，盖了新房的家户，新出生孩的家户等不一而足，闹红火所到之家，为表谢意，图吉利，都要给些钱物，所收之钱，由井头管理，用来买井绳、水桶等汲水器具，买鼓、镲等娱乐器具。稷山县多数村庄的井房现在已不再是汲水之处，井房所放之物多为狮子、龙灯、旱船、鼓乐等闹社火之器具，这些都由井头来负责保管，井头又称神头，井头不再负责社区的水井事务，但还是继承了组织社区闹社火的传统。

这就是说，水井组织不仅是一种在管理水井和协调用水人关系方面发挥重要作用的汲水组织，它的制度还同时作为迎神赛会的制度。正如井房与神庙、更房空间一体化、功能多样化一样，水井制度和迎神赛会制度的一致，反映了乡村社会制度在运行过程中集约化、综合化的特点，通俗地说就是"一套人马，两（多）块牌子"，一个组织，一种制度的建立，同时为其他事务提供了有效的机制。从另一个角度来看，水井制度所显示出的集约化特点，也正是乡村社会公共事务共同原则的体现，也可以说是其他制度对水井事务的集约化，但水井事务在诸项公共事务的重要作用则是突出的，既体现了乡村社会公共事务的一般性特点，又突出了水井事务的独特性。

三、井神崇拜与生育习俗

中国是一个多神的国家，人们根据生活的需要创造了许多神，井神就是其中之一。在古代井与门、户、灶、中霤并列为五祀[①]，反映了水井在日常生活中的重

① 《汉书》卷二十五《郊祀志上》，中华书局 1962 年版。

要性。在各地水井有众多的传说，有人认为，井神和护井之神并不相同，井神为水井的人格化或神格化，而护井神为地方保护神，不能像井神一样还原为水井本身。[①]有的村庄水井凿成后，专门创建井神，井神即为龙神，所谓“井龙王之说，不知创于何时，时俗每于井台之旁设立龙王庙”[②]。在山西省闻喜县畖底镇上宽峪村考察时发现康熙二十八年（1689）的一通《创建井神碑记》，当年井成之后，乡民在井上“外加高厦，内塑龙神”。有些村庄的井神除龙王外，还包括治水的大禹、镇水的牛。山西省新绛县一块乾隆三十二年（1767）的残碑记载，井工告竣，“又且建立庙宇，请置禹王、龙王、牛王三位尊神，坐阵于此，保障一方”。可见各地对井神所关对象不尽相同。大体而言，乡村社会对于井神的认识还是以龙王爷居多，它兼有井神和护井神的泛化模糊的双重功能，同土地神、财神、关帝等相比，井神的层位比较低，但与日常生活密切关联性明显又比上述神灵高，祭祀的频率也较高。

人们对井神的信仰，主要是祈求水源常旺、水质良好、水井安全、井工安全，此外还有祈雨等愿望。山西南部地区的乡村有敬献井神的习俗，有一种情况是每月初一、十五敬献井神，如平阳之土门村、王汾村、南太涧、北太涧；曲沃之南阳村、翼城之隆化、广适、南官庄；襄汾县西邓村；运城平陆县斜坡村、前村；绛州河津县之任家庄、城北村；稷山县梁村。永济之窑头村、北阳村在民国时期仍然有这样的风俗。当然，正月初一、十五是最重要的节日，其祭祀也相对隆重，平时不祭献的，这时也要祭献。祭献主要是烧香、献食、磕头，有神位则不论，没有神位的要用黄纸写上“井泉龙王之神位”、“四海龙王之神位”、“井王爷”等，放在井房之上位，有的在神位两边贴上对联，有的在井房外贴上对联。对联之内容有的很简单，就是单联，如井水长旺、细水长流、甘甜可口等；有的则为上下联。兹将所搜集的一些井联叙列如下：

宝泉：龙居南太涧　井水净又甜（山西省临汾市南太涧村）

国泰民安：供天地风调雨顺　敬龙王泉水茂盛（山西省稷山县吴嘱村）

---

① 吴裕成：《中国的井文化》，第228页。

② 河南省卢氏县同治元年《重修井龙王庙碑记》，见范天平编注：《豫西水碑钩沉》，第352页。

互惠：你三拜九叩　我十雨五风（山西省稷山县吴嘱村）

心专行慎用者安全　源旺味甘饮之康健（山西省稷山县位林村）

井底生泉：清泉供百口　香水养万民（山西省稷山县西位村）

惠泽渊深资物普　源头活水利人多（山西省阳城县北留村）

有本如是：神佑灵泉万代流　井如德水千秋涌（陕西省合阳县灵泉村）

润生民（陕西省韩城县坡底村）

龙泉通四海　井水养万民（陕西省韩城县王代村）①

龙泉水潮潮潮潮千丈　永保人长长长长万丁（陕西省韩城县史代村）②

一年常不安　自在今一天（陕西省榆林地区）③

上述井联的内容，反映了人们期望井泉水量长旺，水质净甜，井养不穷，人丁兴旺健康。单独建立的井神庙比较少见，一般在井房之墙壁上设立小规模神龛，即“每于井台之旁设立龙王庙，事虽近诞，而所以感发人之心志，莫不致诚致慎哉！”④但也有一些村庄对井龙王庙的修建相当重视，陕西省合阳县方镇灵泉村光绪十三年（1887）的《重修东井龙王庙及房屋碑记》、山西省闻喜县岭东村乾隆十一年（1746）之《中落井碑记》就反映了乡民修建井龙王庙的情况。山西省高平县赤祥村乾隆年间重修水井时，在水井的东面修建了一座龙王神庙，目的是得到龙王的保佑，“佑保源泉而涌出，生生不息，挹之靡穷”。龙王庙为砖材建筑，上方雕刻“龙宫”二字，中间为龙王神位及香龛，西侧镶嵌着乾隆年间重修水井的碑记。

乡村水井突出了地域性和社区性，划定了一个相对封闭的社会空间，那么，井神的权域就局限在一定边界的空间范围，富有社区性、地域性的特点。在神灵空间层面，井神掌控着一个社区水井的水量、水质、安全以及社区内部成员的生命及其健康水平。在世俗社会层面，社区成员能否汲水而饮取决于有无井分，井

---

① 访谈对象：王世意，男，82岁，陕西省韩城市王代村。访谈时间：2005年3月19日。

② 访谈对象：史红脊，男，72岁，陕西省韩城市史代村。访谈时间：2005年3月19日。

③ 郭冰庐：《窑洞风俗文化》，西安地图出版社2004年版，第228页。

④ 河南省卢氏县同治元年《重修井龙王庙碑记》。

分是通过参与集体水井事务所获得的，代代相传成为权利，表现为社区内部家户的汲水权利，具体化为社区内部个体成员的用水权利。这种权利虽然是固定的、可继承的、社会化的，但随着社区内部新成员的出现，用水群体相应发生了变化，汲水量的限定也随之发生变化，这就需要得到同井社区的认可，以实现其汲水权。水是生命的源泉，新生命需要汲井而饮，龙王爷掌管社区水井，用水权利的实现，就表现为新生儿“向龙王爷报户口”，以得到龙王爷的同意，同时得到社区的认可。这一程序构成了一种独特的出生仪式。

在山西省河津市贺家庄，生下孩子以后要上井房烧香祭拜，告诉井神家里添了人口，要吃水了。[①] 在河津市龙门村有“绑马”的习俗，即孩子一出生，家人要用红线把黄纸绑在井马（辘轳架）上，男孩子绑在左边，女孩子绑在右边，表示孩子到世要吃此井水。[②] 在陕西韩城县乡村普遍存在新生儿出生向龙王爷“报户口”的习俗，不过在具体的形式上有所差异。

陕西省韩城县乡村给龙王爷报户口的仪式，一般由新生儿的奶奶执行。孩子一出生，奶奶就拿上表去井上龙王爷的神位前烧香压表。如果是白天出生，天黑以前均可去井上报户口；如果孩子晚上出生，第二天一早就去报户口。表用黄纸折成不同的形状，代表了出生婴儿不同的性别。在韩城县梁代村黄表的形式如图1.3-a、b[③]，渔村、沟北村的黄表形式如图1.3-c、d[④]，还有一些村庄比较简单，黄纸正面朝上代表男孩，正面朝下代表女孩，如图1.3-e、f所示。对于这些形式不同的黄表，图1.3-a、b与图1.3-c、d比较相像，很容易让人联想到凸面象征男性生殖器，凹面象征女性生殖器。联系到图1.3-e、f，这三组符号又与阴阳暗合，图1.3-a、b与图1.3-c、d中，黄纸折叠后凸面为正面朝上象征男性为阳，凹面为背面朝下象征女性为阴，图1.3-e、f未经折叠，正面朝上象征男性为阳，正面朝下象征女性为阴。乡民对于给龙王爷报户口还给予了更深层次的解释，一种说法是，新生儿出生不给龙王爷报户口的话，孩子就要缺奶，这样水井不仅与吃水有关，

① 访谈对象：王六一，男，72岁，山西省河津市贺家庄。访谈时间：2002年8月11日。

② 龙门村志编纂委员会：《龙门村志》，新世界出版社1991年版，第91—92页。

③ 访谈对象：薛彩贤，女，64岁，陕西省韩城市梁代村第5居民小组。访谈时间：2005年6月1日。

④ 访谈对象：任润堂，男，81岁，陕西省韩城市渔村第3居民小组。访谈时间：2005年3月21日。

也与哺乳发生了关联。[①] 一种说法是，孩子出生后，赶紧给龙王爷报户口，要吃这井水，龙王爷让孩子喝水，能够使新生儿身体强健，平平安安地生存。[②] 这种解释反映了在医疗条件相对落后、新生儿易于夭折的乡村社会，人们通过向龙王爷报户口的形式，寻求神灵庇护，保佑新生儿平安的心理。

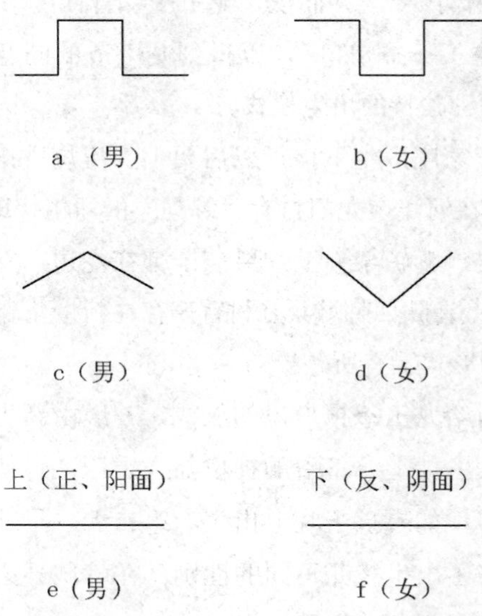

图 1.3　陕西省韩城县井台"龙王爷报户口"男女性别示意图

井神龙王爷是一个地域性神灵符号，折射了乡民在认识水源方面所显露的世界观，龙王爷决定着井泉的畅旺、水质的优劣、井工的安全、民生的健康，甚而能呼风唤雨。但在特定的缺水环境，乡民将龙王爷管理水巧妙转化为管理用水，赋予了龙王爷新的职能，龙王爷的身份也发生了变化，演化成为社区人口管理者，又成为空间的掌控者与管理者，从而具有了公共形象。向龙王爷报户口这一婴儿诞生仪礼，是新生儿取得社会地位、被社区所接纳的仪式，而由于诞生礼与取得汲水权紧密相关，人生的礼仪转化为取得汲水权的一个程序。乡民运用了一些社

① 访谈对象：高保红，男，39 岁，陕西省韩城市沟北村。韩城市博物馆聘用工作人员。访谈时间：2005 年 3 月 20 日。

② 访谈对象：高玉仙，女，75 岁，陕西省韩城市张代村。访谈时间：2005 年 3 月 18 日。

区成员谙熟的、附载象征男女性别的物件，通过这些仪式以取得汲水权，并利用水井这一公共空间将增添新成员的信息传递给整个社区。

20世纪80年代以来，老井已废弃不用，多为管网化的自来水所代替，给龙王爷报户口的形式也发生了变化，老井存在之村庄，其仪式仍在井台边举行，老井废弃之村庄，其地点则转移到水塔旁。自来水的运用打破了由水井限定的汲水空间，龙王爷也转化成为村级社区用水的掌控者、生育的管理者。一些在外工作的人孩子出生后告知村中家人，家人仍为其举行给龙王爷报户口的仪式。新生儿已属于社区之外的用水者，远远超出井神龙王爷的权域，用水制度象征意味已经淡化，而向社区宣示新生命、保佑新生儿健康的习俗则传承下来。

以上所述，主要反映了村庄内部的井神信仰，在黄土高原一些地方，井神成为多个村庄共同祭祀的对象。西古贝村位于山西省平定县东南，村庄西南有一眼在砂岩石上凿成的水井，名为黑山井。每逢天旱无雨时，周围四乡八里的居民因为生活用水困难，都要来黑山井取水渡灾，肩挑、手提、驴驮、车拉，人来人往。直到现在，这种情形依然存在。

关于黑山井的开凿，有个传说。西古贝村自古缺水，有年春天，一个自称黑山的石匠路过此地，困乏难行，就把身上的褡裢放在一块砂岩坪上，坐在石头上歇脚，然后就近到村口一户人家讨水喝，主人是一位中年村妇，看到客人长相善良，一身和气，就把家里仅存的一点水端给他解渴，又向黑山诉说当地生活用水困难。黑山喝完水后，一声不吭，返回砂岩地，想了一会儿，就在比较平坦的地方凿了起来。村民们听见响声就前来观看，问他做什么，他回答说凿井取水。村民听了不信，黑山低头说七七日见分晓。井越凿越深，有一天，村民们突然听见“轰”的一声巨响，泉水涌上来了。但找不见黑山的影子，村民以为他压在井下了，就想尽一切办法打捞，但什么也捞不出来。后来有人说，看见黑山在别村打井。

西古贝村感念石匠黑山穿岩凿井的功德，便把这眼水井称为黑山井。在水井西南侧修起一座黑山庙，按照黑山的样子塑成神像供在庙中，称作黑山神。从此，西古贝村把打井出水的五月二十四日这天定为祭祀黑山爷的庙会，官民祈供，岁岁不息。[①]

---

① 阳泉供水志编纂委员会：《阳泉供水志》，第1173页。

四、水井与公共空间

水井与公共空间突出体现在井房的功能上。

井房是水井最重要的附属设施，多数水井之上建有井房，修盖井房有清洁水源、保护水井、方便汲水、安妥井神等多种功用。山西省稷山县吴嘱村嘉庆年间水井碑载："从来井之有厦由来旧矣，故合巷耆老大家商议，各出财力，共襄盛事，起盖井厦，四十九年间而告厥成功矣，不特免雨雪之沾涂，风尘之污秽，而且出入相友，守望相助，三十余家常享无事之乐。"闻喜县店头村民国七年（1918）水井碑载："古人凿井而饮焉，其或阴雨连旬，或积雪没胫，则汲水之不易，取饮何从，于是井厦之建意至善也。"民国八年（1919）水井碑载："取之于江河者易，取之于邃井者难，难则对所有之井不得不珍重而保爱之，昔人于井上建厦，所以保爱此井也。"民国二十二年（1933）《重修井厦记》载："故昔人于井上以厦借以避风日，防雨雪也。"陕西省韩城县留芳村咸丰三年（1853）重新修补水井并在其上建立井房，从其碑文所述来看，村庄旧有水井一眼，但年代久远，井内将有崩裂之势，如果不立即修补，恐怕崩者愈崩，裂者愈裂。村民体会尤为深刻的是，"虽然修其内，尤当蔽其外，盖必建以井房则风尘无侵者，而井乃得以永坚……则井从此而修者，井房亦得由此而建矣。此岂徒为壮观瞻哉！聊以体井养之义，以为异日长久计焉耳"[①]。我们搜集的水井碑刻中，有关修建井房内容的碑刻所占比重仅次于凿井、修井碑刻，说明乡民对于修建井房的重视。村庄修建井房是对水井的保护和珍爱，防污秽保持了饮水清洁，避风日、防雨雪方便了汲水，这是井房在乡村社会所发挥的基本功能和作用，除此之外，在乡村社会生活中，井房在乡村社会生活的众多领域也扮演着重要的角色。

水井一般都处于乡村区位结构的中心，一方面这是为了使大家汲水方便，照顾到不同方位的家户。另一方面由于村落的规模不断向外拓展，水井自然而然地

---

① 陕西省韩城县留芳村咸丰三年《重修井泉并建井房碑记》。

成了村庄的中心。水井之上建有井房，井房和神庙、更房、石磨等共同构成乡村社会最重要的公共生活空间，而井房则是村民最经常使用的公共空间。在井房这一特定的空间，活动的主要内容是汲水。如上所述的番、班等汲水制度，反映了生产条件和自然资源的限制下，人们为了生存，必须进行劳动分工和相互合作。在分工协作、生产互助、共同劳动的过程中，具体实现乡村社会的用水秩序。同时，大家彼此依赖，增进了感情，加强了联系，水井成为维系乡情的纽结。

井房是乡邻经常打照面的社交场所。乡邻协同汲水，艰辛的汲水劳动可能会由于乡民赋予了娱乐色彩而变得轻松。按序等水之余，说闲话，拉家常，成为乡村一道亮丽的风景。他们有说有笑，声音时高时低，气氛热烈，为宁静的村庄增添了几分活力与生机。“老皇历”倒出“陈谷子烂芝麻”，“大文人”说列国道三国，引人入胜，“牛皮王”吹得人目瞪口呆，“抬死杠”较劲争得面红耳赤，“洋相鬼”一个噱头惹得人捧腹大笑……个人经历、轶闻趣事、家庭纠纷、邻里关系、人情冷暖、世态炎凉，乃至国家大事、天文地理，都是话题，无所不及，无所不谈。井房实际上是乡村社会口耳相传的信息集散中心，人们自觉不自觉地实现着情感交流和思想交换，从而带来心理上的平衡和满足，起到相互影响的作用。

井房是农业生产经验的传授地。在传统农业社会，农业生产实践所积累的经验、教训等，对指导生产有着重要作用，其传授和交流场所当然不仅仅限于田间地头，井房作为一个公共空间，为乡民在绞水之余相互交流农业生产经验提供了场地。最为典型的是闻喜县店头村东井井房墙壁的康熙四十九年（1710）农事碑，碑载：“尝谓芒不种黍，伏不种豆，而亦有不必拘者。清康熙四十九年春夏大旱，清明一雨而旱至小暑，六月十六日入伏，十九日始雨，而安秋在二十四五，期月之间，秋口秀穗，后仍秋旱月余，而谷黍收成，肥地二石，硗地不脱六斗，谚曰：‘得雨莫论时’，此之谓也，故志之以示后，勿以时晚而误庄农也。”几百年来，农事碑所载为乡民提供了农业生产的经验，并代代相传。碑刻之所以奉立在井房，一个重要的原因就是井房是乡村社会中人们最常涉足的场所，碑刻在这里能够发挥最大的传播和教育功能。

井房周围在节日是一个娱乐场所。在山西稷山、河津县的一些村庄，春节闹红火，在井房前一般都要“打个场子”，就是在井房前的空地上，村中之人围成一圈，打花鼓热闹一番。稷山县吴嘱村 1988 年水井碑载：“自来井上盖厦实属重要，即可以遮风避雨，便于汲水，又能保持井水清洁卫生，尤其是逢度佳节之际，全巷男女老幼，集会厦前，观看热闹，分享欢聚之乐。”井房前是个比较开阔的地方，能够为乡邻集会提供一个可容纳的场所，再者，井房里供奉着井神，在井房前热闹，也有敬神谢神之意，祈求来年水源长旺，风调雨顺，五谷丰登。

井房周围是一个小的交易场所。市与井是连在一起的，在乡村社会，以某一个区域为中心定期有集市，形成市场体系。具体到每个村庄，商贩要选择一个便于做生意的地点，井房前就是一个理想的场所。这里从早到晚均有人进进出出，来来往往，人员流动量较大，汇聚的人较多，所以小商小贩虽然走村串巷，沿路叫卖，招徕生意，但经常要在井房前停驻憩息，定点买卖。这样，就在井房前形成了一个较固定的小型交易场所。严格地说，无论从规模还是交易量来说，井房前的买卖都不能算作市场，但这里聚集的人多，商贩往往愿意在这里逗留。

我们在田野调查中发现，大部分村庄的井房呈现出与神庙毗连或一体化特征。井地属于官地，井房建于井地之上，在井房有限的公共建筑空间里，乡民尽可能地让它发挥着众多的职能。山西南部的村庄在井的附近大都建有神庙，供奉财神、观音菩萨、本地历史名人等。[①]垣曲堤沟村井旁有个菩萨庙；河津城北村井旁有爷庙；平陆斜坡村井上盖有一庙；稷山县杨史村《穿井并建井厦序》载：“余村北甲无相院前，凿井饮人，由来已久”；南位村“北社观音堂前虽有旧井一眼”；闻喜县岭西西村《西甲穿井记》载：“因于离方财神洞旁，复穿新井一面”；闻喜县岭东村《东官庄创开新井记》载：“弘治乙丑创开新井，近观音堂五尺地，昔者原有二井”；闻喜中宽峪村井旁修路碑载：“兹余庄西节观音庙前坡垠水淘益深，高卑相悬”；闻喜县店头村北坡井道光四年（1824）《新建真武庙重修井厦记》载：“建立真武庙，固所以镇村墟，补风煞也……工厥告成，颇有余资，众遂意及于井厦破漏，谋厥修理”；店头村东井乾隆三十一年（1766）《重修享殿暨井舍记》载：“余庄中节古有观音祠，前建享殿，浚列井舍”；店头村乾隆十六年（1751）水井

① 王森泉、屈殿奎：《黄土地民俗风情录》，山西人民出版社 1992 年版，第 269 页。

碑载："白衣庙右有古井焉，创于正德年间"；沁源县姚壁村之水井修建于菩萨庙前。井房和神庙一体或毗连，是一个值得关注的现象，井与庙的先后次序并无定规，通过考察，有些井先于庙而开，有些井则因庙而凿。井与庙的一体或毗连主要有三方面的原因，一是此地属于官地，凿井或建庙不会因土地而发生纠纷；二是井水出处，人们以为此地为神灵所在，取其生生之义，故而建庙于此①，或是有庙于斯，神灵庇佑，故而掘井于此；三是二者合为一体，不重复建设，可以节省钱物，既经济又节约。

井房保存着包括开凿与修理水井、建设与修盖井房、汲水制度等的碑刻，有些井房的碑刻历经明、清、民国以至现代，有着较为完整的序列，这些水井碑刻地点的公共化、社区化、村落化，讲述着关于水井的故事、触动着社区的情感、关联着祖先的崇拜，是社区关于生活用水的记忆和历程，是乡村社会用水制度权威化、概念化的表现。和几两几钱几毫的捐款花名相关联的是井分和汲水权，是有关祖先名讳、义举寻访的精神历程。就同井社区而言，碑文记载了"耆老集议"、"急公好义者"倡议、"大家同众商议"的乡村事务发端，对捐施者"善行义举"、民人"输财者恐后，效力者争先"以及"诸经理苦心经营"等在水井事务中的不同角色加以褒扬，对于"吝不出钱者"施以惩戒，不仅是一次水井事务的总结，也是对以后乡村公务每个村民角色的划分以及责任的规定。即当面临乡村公务时，要有急公好义者，要有人舍私济公，民众要输财效力积极参与，纠首要不畏劳苦，这是一种乡村的规矩，这种规矩亦可称文化，在水井组织内对个体进行角色安排和文化塑造，致使个人对水井事务也有了角色期待，从而个人行为倾向与水井组织这一公共事务对个体的基本要求相符，保证了乡村水井事务长期得以顺利运行。②

---

① 据介休市东内封村乾隆年间《重修玄帝庙及砌井序》碑记："本邑东内封村西门里旧建北极尊祠一所，门前凿井一眼，以玄帝而祀兑位，更附之以井者，盖取其生生之义。"

② 胡英泽：《水井碑刻里的近代山西乡村社会》，《山西大学学报》2004 年第 2 期。

五、水井与村际关系

水井之外，解决生活用水还有其他形式，如水渠、水池等，是通过引、蓄地表水或自然降水的途径以满足生活用水需求，董晓萍等人研究的四社五村就反映了15个村庄联合的水利组织图景[①]，由于空间范围较大，可能关联到数个甚至十数个村庄，进而影响到村庄的关系。水井同渠、池相比是一种更微型的水利设施，但是，因水井而引发的用水问题同样也会影响到一些村庄间的关系。

水井一般位于村庄的内部，但这并非定律，受自然条件限制，一些村庄的水井位于村庄的外部，甚而是与邻村交界的地方，常因汲水而发生争执与纠纷。[②]

山西省平定县小桥铺村于康熙五十六年（1717）在村东沟地凿井一眼，深有七丈，小桥铺村民汲水此井。此井及井地虽属小桥铺村，但水井邻近土圪梁村，因而土圪梁村人也于此井汲水，小桥铺村起初也未加禁止。乾隆五十四年（1789），时值春旱，水不足用，因而小桥铺村要求土圪梁村汲水时需要付给水费，小桥铺村计划将卖水所得用于淘井或再掘水井，于是土圪梁村人以私占官井之名将小桥铺村告于县衙，经审判水井仍归小桥铺村，土圪梁村不得再与小桥铺村混行汲水。[③]

山西省陵川县四义庄村与清城底村因水井汲水而发生了讼案。[④]四义庄村在其与青城底村接壤的河内凿有古井一眼，后来因为水井距离村庄较远，担水不便，于是在庄内凿池蓄水解决用水问题，遇到干旱年份，仍然从古井中汲水，多年未与青城底村发生争执。道光二十二年（1842），自春至夏天旱无雨，四义庄村内池水干涸，村人又到古井取水，不料青城底村人恃近欺远，横加阻拦，不但不许四义庄村人汲水，反而有人恃强卖水，于是两村打起官司。判决结果是，以后两村

---

① 董晓萍、〔法〕蓝克利：《不灌而治——山西四社五村水利文献与民俗》。

② 一些村庄受自然条件限制，只好在其他村庄购买井地，开凿水井。据山西省高平市梨园村民国二十一年《梨园村凿井碑记》载，该村为解决吃水困难，在离村数里之遥的上玉井村购得井地一块，开凿水井。

③ 山西省平定县小桥铺村乾隆五十四年《新刻娘娘庙沟东官井碑记》。

④ 山西省陵川县四义庄村道光二十二年《古井碑记》。

均可在古井取水，不过要按先后顺序，挨次担取，不许恃强争先，不许横加阻拦，偶遇荒旱之年，禁止卖水取利，除两社取水之外，兼许邻村汲用，使天旱缺水时邻近村庄能够同患相恤。

有些村庄会因井汲而长期发生纠纷。高平县北凹村与丁壁村相邻，北凹村东南靠山，西北界河，山麓之间汲水困难，在村西河滩中掘井一眼用于汲饮，但没有确定井地禁界。咸丰五年（1855）春旱，井水缺乏，但村庄窑户耗水量较大，为保证生活用水，就禁绝窑户用水。丁壁村有王某者贪图压窑之利，偷水被巡获[①]，更为可恶的是，王某用粪桶往窑上取水，殊不洁净有碍饮食，于是两村成讼。经县令判处，此水井仅顾食用，以后不许丁壁村和泥、压窑汲用此水。为保证今后此井供应村庄用水，丁壁村又详定禁约，离此井百步，不许另穿井眼，近井周围不许再行开垦，并立有碑记。不料后来丁壁村有人将石碑盗去，北凹村也未深究。咸丰八年（1858）夏季，水泉不旺，北凹村拨工浚井，丁壁村又有人阻滞，赖为己井，声言不许北凹村汲水，并且要将此井填塞，于是两村讼案再起。官断追回旧碑扶立井旁，北凹村照旧汲水再立新碑。井边不许丁壁村侵占，并派员将汲水之路指明步出，以免日后再有纠纷。[②]

上述三个水案反映了村庄之间因水井汲用而产生的纠纷，同时也体现了村庄因水井汲用而存在的联系，几个水案透露了村庄之间在井汲方面的用水秩序，一般来讲，水井属于哪个村庄所有，就仅供本村汲取，具有强烈的排他性。但实际情况并非如此，由于水井所属村庄距井较远汲水不便，邻近的村庄汲水反而便利，象土圪梁村、青城底村、丁壁村等村庄，都是在外村水井汲水，在不缺水情况下，两村尚能和谐相处，一逢天旱水缺，必然要制止村庄外部的汲水行为，以保证村庄内部的用水权益，若其他村庄要继续用水，就侵害了水井所属村庄的汲水秩序。像青城底恃强凌弱阻拦井主之村担水甚而卖水，丁壁村窑户盗水、污染井水对北凹村用水秩序影响更为突出。对于水这样一种日常所必需的稀缺性资源，小桥铺村、青城底村甚而卖水求利，这不仅为村民所反对，亦遭官府之处罚。官府从保

① 山西省高平县北凹村关帝庙内咸丰五年《北凹村西河井壁记》。

② 山西省高平县北凹村关帝庙内咸丰八年《袁大老爷永断西河井汲水碑》。

证民生日常用水的立场出发，从两个方面对此予以解决。第一，肯定了水井的私权性，明确水井权属归何村所有，要求外村立即停止对水井所属之村水权的侵害。第二，突出水井的社会公益性，其判决既规定了食用为先，杂用为次的用水次序，又体现了同患相恤、邻村共汲、水利均沾的原则，突出水井的公益性，通过规定用水秩序来协调村际关系和地方社会秩序。

村庄之间因井汲而发生冲突，也会因井汲而走向合作，结成共饮之谊。这种情形既包括村内之井，也包括村外之井。一个村庄内部的水井一般具有排他性，尤其是在水源紧缺之时，如平定县柳沟村咸丰十年（1860）《施双眼井碑记》载，每逢水缺之时，外村人一概不许取水，说明在水量较丰时，外村人还是可以汲水的；但在缺水时，外村人用水对本村用水造成侵害，则要对外村的汲水严格限制了。在临汾市尧都区王汾村有一眼水井，泉源长旺，而附近之吴家庄、孟家庄则无井可汲，皆在王汾村水井汲水。吴、孟二村来王汾村汲水，并不分担水井事务的费用，在汲水次序上要等该村人汲完水之后方可取水，王汾村人不论迟早先后，皆优先汲水。如逢遇兴工、婚丧之事，因为用水量大，就不许外村人汲水。从地理位置来看，王汾村与吴家庄皆位于半山腰，但王汾村在吴家庄之上，若两村发生矛盾，王汾村不让吴家庄用水，吴家庄则截断王汾村的路，二村利用各自的资源优势来控制对方。[①] 稷山县武堆坡位于黄土塬上，村中主要靠旱井吃水，平均两家有一口旱井，此外，村中还有一眼淋水井，泉眼仅有铜元那么大，一天一夜能出 28 担水，就够全村人饮用，天旱时一天只能出两担水。如果用水更为困难，武堆坡将去八里以外的武堆村井中绞水拉水，有时要象征性地出一些井绳、水桶的费用，多数情况下并不分摊费用。[②]

山西省平定县东小麻、西小麻、柳树峪三村相邻，泉子沟为三村接壤处，东、西小麻村于嘉庆十九年（1814）凿井两眼，三村共汲二井。年深日久，一井被沟水淤塞，一井塌闪破漏，不遇荒旱，村人对二井不甚顾惜。其间有人勾引矿商在井泉附近开采煤矿，妨害井水，村人先前已制定了禁约。时至民国七、八、九年

---

① 访谈对象：王玉寅，男，72 岁，山西省临汾市尧都区王汾村。访谈时间：2002 年 8 月 3 日。
② 访谈对象：王俊镕，男，79 岁，山西省稷山县太阳镇武堆坡。访谈时间：2002 年 8 月 11 日。

（1918、1919、1920），连年亢旱，东小麻村村长邀集西小麻、柳树峪村长等商议修掘水井，大家一致赞成。正好有乐善好施之人情愿将自己祖遗挨井地各一段施于三村社内扩展井地，为将来开掘新井之用。三村当即定立井泉禁约，议定无论何人不准在井地四至界外180步开掘煤窑，违者处以500元以下的罚金，以保证三村井泉安全。[①]地下水资源具有不可分割性，在村庄交界相对的富水地带，三村各自的汲水行为并不会侵害其他村庄的用水，如果有一个村庄开采煤矿，必然会影响地下水资源，进而侵害其他村庄的井水，因而三村之井汲利害攸关。为保证三村用水秩序，三村共同使用水井，保护水井，禁绝开窑采煤，在水井事务上采取联合、一致的行动，反映了在用水方面和谐共处的村际关系。

结合前述几个水案，水井对于村庄内部而言是官产，而对于外村来说则具有私权的性质，对邻村汲水具有强烈的抵制性、排他性。但由于水资源又是一种与日常生活密切相关的资源，有水井权属的村庄与无水井村庄之间发生了排他性与侵入性矛盾，邻村用水需求之侵入性还是要大于村庄的排他性，这样水井的私权性、独占性，就转化为公益性、共享性，汲水秩序在一定程度上影响着村际关系与乡村社会的秩序。

村庄之间因井汲而产生冲突或走向联合，其实反映了一种跨越村界的微观水利组织的形式，在我们看来，其中最核心的是水权问题，即水资源所有权与汲水权二者之间的关系。[②]村际间水井组织的关系取决于水资源所有权与汲水权的可分离性与协调性，有水井的村庄对水井拥有绝对权属，也有相对优先的汲水权；而没有水井的村庄对外村的水井没有权属关系，但可以经过协调取得汲水权以解决生活用水，这样就使水井具备私权与公益二重属性。不过村庄间的水井组织可能会引起高度的用水矛盾和利益冲突，在解决矛盾、协调冲突、维护利益方面，有的依靠官方的权威来裁定解决，如发生三个水案的村庄；有的则通过村庄共同商

① 山西省平定县东小麻村民国十一年《三村公议修理泉子沟水井并划定井地四至界限及损坏井泉禁约规则合记》。

② 清华大学法学院崔建远教授对水权理论有深入探讨，本节关于水资源所有权与汲水权的理解，借用了崔建远教授的观点，由于本人法学理论的欠缺，对水权理论的运用只反映了自己的认识，可能偏离崔建远教授的观点，其责任由我们来承担。崔建远：《水权与民法理论及物权法的制定》，《法学研究》2002年第3期。

讨、集体协调进行制度性安排。如平定县东小麻、西小麻、柳树峪三村对于水井的共同使用及对水井及井地的保护等，充分体现了多村庄水井组织共同商讨的集体用水制度安排，而武堆坡在武堆村汲水体现了友好的侵入性和依附性，王汾村与吴家庄、孟家庄则是冲突与协调并存的水井组织形式。

小　结

本章运用田野调查所搜集的分散零落的水井碑刻，对其加以细节性的场景式刻画，试图拼凑出黄土高原乡村社会生活用水的图像。社会生活总是具体的，水是人畜生存的基本需要，由于受社会、环境、技术等因素影响，生活用水的普遍性需要因为区域不同而存在满足程度的差异，因而不同区域的水井所具有的意义可能完全不同。在我们看来，黄土高原乡村生活用水困难相对突显，日常生活的中心问题就是水的问题，是生存问题，水对乡村可谓牵一发而动全身，正因如此，由水井组织产生了多种关系。为了获得生存基本需要的生活用水，合作式的相互依存就成为必要，血缘关系退居次要地位，因而更多突出了地缘关系。由于生活用水困难和水井的重要性，北方乡村形成了一套相对严密的井汲规约并内化为乡村社会的秩序。

水井事务突出了地缘性，分摊费用时男性与女性、人与牲畜、人口与财产等有明显差异和细致规定，同井之人形成的生活用水圈是一个有清晰边界的空间单位，从而确定了村庄内部社区与社区因用水而形成的边界相对封闭的关系。

在水井这一生活用水圈内部，用水秩序严密。从用水类型来讲，强调日用为先，杂用为次的用水位序，从常态与非常态而言，有日常与有事之分，日常生活的汲水秩序、汲水者、汲水时间、汲水数量等则遵循严格的用水规则。番、班这些随机性、动态性的组合，显示了汲水困难的乡邻劳动分工、互相协作的生活情境。

有些水井常年出水量较小，有些水井的出水量在旱年、旱季亦会减少，为了最大限度地保证每个家户都能获取生活用水，水井用水制度对于水量变化引发的用水矛盾也有相应调适。

水井及其附属设施的创建和维修费用，由同井之人共同承担，有的还包括各个家户的牲口。同井之人，费用共担，具有丰富的内容，有的不分男女，按人摊钱；有的不包含妇女，仅以男丁而计；有的不在村居者，亦得出钱。

水井有井头、井首等管理者，以负责水井事务。井头有时轮充，有时连任。在一些地方，水井的收绳、下绳等日常事务则由同井之家户轮流交转。从水井碑记来看，水井事务的管理也有一些士绅参与，但从总体来看，士绅在水井事务中作用并不突出。

井神龙王爷是一个地域性神灵符号，也是生活用水圈的象征性权威，折射了乡民在认识水源方面所显露的世界观。在特定的缺水环境，乡民通过对龙王爷管理水进行了龙王爷管理用水的巧妙转化策略，又赋予了龙王爷新的职能，龙王爷的身份也发生了变化，演化成为社区人口的管理者，从而具有了公共形象，扮演着社区管理者的角色，又成为空间的掌控者和管理者。

水井是一种微观型的水利设施，但它仍然会成为影响村际关系的一个因素，水井组织因而成为一种跨越村界的组织，私权与公益的二重性，使邻近的村庄因生活用水在冲突与协调中建立了村际联系。

潘光旦曾表达过这样的观点："我们的民族自西北开始发展，西北高旱，灌溉向有困难，所以井的重要性特别大，农业生产需要它，日常生活也必须有它，开始只是一个经济生活的泉源，终于成为一个社会生活的汇点。"[①] 按照功能主义的观点，制度是与需要相应的，每个社区都有其畸重的文化本位，即文化的重点，研究一个社区的文化要以社区的文化重心为出发点。[②] 经过历史的层累叠加，社会赋予水井以更多的意义，它不仅是人与环境的结合点，反映了人与环境的关系；而且是人与人在物质生活层面的组织形式，体现了人在处理与环境关系中形成的社会制度，建构了乡村社会的秩序。由此看来，水井可以作为我们认识北方尤其是黄土高原传统乡村社会的一个文化的重点。水井只是构成黄土高

① 潘光旦译注：《家族、私产与国家的起源》，见《潘光旦文集》第13册，北京大学出版社2002年版，第219页。

② 吴文藻：《论文化表格》，见《吴文藻社会学人类学研究文集》，民族出版社1990年版，第223页。

原乡村社会的要素之一，但它对于理解黄土高原乡村独具启发性。我们的意图不是要总结出一种普遍的模式，而是希望将各个乡村的水井习俗进行不同组合，以勾画黄土高原乡村因水井而产生的生活用水场景，并由此理解黄土高原的乡村社会。

第二章　挖池蓄水

第一章我们曾就水井与黄土高原乡村社会生活用水等问题进行了研究。相对南方，北方凿井而饮比较普遍，除此之外，还有其他类型的给水形式，所以有必要扩展研究以增进对黄土高原生活用水多样性、全面性认识。本章主要探讨的问题是：无法从河泉、水井等地表水、地下水获得水源的地区如何解决民生困难？州、县治所与广大乡村是如何办理水池事务？水池与乡村社会秩序的关系如何？在此基础上探讨水池这一人文景观的文化意义。当然，在研究传统社会用水习俗、用水观念的同时，社会生活变迁与制度安排之间的关联，也是一个萦绕于怀的问题。

在黄土高原缺水地区，居民采取开凿水池、旱井集蓄降雨的形式来解决生活用水困难。“民非水不生，是水之为物，所系于人甚大。然属有本者，固可掘井而饮。若在无本者，亦必赖池而聚。”[①]“近今各处村庄相形凿池，设计蓄水，于井养不穷之义颇为得之。”[②]在那些难以开凿水井的地区，为了生存，因地制宜退而求其次地选择其他的形式来解决生活用水就显得尤为必要了。水池与旱井就是水井之外，人工解决生活用水一个重要的形式。水池有的是通过引流河水、涧水、泉水等地表水，引蓄而用，或是集蓄雨雪等天然降水而用，一般为公有（也有家族的），规模较大，蓄水量多，清洁度低。旱井则主要是集蓄雨雪等降水，一般为私有（也有公有），规模较小，蓄水量少，清洁度较水池要好。仅以集蓄雨水而论，我国西北黄土高原丘壑区、华北干旱缺水山丘区、西南旱山区均有凿水池、修旱

① 山西省壶关县脚底村乾隆四十三年《创修石池碑》。文中碑刻除注明外均为我们田野考察收集。

② 道光《壶关县志》卷二《疆域志·山川》。

井解决生活用水的情状[1]，本章重点研究黄土高原地区的水池与旱井。文中所运用的资料除少数明清时期的地方志外，主要是我们在田野调查中搜集到的明、清、民国时期的水池及旱井碑刻。黄土高原范围较广，而我们所调查的地区还相当有限，主要以山西为中心，有平定、阳泉、高平、壶关、晋城、临汾、洪洞、闻喜、稷山、万荣、临猗、平陆等县市，此外包括河北井陉、武安县等与山西毗邻的冀西地区，河南省林县、阌乡县等豫西地区，陕西省关中地区的华阴、大荔、合阳、韩城、澄城等县。

一、水池开凿与用水环境

本章所涉地理范围，包括山西全境、陕西关中地区、河北、河南西部山区，基本属于黄土高原范围，地貌类型以黄土台塬、塬梁，土石山区为主，地下水埋藏较深。降水量较少，季节变化明显，受降雨影响，地表径流多为季节性河流。这样的地理环境特点，使凿井而饮显得困难，饮用河流水具有不稳定性，是生活用水困难的根本原因。

我们所说的黄土高原地区用水困难，并非以今天的标准来衡量过去，以现代的眼光去看待历史，而是基于地方史志和民间碑刻的记载做出的判断，其中有相当多的生活用水困难情状以及居民获取饮料艰辛的场景式描述，反映了时人的切身感受，为我们展现了北方地区汲饮困难、凿池而饮的历史情境。

文献所见，有关土厚水深、土薄石厚、汲井不易的记载较为多见，反映了该区域生活用水的环境特征。第一类为山区，包括山西东部、河北西部、河南西部，生活用水十分困难。“太行绵亘中原千里，地势最高……于井道固难……汲挽溪涧不井饮者，自古至于今矣，前人有作，阙地数十仞而不及泉者。”[2]山西省平定县小桥村“历来缺水，天旱往投柏井镇取水，往返三十里，艰苦实甚。嗣后村东凿

---

① 水利部农村水利司农水处编：《雨水集蓄利用技术与实践》，中国水利水电出版社2001年版。

② （清）胡聘之：《山右石刻丛编》卷三十六《创凿龙井记》，山西人民出版社1988年版。

池贮水，颇济齐用”[①]。壶关县素有“百里无井”之称[②]，其“据太行巅，地高亢，土峭刚，独阙井泉利，民会有力者掘井，深九仞始及泉，虽水脉津津，汲挹曾弗满瓶。其劳于远井，直抵州境，洎他聚落，乃至积雪窖、凿水甃，给旦夕用，以故其民不免有饥渴之害者”[③]。河北省武安县西南部山区，无井泉活水，全恃水洞储蓄雨水，故每值春夏大旱，山乡滋闹水荒。饮料奇缺，取水常在十里以外，居民苦之。[④]河南省汝阳县“尺土之下，积石坚厚莫测，掘井求泉，为尤艰焉”[⑤]。以开凿红旗渠而闻名的林县“居太行之麓，山石多，水泉少……掘地尽石，凿井无泉”，生活用水非常困难，无法凿井而饮的村落，只好储蓄雨水用于饮食。[⑥]

第二类为黄土高原区。山西西南部、陕西关中地区，黄土堆积较厚，地下水埋藏较深，土厚水深，井饮甚为困难。据北魏郦道元所记：“《三秦记》曰：‘长安城北有平原，广数百里，民井汲巢居，井深五十丈。’”[⑦]唐代的记载略显详尽，“毕原，原南北数十里，东西二三百里，无山川陂湖，井深五十丈”[⑧]。明代王士性游历所见，关中地区“多高原横亘，大者跨数邑，小者亦数十里，是亦东南岗阜之类。但岗阜有起伏而原无起伏，惟是自高而下，牵连而来，倾跌而去，建瓴而落，拾级而登，葬以四五丈不及黄泉，井以数十丈方得水脉”[⑨]。很大程度上反映了黄土高原地貌以及土厚水深的用水环境特征。从清代、民国的地方志中可了解到更具体的信息。陕西省澄城县中部一带井水深或二十六丈至三十余丈不等，故各村用窖储雨水以资饮食，夏日天旱之时，地下水位下降井水不足，池窖中积蓄的降水用完，居民往往有远走十余里之外取水者。[⑩]陕西省渭河以北韩城、合阳、蒲城、白水、富平各县近北山一带，居民每苦地高乏水可饮，往往窖地聚雨水，以

① 山西省平定县小桥铺村乾隆四十八年《新建穿井碑记》。
② （唐）杜牧：《上李司徒泽潞用兵书》，乾隆《潞安府志》卷二十七《艺文》，乾隆三十五年刻本。
③ （明）杜学：《新筑南池记》，道光《壶关县志》卷九《艺文志上・文类》。
④ 武安市地方志编纂委员会：《武安县志》，中国广播电视出版社 1990 年版，第 242 页。
⑤ 河南省汝阳县莽庄村道光元年《蟒庄村凿井碑记》，见范天平编注：《豫西水碑钩沉》，第 259 页。
⑥ 民国《林县志》卷十四《金石上》。
⑦ （北魏）郦道元：《水经注》卷十九《渭水》。
⑧ （唐）李吉甫：《元和郡县志》卷一《咸阳县》，文渊阁四库全书影印本，第 468 册。
⑨ （明）王士性著，吕景琳点校：《广志绎》卷三《江北四省》，中华书局 1981 年版，第 61 页。
⑩ 民国《澄城县附志》卷三《水利》。

供汲饮。[①] 其中合阳县位于旱塬，除少数村庄靠井水生活，井深达三四十丈甚至五六十丈，许多村庄依靠涝池积蓄降水解决生活用水。[②]

山西省西南部和关中地区情形较为相似。万泉县“以万泉名，虽因东谷多泉，实志水少也，城故无井，率积雨雪为蓄水计，以罂、瓶、盎、桶，取汲他所，往返动数十里，担负载盛之难，百倍厥力”[③]。万泉县由于土厚水深穿井艰难，全县只有数眼水井，居民多取汲涧水，远乡井少又不能与泉水相近的村庄，则只能凿陂池储集雨雪之水，或者远汲他处，动逾一二十里。县中水井深者八九十丈，浅者也达五六十丈，而且穿凿一眼水井所费不赀，所以井少而人苦。[④] 稷山县“城西南四十里，庄近南山，井深千尺，居民艰于瓶绠，贮水以饮之”[⑤]。

这些地区用水环境除土厚水深之外，还有一个突出特征，即部分区域地下水咸苦，不宜饮食。山西省平阳城内“水咸涩不可食，自前朝即城外渠水穴城入淡潴汲之用，遇旱或致枯竭，民远汲于汾，颇劳费”[⑥]。西南部的闻喜、夏县、安邑、猗氏各县水味多咸，夏县、安邑尤为严重，井水咸苦当与接近盐池有关。[⑦] 临晋县“井深水碱”，“南乡及东乡之南偏，井深八九十尺至百余尺，汲水稍易，然水质咸碱”。[⑧] 陕西省关中地区的水质也较多咸苦，五代时期“同州水咸而无井”[⑨]，明代同州城内水泉咸苦，知府钱茂律在城西开凿出两眼甜水井，居民认为是官员虔诚感动上天[⑩]。清代大荔县“水尤多咸卤，间穿一井，苦涩不堪入口”[⑪]。根据我们田野考察的经历，大荔县东北乡雷村一带方圆30公里的村庄井深在三四十丈左右，但水质咸苦，过去靠凿水池、打旱井来集蓄天然降水来解决生活用水。[⑫] 白水县城

---

① 民国《续修陕西省通志稿》卷六十一《水利五》，民国二十三年铅印本。

② 访谈对象：史耀增，男，61岁，陕西省合阳县和阳村，县文化馆原副馆长。访谈时间：2005年5月30日。

③ （明）乔宇：《万泉县凿井记》，民国《万泉县志》卷六《艺文志》。

④ 民国《万泉县志》卷一《舆地志·山川》。

⑤ 光绪《山西通志》卷三十三《水利》，光绪十八年刻本。

⑥ （清）王锡纶：《李公甘井记》，《怡青堂文集》卷六，民国（年代不详）铅印本。

⑦ （清）董恂：《度陇记》，《小方壶斋舆地丛书》第6帙（4），第272页。

⑧ 民国《临晋县志》卷四《生业略》，民国十二年铅印本。

⑨ 《新五代史》卷二十三《良臣传》，中华书局1974年版。

⑩ 光绪《同州府续志》卷十四《文征录》，光绪七年刊本。

⑪ 咸丰《同州府志·文征录》，咸丰二年刻本。

⑫ 访谈对象：严元民，男，83岁，陕西省大荔县范家镇西寺子村。访谈时间：2006年7月14日。

有三眼水井，其中东井深约三百四五十尺，水质咸苦，不济民用。[①]现代水文地质勘测显示，关中盆地南北高，中间低，自西向东倾斜，这种水文地质特征，导致地下水含氟量高，渭北一带尤为严重，这是井水咸苦的主因。[②]上述史料表明，土厚水深和水质优良并没有必然的对应关系，受地质环境影响，深井之水可能含有过量的物质而水质咸苦，无法饮用，同样面临缺水困难。

上述地区有土厚水深带来的水量性缺水，有井深水咸的水质性缺水，导致生活用水匮乏，"生活之难，水火几与菽粟等矣！"水作为一种日常生活的必需品却成了稀缺的奢侈品。在这样的用水环境下，基于生存需要，居民只好因地制宜，通过凿水池、挖水窖等形式引蓄河泉等地表水或集蓄自然降水，解决生活用水的困难。相对水井，水池在集蓄降水过程中大量的地表污物汇入池中，因而水质较差，所谓"不择溲勃之污，暍既为灾，秽亦生疾"[③]。直到现代，一些文艺作品对饮用池水影响人畜健康的问题还有所描述。[④]

黄土高原也存在地域内部的差异性，为解决人畜生活用水，各地较为普遍地挖凿水池，然而水池名称各不相同，仅所见资料而言有池陂、池泊、泊池、波池、天池、水坑、旱池、涝池、池塘、麻池、麻潢等称谓。水池具有不同名称，并不一定指同一事物具有不同名称而已，其实与水池具有多种功能有关，比如麻池、麻潢，就反映了水池用于沤麻的功能。另外，一些村庄开凿水池，并不是为了解决生活用水困难，而是基于村庄泄洪排水的考虑，池水虽不用于居民饮食，但为浣洗衣物、建筑房屋、牲畜饮用等提供了一定程度的便利，在生活用水中仍然发挥了一定作用。

水井、水池、旱井是人们解决生活用水的几种形式，在不同区域，这三种形式具有不同的组合，表现了生活用水设施的结构差异性。有的地区单纯依靠其中的一种形式，有的是其中两者的组合，有的则是三者的组合，呈现出复杂多样的

---

① 民国《续修陕西省通志稿》卷六十一《水利五》。

② 张茂增：《关中盆地地下水中氟中的地球化学特征与地方性氟病》，《陕西医药资料》（防治地方性氟中毒专辑）1984 年第 2 期。

③ 民国《林县志》卷十《风土·生计》。

④ 郑义：《老井》，《当代》1985 年第 2 期。

形态。一般而言，水池与水井常常是相济相需，水池的功能只有在和水井的关联中能够得到较好的理解。需要指出的是，有水井不一定无水池，有水池不一定有水井。在黄土高原地区，尤其在乡村社会，通常是有井有池，井与池在人畜生活用水方面发挥功用有所区别，归纳起来有以下几种情形。其一，在水井较浅的地区，人畜皆汲饮井水，池水只是用于集蓄雨水防涝，井是主要的，池基本不用于人畜生活用水。其二，人汲井水，牲畜饮池水，井、池分担人畜用水的功用。其三，在水井较深的地区，从深井汲水非常困难，深井一般不用，人畜主要汲用池水，比如万荣县在深井、旱井、水池三者汲取的次序为，水池、旱井、深井，也就是说池是主要的，井几乎不发挥什么作用。一些村庄虽有水井但出水量很小，生活用水依靠池水。如高平县梨园村和瓦窑头村就表现了用水形式的差异："瓦窑头村地势虽高，现有水井七眼，食用不缺，其所设池，为洗衣服，饮牲畜之用；而梨园村虽有水井四眼，三眼无水，其一眼水仅二尺，日用不足，不能不借池水以养民生。"[①] 其四，在没有水井的地区，人畜生活用水完全依赖自然降水，也就是说水池是唯一的饮水设施。

二、水池与治所营造

在明清时期，一定的幅员、人口、市镇、村庄、治所等是构成府、州、县城聚落的必要因素，治所营建是地方官员的一项重要职责。根据瞿同祖的研究，地方政府最重要的职能是司法和税收，除此之外地方政府的职能还非常广泛，如公共工程，公共福利和教育、文化、宗教、祭祀及其他职能，此外它还监督一些私人机构进行的活动，这种情形蕴含的所有与民生福利相关的有组织的活动都是政府应关心和操办的中国式的"政府哲学"。[②] 修建城墙、兴办书院、祭祀神灵、筑桥铺路、凿井挖池，这种全能式的政府今天仍然可在翻阅府、州、县志时获得直

① 山西省高平县梨园村同治十三年《告示碑》。

② 瞿同祖：《清代地方政府》，法律出版社 2003 年版，第 248 页。

观印象，这其实引出了地方官员对于州县治所营造的命题，不过本文关注的是治所的生活用水方面。

分布各地的府州县治所除了承担政府所赋予的各项职能外，同时也面临着自身日常生活诸多问题，生活用水即一重要方面。明清时期，州县治所获取生活用水的方式与周围广阔的乡村社会没有区别，除汲取河、泉之水外，不外乎凿井汲水，修渠引水，挖池蓄水。但在水利设施修建的组织方面，地方官员则承担了组织者的角色。从一般意义来讲，解决生活用水问题并非地方官员必然的职责，由于用水环境的差异，在生活用水便利的州县，地方官员无须考虑此事；而在用水困难的州县，解决治所生活用水关系生存问题，关系政府职能正常运行、聚集居民、商业繁荣等方面，地方官员必须面对和重视，其在建设和维修生活用水设施中的职责就相对突出了。

兴修水利是州县官员的职责，但就制度而言，他们并没有可以支配的经费用于生活用水工程建设，经费通过以下几种途径获得。一类为向上级申请。在缺水地区，州县官员在治所修凿水池属于规模较大的工程，如果地方官员向上级政府申请并得到批准，修凿水池的全部或部分费用就由官府来拨付。山西省壶关县在明代洪武九年（1376）计划开凿惠泽池，知县将此事“上于州司，而允其请”。[①]后来壶关县重修另一水池龙雨池，“始其难地，则庠生陈尚实、尚资以义输，既虑费无所出，不得已而申请，蒙批勿以为民者劳民，今计所费，府发银五十余金”[②]。由此看来，县级官员并没有可支配的经费用于解决治所的生活用水工程，更不用说县城以外的广大乡村了，他要向上级政府申请经费，才有可能获得一定的费用。一类为官员自己解决。有时向上级申请，不一定能得到批准，如陕西葭州城内乏水，知州张琛计划在城内凿井，“愧乏钱，官钱不敢私用，请于上，非例所允行，故劝民出赀耳”[③]。说明如果不向上级政府申请或者申请得不到批准，地方官员则要通过其他途径来解决生活用水设施所需的经费、人力等。常见的方法有由州县官

① （明）杜学:《新筑南池记》，道光《壶关县志》卷九《艺文志上·文类》。

② （清）武有备:《重修凿龙玉池记》，道光《壶关县志》卷九《艺文志上·文类》。

③ 民国《续修陕西省通志稿》卷六十一《水利五》。

自己捐款，劝谕乡绅、富人、当地百姓捐资，招募当地居民提供劳力等。[①] 由于生活用水与治所及其周围村庄的民生有关，官员兴办生活用水工程时能够得到绅士与民众积极的响应与支持。

山西西北的岢岚州，“城中无井，万家待养于（漪）水，往来汲取”。后有凿井之举，皆废。为解决生活用水，明嘉靖年间汪藻“于南门内甃一池，引河水注其中，又于西门内开大池，引水潴之”。嘉靖四十年（1561），兵宪王遴寻修故道，引水入城，开凿三条水渠，一在居仁街，一在南薰街，一在肃睦街。又开凿了十个水池，水势汪洋，民皆赖之。[②]

山西万泉县地处黄土台塬，有“干万荣”之称，万泉县城位于半山，县城东涧、西涧及孤山除数眼泉水外再无泉水，万泉之名“虽因东谷多泉，实志水少也，城故无井，率积雨雪为蓄水汁，以罂、瓶、盎、桶，取汲他所，往返动数十里，担负载盛之难，百倍厥力。然民不告病而安之者，生于斯地，有不获不然尔”。明嘉靖六年（1527），王懋任万泉县典史，看到县城居民艰于汲水，他在县城崇德坊街北，凿池蓄水以便民，民人于池边树立牌坊，上书“王公惠民池”，以感念其德，将其祀于名宦祠。[③] 咸丰年间，水池由于年代久远将有湮塞之虞，典史沈承恩捐廉首倡修池，义士解囊，贫民帮工。此次重修，一方面用红泥重铺池底以防渗漏，池岸砌以白石以防崩啮，同时在惠民池之南又凿一方池，两池相济。在池畔又开决水渠以引导水流，水池重新发挥其在县城中的作用。[④]

明嘉靖七年（1528）夏日，出按山西的御史穆伯寅目睹万泉县城生活用水匮乏而感心忧，于是命令稷山县令负责凿井事务，不逾月而开凿一眼水井。“自创置县治以来，有此城郭即有此人民，有此人民即掘此井，千百年不殆，不知其几掘也，而卒不可得泉。去此地甚远，虽或有井，又皆七八十丈许，此井仅二十丈而已，且清冽而甘，甲于他井，匪巡按君惠念我民，我曷以有今日？”这是万泉县

---

① 修建生活用水设施的经费筹措方法和瞿同祖先生在《清代地方政府》中所提到的地方官员怎样解决公共工程经费的办法基本相似。

② 光绪《岢岚州志》卷二《形胜》，光绪十年刻本，第11、19页。

③ 民国《万泉县志》卷二《政治志》。

④（清）沈承恩：《重浚王公惠民池记》，民国《万泉县志》卷九《艺文志》。

城自建城以来开凿的第一眼水井，井不但较浅而且水质好，被当地百姓视为奇迹，引来远近群黎观看，此井也被称为穆公井。[①]明代万泉县城穆公穿井、王公凿池之举，虽局限于克服治所生活用水的困难，但此举是小的区域社会生活用水发生重要转折的标志，官员建池、凿井的行为在缺水环境中无疑具有一定的示范、引导作用，此后乡间村庄多有仿效，又有穿窖井蓄水以资饮食者，万泉县居民生活用水状况与往昔相比稍稍方便了，社会生活发生了变迁。[②]

山西省壶关县，素有“干壶”之称，“沟浍灌溉之利固未易言，即民间饮啄漱浣，亦苦难给，盖地处高燥，河涨而易涸，井深而难浚，一经岁旱，绠汲之艰，难以言状”[③]。壶关县城的生活用水主要通过凿池蓄水解决，自明迄清，县城周围修筑了数个水池，道光十四年（1834）《壶关县志》县城之图显示，当时县城西门外有西池、南门外有惠泽池、城内县治东南隅有燕子池、北门外有济众池。[④]此外在县城以北龙溪山修建有龙雨池、在县城东北城壕建有章公堰池、述堰池等数个大水池。[⑤]明代以前，壶关县城南关曾凿池集蓄雨涝，县郭之民用以浣衣饮畜，由于污壤淤塞，弃同无用。洪武九年（1376）县丞郭柏有鉴于居民饥渴之苦，于第二年召集吏属耆众商议修浚南池，南池之水仅供饮食之用，众从响应。他将此事上报于州司并得到了批准，修池的经费也有了保证。于是他召集县郭附近的居民兴工，池成之后，“其滑护以木栅以防崩啮之患，其岸则绕以垣墉而限汙秽之杂。坤隅为闸，两壁翼张而环板横施，俟大雨流行则起之，以石硖注泻而入水。艮隅为门，两楹山峙而扃鐍竖设，命众人汲挹则开之，由石级上下而出”[⑥]。景泰初，知县蔺兴在县治东南隅开凿甘泉池，与惠泽池一起方便了居民用水。成化年间知县王佑在县北门外又开凿了济众池，进一步缓解了县城居民用水困难。

龙雨池位于县城以北龙须山下，亦创于明代，此后水池湮塞，后来刘太守加

---

① （明）乔宇：《万泉县凿井记》，民国《万泉县志》卷六《艺文志》。

② 民国《万泉县志》卷一《舆地志・山川》。

③ 道光《壶关县志》卷二《疆域志・山川》。

④ 道光《壶关县志》卷首《绘图》。

⑤ 道光《壶关县志》卷二《疆域志・山川》。

⑥ 道光《壶关县志》卷九《艺文志上・文类》。

以修凿，其所用经费，除“府发银五十余金”外，太守还自捐一部分。[①] 清朝康熙初年，县令章经又创建章公堰，用于防范洪水漫流。乾、嘉时期，李元镳又因堰筑池，名曰述堰池。修筑述堰池时，“四乡捐四千余金，在城四约亦捐二千余金”[②]。自述堰池筑城以后近百年时间，壶关县城居民利赖其功，较惠泽、龙雨两池尤大。但是水池常有淤塞之患，每岁须要淘池，淘池之际，则水源莫能为继，况且阎闾稠密，仅仅依靠一池绠汲，仍有不足之虞。光绪年间，县令鹿学典则将凿于康熙年间的西池重修。修池之经费主要由县令首倡捐献俸金，城守、少尉等官员亦皆捐资，绅商士庶踊跃输财，共得制钱1500余缗。是役先集民夫清除淤泥，且进一步扩大规模，继而鸠工庀材，扩修之后西池周围二十五丈、深两丈，池壁砌以巨石，池底用矸红二土，以防渗漏，池岸添筑二层石台，周围砖墙环绕，墉口、门闸废圮者也加以补新，此举历时六月之久。西池重修之后与述堰池东西辉映，相需为用，不仅大大缓解了县城生活用水困难，而且巨浸澄鲜，波光云影，不减东泉曲江之胜，令人流连不归，成为县城一道独特而美丽的景观。[③]

河南林州境内山多水少居民苦汲，土薄石厚凿井无泉，致远汲深，人畜疲极，因而凿井开渠，尤切于民生日用。[④] 林县除县城之北，姚村之南较小范围内可凿浅井外，其他区域则掘地尽石，凿井无泉，西南诸乡尤艰于水，民患远汲。其“凿井浅者百余尺，深者倍蓰（五倍），绠如牛腰，一人不能举，岁当暑旱泉缩，居民环井而立，炊时瓶罂不盈，民大以为苦。村落凿井尽土而无水者，潴雨水以饮”。面对林州生活用水困难情状，地方官员前后相承皆无可奈何。[⑤]

林县县城同样面临生活用水的困难，城北附近凿井较易，而其他区域则苦于汲水，而县城南关尤其艰难，“掘井数十仞辄不及泉，是以汲水者猬集相待，间有弱者，至终日不获举火”[⑥]。在林县治所西北、西南20余里有黄华山、天平山，山间皆有水出，所以解决县城生活用水最好的办法是修筑水渠将远处的山水引至县

① 道光《壶关县志》卷九《艺文志上·文类》。

② 道光《壶关县志》卷九《艺文志上·文类》。

③ （清）鹿学典：《重筑西池碑记》，光绪《壶关县续志》卷上《艺文志·文类》，光绪七年刻本。

④ 民国《林县志》卷十《风土·生计》。

⑤ 民国《林县志》卷十四《金石上》。

⑥ （明）郝持：《新开阜民池记》，民国《林县志》卷十八《补遗》。

城，引来之水则蓄积于池，以改变县城生活用水状况。早在元代至元五年（1339）知州李汉卿就凿渠道将天平山水自西南引入城壕，民人汲饮甚便。明弘治十七年（1504），提学副使王敕凿渠道将黄华山水自北引入城壕，与天平山水汇流入池，渠曰永利渠，池称广会泉，后来二渠淤塞。明万历十九年（1591），分巡河北道李廷谟开渠凿池于旧南池之右，引天平水注之。万历二十一年（1593）知县谢思聪以水池狭浅渗漏，捐献俸禄对水池加以修浚，铺砌灰石，使池中蓄水不涸，此池名曰阜民池，县城居民汲水便利。万历十九年（1591），知府何鲤以黄华水分引灌溉用水十分之一，池中用水十分之九，并榜示修举，自源头开渠至城外西北隅，修建两孔引水石桥，并购买民地一亩，凿池蓄水，以便城西居民汲水。广会泉其实分为南北二池，北池久废，顺治十七年（1660），知县王玉麟修浚黄华旧渠，重修过水桥，引入北关，注于城壕。当时南池亦废，顺治十六年（1659）知县洪寅引桃园水由元都观前东流注入南关阜民池，再引入南门经过县衙注入学宫泮池，流出后水入东门城壕。[①]由此看来，自元朝至清代，林县地方官员陆续修渠引流，凿池蓄水，县城生活用水问题成为历任官员不得不解决的重要事务。

陕西省关中及其周围地区，部分县城的生活用水也是通过修渠筑池来解决的。在中部县东北七里有上善泉，唐开成二年（837）刺史张怡架水入城，以纾远汲。开成四年（839）刺史崔骈对之加以增修，民赖其利。永寿县“地厚而燥，掘深虽百仞不及泉，居民苦之”。永寿县城则位于岭巅，居民弗能凿井，饮水成为一大困难。北宋嘉祐年间，县令吕大防于城东甘水原凿山为渠，引而入城，百姓得享汲饮之利，称之为吕公惠民泉。后因年代久远，圮废无复存在。金泰和元年（1201），邑簿邢珣访寻故道进行重修。至明代县令张焜又捐俸重修，将三泉汇为一道，开麓成渠，导水入城，且在城中开凿两池蓄泻其水，上池用于居民汲食，下池便于牲畜饮用，缓解了城中生活用水苦无勺水的匮乏。嗣后因地震，渠道湮塞，雍正十年（1732）大司农史公又捐俸修治渠道。[②]周公渠是潼关县城生活用水的重要来源，因明代兵备道周相建造而得名，此渠从南水关引潼水入城，沿象山

① （清）熊远奇：《修浚桃园黄华谷共峪渠道记》，民国《林县志》卷十七《杂记》。

② 雍正《陕西通志》卷四十《水利二》，雍正十三年刻本。

西北流入道治以达学之泮池出，再经府部街入河渠，渠深七尺，宽四尺，其上覆以石条，每百步凿孔，任民汲取，一时称便。周至县西南30里有骆峪水，经广济渠北流经雷神寨、南神寨、商家磨、小麦屯、新市镇供民汲饮并灌田200亩，至西关入城壕，又流入渭。明正统甲子年（1444）天旱，井泉俱涸，汲者行六七里路始得水，民深以为病，县令郑达修复渠道，将骆峪水引入城壕，供民汲取。[①]

州县官员的主要职责是钱粮刑狱，但面对治所的日常生活诸多问题的压力，他们不得不承担相应的职责，营造治所的生活设施。人畜生活用水最关民生，那些远离河泉又难以凿井的州县治所，或凿池积蓄天水，或修渠引水入池，以满足治所生活用水的需求。这样的水利工程有时能得到上级政府的经费支持，可视为官方行为。在得不到政府经费支持的情况下，官员通过捐献私人俸银、吸纳社会资金、调用民力等方式修筑水利工程，很大程度上也代表了政府行为，具有较强的官方色彩，可以说是官员主导，官民合办的模式。万荣县、壶关县、林县等县城固然有其他历史线索，但生活困境中一系列水利设施营造事件，书写了城市的记忆，同时亦形塑了治所的社会生活史。

一些州县官员正是针对治所生活用水困难这样一个重要的民生问题，承前启后，兴工起役，不仅解决了治所生活用水的困难，而且惠泽了县城周围的村庄，形成“远近既通润，上下尽惠利，农民歌诸野，商贾忻于市”[②]的生活用水情景。兴修饮水工程使得官员与地方民众上下两层因日常生活的共同需要发生了关联，他们在解决治所生活用水的同时，一定程度上使部分村庄从中受益，改善了地方民众的生活状况，使州县官员在当地社会树立了良吏这样的道德形象，载于史志。

州县官员在治所修凿水池以解决生活用水困难，除保证政府正常运行外，聚民、守战也是重要的因素。“夫建城邑，必曰可守，可守之道，首在便民，民不便，将何以聚？民不聚，将何以守？……民非水不生，其不便民也已若是。”[③]同时对涵养文风、美化环境、促进商业繁荣等发挥了一定作用，在治所营建中占据重要的地位。官员在治所进行的应对生活用水困难的举措，有时成为区域社会生

① 雍正《陕西通志》卷三十九《水利一》。
② 道光《壶关县志》卷十《艺文志下·诗类》。
③ 民国《续修陕西省通志稿》卷六十一《水利五》。

活用水历史的转折点，官员行为对广大乡村产生了一定的示范和引导作用，促使一些乡村效仿州县治所通过凿池解决生活用水的问题，从而改变了他们的用水状况。除在治所兴建水利设施所产生的一些示范作用外，州县官员有时以牧民者的身份，对乡村生活用水问题加以谕导。[①]但是，州县官员在乡村生活用水问题中的作用是间接的、有限的。因为州县官员在解决治所生活用水困境时，并没有把这一问题和治所四周更大范围的乡村社会同样存在的问题联系起来，因而治所与乡村社会的生活用水困难问题都是个体的，并没有上升成为更高的区域社会问题，并形成制度方面的应对。州县治所、广大乡村在生活用水这一公共事务中，体现了较大的差异性，乡村处理水池事务自有一套不同于州县治所的制度。

三、水池与社会秩序

在广大的乡村社会，获取生活用水的形式与州县治所相同，但是其组织形式、费用、用水规约则有一套较为系统的制度，形成乡村社会的用水秩序。州县治所与广大乡村相比，“盖治城所在，故井深尚可凿，其乡间乏井，则无为之计者，推之韩、合各县民，此等苦况在皆然，而自来无筹集者”[②]。此者虽言水井，水池亦然，形象地说明治城与乡村处理生活用水事务的不同，治城则重之，乡村则轻之。

在黄土高原，几乎每个村庄都有1或2个水池，其中一些水池用于解决人畜生活用水，而那些没有河泉、水井的村庄，水池则是村庄唯一的生活用水来源。据资料反映，水池事务的组织分为如下几个层次：家族、村庄、多村庄等。开凿水池需要有地基、人工、材料等，有的还有配套设施如引水渠等。水池及水渠年深日久则需要修理，水池易于渗漏，积水难存，也常有淤塞之患，减少了蓄水量，所以需要补漏和清淤淘池。

山西省高平县康营村有四五个水池，其中山脚下有三四个水池，村南有一个

① 道光《壶关县志》卷二《舆地志·山川》。

② 民国《续修陕西省通志稿》卷六十一《水利五》。

大水池。道光二十一年（1841）十月，村众看到山下的陂池储水足够饮用，于是，兴工重新修凿南池。工竣之后，村里修建了《重凿南池功德碑》，碑文以七言诗而成，形象生动地描述了淘池修池的情状：

强营城号古光狼，三晋属赵史能详。民艰于水载县志，取汲原洁神山旁。神山有庙已废圮，版图犹号神山里。村南旧凿百丈池，民不奔驰赖有此。近来淤地年复年，深池几变为桑田。荇□堆积朽且腐，亟宜淘挖难迟延。山麓陂池虽三四，□畜还需山雨至。三伏若非雨连旬，一池清浅良不易。岁在庚子十月中，五社善凿谋佥同。山池之水颇足食，失此机宜难为功。爰买麻绳及荆篓，也盛淤泥也盛土。无论老壮及儿童，周而复始谁敢侮。然而社首有深谋，游惰狡猾用隐忧。高悬大秤立烟雾，觔两符时始给筹。噫嘻嗟哉五社首，日日督工难释手。他人休歇日有时，池头独立西风吼。日夕归来更散签，伊谁花户在明天。鸣金未罢人未至，五公依旧到池边。杲杲出日工大作，寂然无哗肩相错。一筐未工一筐连，轻重多少自忖度。但谓浅时秤必称，称不足兮罚相仍。有其过之无不及，譬如为山势崚嶒。我睹此事心奇异，车载板抬皆可弃。以是传之后来人，佣工那得惜劳悴。时逢十二月中旬，挖尽池泥如云去。两旁沙眼俱出现，由来汍漏此其因。爰商村善各量力，取石于山土填塞。建梯三道便往来，终朝挹彼清湜湜。而今告竣已多时，□镌众善永来兹。命作引首并厥首，愧无其才难推辞。谋之社友张及邵，放歌那计方家笑。功德流传千万年，石碣终古相辉耀。

“三伏若非雨连旬，一池清浅良不易”，道尽了仰天而饮、水源不易保障的无奈与艰辛。

黄土高原地区的水池事务更多体现了地缘关系，不过，家族性的血缘组织有时也在部分乡村水池事务中发挥着组织作用。此又分为两种情形，一为多姓村庄，各姓分办水池事务；一为单姓村庄，虽然以族事而言，实际也是村务。以前者论，山西芮城县常村《条阳赵氏家谱》载：“村中南池，系应为首户人等官买地基掘成池沼，培植树株与外姓无干，有文契为凭证。”河北省井陉县于家石头村，于家与康家水池也是分别办理。以后者论，山西省襄汾县丁村乾隆十八年（1753）《丁氏家谱·闲情类记》载："村中有两天池，俱坐落中院，东头一，西头一。""右上十条虽系闲笔，亦于子孙有关，因序谱后与谱共传不朽。"体现了水池既属于族又属于村庄、单姓村庄举办水池事务的状况。

以村庄为组织单位的水池事务，修渠、凿池的地基经过两种途径取得，一种是由村社出钱购买私人之地，一种是由地主将地捐施入公，当然也存在部分购买部分捐施的情形。河南省渑池县庄头村乾隆年间有人置买到官地一段，并将此段地施于村庄用于凿池，将官地四至分明，立石为界，规定此地只许取土不许耕种。[①]山西省昔阳县崔家庄无井泉之利，而凿池又苦于无地，所幸有郭启文、郭守富、郭继昌、郭玉成施地凿池，又兼李文、李玉、李为、李宝等助施渠地，使得水有所来，地有所出。[②]山西省昔阳县柳沟村乾隆三年（1738）凿池时就是村民朱永仲施地的，后来村众感到水池狭小不足用，道光二十二年（1842），太学生翟可仁将水池西南东南一亩一分二厘地施入官伙，而粮银仍由自己封纳，前后两次施地的义举得到了乡邻的彰美。[③]昔阳县楼坪村在嘉庆年间开凿南池时，购买孔姓地二亩三分余，此外李文革又施地七分余，所施之地粮仍系自纳。当然施地者亦会享有一定的用水优惠，如楼坪村允许施地者之牛羊可以入池饮水。[④]河北省武安县柏林村无井，村内有五个水池，其引流雨水的渠道有两条，称为东龙沟、西龙沟，修筑东西龙沟时，渠身所占之地，皆由地主捐施而粮自带。在乡民看来，"似此轻己产带空粮，实合乡大恩德也，得成合乡大公事也"[⑤]。因而对地主的乐善好施给予表彰。

修凿水池对于一个村庄而言是项大工程，费用颇巨。如上所述，就连州县治所饮水工程的费用也得向上级政府申请或由官员自己筹措，那么乡村社会水池事务的费用、工役等则只能由乡民自己来解决了。其费用筹措有以下形式：按家户、人口进行分摊，有的是捐施一部分、分摊一部分；利用村庄公有资金；有的则利用会的形式筹

① 河南省渑池县洪阳镇庄头村道光二十二年《施地筑陂池碑记》，见范天平编注：《豫西水碑钩沉》，第264页。
② 山西省昔阳县崔家庄乾隆二年《新修池碑记》。
③ 山西省昔阳县柳沟村道光二十五年《凿池碑记》。
④ 山西省昔阳县楼坪村嘉庆十八年《新凿南池序》。
⑤ 河北省武安县阳邑镇柏林村道光二十一年《西龙沟碑记》、咸丰元年《重修东龙沟通利渠碑记》。

措费用。总之其经费来源比较多样，即使同一村庄，不同时期所采取的方式也不尽相同。由于用费多，工程大，一些村庄修池费用经过长年积累，水池工程修建也用时较长。壶关县固镇修建济旱池，乾隆五十年（1785）起议，至嘉庆元年（1796）兴工，历五年告成，计费5000余金。[①]山西省神水泉村凿池碑载“六十六户，二百五十一人，每人每户各纳二二箇”[②]。山西省壶关县洪井村在乾隆年间挖池时，以“本村老幼，按户计口，出米兼工”的方式解决所需费用。[③]同样是洪井村水池，由于年深日久未加修理，至民国年间村人欲为修理但苦于工程浩大，所费甚巨，于是“乃请会数道，作未雨之绸缪，八年之间，朝夕经营，至甲戌岁，会完得银八百余圆”[④]。该村为筹措经费，通过各种形式的会，竟然用了八年时间。高平县张庄村因修水池财力不称，“联会一局，名为乐善”[⑤]。一些村庄可能由于生活用水困难而成立了水会用以筹措用水费用及修理事务。河北省武安县柏林村在光绪三十年（1904）欲重修水渠，该村地方、乡约设席恭请首事17家商议修理，而首事以工程浩大，请求村中百年水社帮办。水社具体运作状况如何尚不清楚，但从乡民对“水社年年修之”的期望可以看出，“水社”在柏林村渠、池等生活用水设施方面发挥着重要作用。[⑥]山西省高平县平头村光绪年间将社中一架雕漆彩屏，以古玩出售，获价两千，村庄后将此公款用于修池。[⑦]山西省临猗县好义村在清代乾隆年间卖柳树数株，经过运营官银积至120余两，于是东、西、北三甲利用官银将村中池泊重为修理。[⑧]

近代以来，随着西方宗教传播范围的扩大，教会力量有时也参与到水池事务当中。光绪三十一年（1905）山西省霍县南杜壁村在重修村中波池时，经费缺乏，有人将此事告诉天主教大司铎贺荣锡教士，恳请教士帮助，结果贺荣锡“大发慈悲，捐钱三十千文”。在修筑好池底之后，水池周围渗漏、溜塌以及沿路冲刷污染的状况仍未改

① 道光《壶关县志》卷九《艺文志上·文类》。
② 山西省平定县神水泉村民国年间《神水泉村凿池碑记》。
③ 山西省壶关县洪井村乾隆四十四年《挖池碑记》。
④ 山西省壶关县洪井村民国二十五年《洪井村修理大池碑记》。
⑤ 山西省高平县张庄村咸丰九年《张庄村禁赌修水池联会碑记》。
⑥ 河北省武安县阳邑镇柏林村光绪三十年《重修东龙沟碑记》。
⑦ 山西省高平县平头村民国十六年《平头村重修东池记》。
⑧ 山西省临猗县好义村清代（年代不详）《重修池泊碑记》。

变。于是，光绪三十二年（1906）春，村人“复祈贺教士慈悲，再发捐，烧备瓦筒钱贰拾捌千文”。修池前后共花费160千文，除教士捐资外，其余均系按家户地亩均摊。[①]

1949年新中国成立后，一些村庄修建水池费用仍然沿袭费用均摊的形式。1953年，阳泉平定县回城寺村响应国家号召，发展水利、生产。该村山多地少，最适养育牲畜，但水井缺少，牲畜不能宽为食用。于是，生产大队发动群众，共同商议，建筑水洞（池）一眼，深一丈二尺，长二丈九尺，宽一丈一尺。按全村人口、牲畜费计算，费用均摊。每个平均工四个，全村共人374口，每工平均小米八斤，共工1496个，共需小米11968斤。经过一月修建，水池完工，牲畜成群，水有保证。[②]

乡村在水池事务上筹措费用、解决工役，或由村庄家户分摊费用，或将村庄官产官银用于水池这一公共事务，或者由专门的民间水利组织负责，或是教会的捐助等，表现出经费筹措方式的自我组织性、多样性、灵活性。

在用水困难的环境下，制定严格的用水制度就显得尤为必要。水池的蓄水量受水池容积及降水量等因素影响。防渗技术等原因，可能使池水不断渗漏，加之水池露天，未有覆盖之物，造成池水蒸发，自然减少了池中蓄水。水池之水从道理上来讲是随汲随蓄，持续得到降水的补充，但在年降水量较少的北方地区，池水在夏秋之际蓄满后，冬春两季总是以蓄水量不断减少为特征的。村庄为使有限的水源能够较为公平、持续地汲饮，于是对于汲水者、汲水时间、数量进行了严格的规定。河北省井陉县于家石头村的《柳池禁约》则是一个水池规约的典型：

柳池禁约

立柳树坑禁约人于强、于怀。窃思日久坑深，则挖池不力，门多人众，则取水不公，今约后昆，每年挖池，按门出工，除独夫、孤子、寡夫、病家外，有失误者，一工罚钱五十钱。每家吃水许一瓮，取水许两担，有多积者，一瓮水罚钱五十，一担水罚钱二十。如有抗违禁约不出罚钱者，便非正子孙；

① 山西省霍县南杜壁村光绪三十二年《重修波池碑记》，见董晓萍、〔法〕蓝克利：《不灌而治——山西四社五村水利文献与民俗》，第367页。

② 山西省阳泉市平定县回城寺村1953年《新凿井碑记》。

至于外人偷水者，便是后昆奸生子；与人送水者，便是后昆妾生儿。有见之徇私者，罚如之，一切罚钱，池中公用。此照。

大清乾隆三十九年四月□日

奉祖遗约后昆仝立

于家石头村位于太行山区，村中既无水井又无河泉，为解决生活用水，村中在山涧修筑了柳池（又称小池）、大爷池、二爷池、三爷池、四爷池、五爷池、康家池等7个水池，当地方言“爷”与“月”同音，所以爷池又称“月池”。柳池是村中最早的水池，后来随着人口增长户口繁衍，又修筑了其他水池。于怀、于强系于家第四代，生活在明代嘉靖年间，所以这块刻于乾隆年间的禁约，其实早在明代就执行了[①]，后人不过是在乾隆三十九年（1774）将此禁约重刻而已。柳池禁约不仅规定了每个家户修理水池的义务，而且规定了其相应的权利，由于每个家户从池中汲水是以减少村庄其他家户用水为代价的，如果不对汲水量加以限制，一些家户势必会从池水超量汲取用水，其实侵犯了其他家户的用水，假若每个家户都进行超量的汲水，就会形成恶意的掠夺式汲水局面，甚而会造成稀缺性水资源的浪费，所以对于每次汲水量要有一定限制。再者，对于能从水池中汲水的群体也必须有明确限定，因为一些家户在水池事务中摊钱出工付出了经费与劳力，那些没有承担义务的人从池中汲水，会造成对那些摊钱出工者劳动成果的侵犯，所以对于从池中有权汲水者也必须限定。为维护汲水秩序，必须有严格的惩罚和监督机制，如若不对违反禁约的人加以惩处，会对自觉遵守规约的人权利造成了侵害，假设他们也不守禁约，会造成汲水秩序更加混乱。从《柳池禁约》来看，不仅有经济上的惩罚，而且还有谩骂式的乡村野语，给予那些试图触犯禁约者以心理压力和道德约束。禁约中也显现了水池事务对于弱势个体的体恤与照顾，自有乡情的味道。

相对于水井、旱井，水池所受之水，多为自然降水之后流经地面，不洁之物常夹杂其中。另外，由于水面开阔，流程较长，污秽池水的情况也在所难免，保

① 2003年11月7日河北省井陉县于家石头村田野调查资料。

护池水清洁卫生，也是用水制度的重要方面。为了保证池水清洁卫生、保护池水不受污染、防止偷水盗水，一些村庄的水池筑有围墙，有的还在入水口安装了阻拦杂物的设备。在所见资料中，山西省霍县南杜壁村水池禁约对于保持池水卫生、维护水池设施具有一定的代表性：

> 公议足底带粪者，不可近水。小孩、牲口粪秽水者，罚银一两。
>
> 泡要臭物坏水者，罚银一两。
>
> 取土宊见水桶（筒）者，罚银一两。
>
> 车马损坏水桶（筒）者，罚银五两。
>
> 堆高宊氐壁车到桶（筒）上者，罚银一两。
>
> 遇事香老该行为情不救者，罚香老银三两。①

为了减轻池水污染，一些村庄专门烧制瓦筒，埋入地下，用于输水。乾隆二十三年（1758），山西省霍县南杜壁村在开凿水池时，就将其引水渠道用瓦筒埋入地下。由于历年久远，瓦筒损坏后，改为明渠引水。每逢大雨，沿路所遗牲畜等粪以及不洁各物多冲刷至渠，顺水流下，浮在水面，殊属污秽不堪，兼之波池池底渗漏、周围溜塌，村庄生活用水受到很大影响。光绪三十二年（1906），南杜壁村又重新铺设瓦筒，以清洁水源。并对损坏瓦筒、污染池者制定了惩罚条规：

> 一、车马有损坏瓦筒者，先令照旧补修，再按筒，各科罚银一两。
>
> 一、人担水，足下踏秽物者，罚银一两。
>
> 一、取土挖见瓦筒者，罚银一两。
>
> 一、小儿有将臭物掷给池中者，罚银一两。②

---

① 山西省霍县南杜壁村乾隆二十三年《波池碑记》，见董晓萍、〔法〕蓝克利：《不灌而治——山西四社五村水利文献与民俗》，第362页。结合该村光绪三十二年《重修波池碑记》可知，《不灌而治》中所载“水桶”应当为“水筒”之误，这里应指输水管道，而不是指汲水器具。

② 山西省霍县南杜壁村光绪三十二年《重修波池碑记》，见董晓萍、〔法〕蓝克利：《不灌而治——山西四社五村水利文献与民俗》，第367页。

相对水井而言，水池的水体具有开放性，外露面较广，因此易受风尘污染，蒸发量大。这一特点，也使得水池可能成为乡民溺水死亡之所，从而影响日常用水的秩序。故而，在一些依赖池水生活的村庄，对于选择投池殒命之事采取了一些惩禁措施。

咸丰十一年（1861）陵川县大槲树村的村民竖立了《大槲树村禁约碑记》：

> 盖人生天地之间，惟命大有所关，焉敢轻生自贱，况人爱欲其生，恶欲其死也。虽然，亦有愚夫愚妇之辈，意间能动不测之念，而舍鞠养之恩，弗虑持家之远，殒身丧命，其妒莫大于是，深为可恨。村中父老因凿文砚聚气之池，自立庄以来，历年绝无源泉之水，因水老幼昼夜奔忙，劳瘁不辞，同愿凿池，免此四方取水之害。今有愚妇胆敢投池殒命污水，实系败产倾家，而且有害文砚洁静之池。抵防后有仍蹈前辙，公举严禁之后，人心正，风俗淳，是以为序，永垂不朽。
>
> 一议，男妇投池丧命、投崖、奔井、寻绳自缢者，止许芦席一条。倘若成讼，于事主无干，本社应承到底。
>
> 一议，本村闺女出嫁外乡，无论投崖、奔井、寻绳自缢，任男家发落。
>
> 一议，池边百步界内不许培养树木。
>
> 一议，街巷沟渠道路通池引流，不许壅塞堆积粪土灰滓。
>
> 咸丰十一年岁次辛酉十月中浣吉日①

由禁约可知，水池不仅是养生之水，从风水的角度来看，它还是村庄“文砚聚气之池”。村妇投池殒命不仅污染了生活水源，而且还有害文砚池的洁净。

在黄土高原，受自然条件、经费、人力等因素制约，一个村庄并不具备独立解决开凿和修理水池的条件与能力。为解决人畜生活用水，有的村庄不得不在其他村庄置买土地以修筑水池，有时则需要几个村庄在水池事务中进行联合，合作办理，结成“共饮之谊”，并形成村庄间的用水秩序。黎城县北 20 里有洪井、吴家峧、石

---

① 山西省陵川县附城镇大槲树村咸丰十一年（1861）《大槲树村禁约碑记》。

桥背、横岭、洪河五村，这些村庄由于“土厚石薄，难以掘井，惟凿池注水”，以解决生活用水。据洪井村水池碑记载，以洪井村为中心，南至北社村，北至源泉村，东西则极二漳之流域，横亘百里，纵约两舍（一舍为三十里），均无井泉，所资以为饮料者多半仰给于池。[①]水池位于洪井村，名曰大池。其他村庄在此池吃水，则必须承担水池修理开凿的费用，否则洪井村则不许从池中取水。乾隆四十四年（1779），洪井村水池由于日久壅塞，土石渐积，蓄水不多，难给数百家之用，需要掏挖修理。依理而论洪井村掏池，该村吃水，而外村没掏池则外村即无以汲取池水。若邻村意欲吃水，则须在兴工之日出资、效力、捐粟。但各个村庄因具体情形承担费用的状况也有所不同。吴家峧与洪井村地实连接，出工、出米则合于洪井村计算。石桥背路途较远，做工不便，公议只出三石麦。横岭庄距洪井村较近，曾因用水兴讼，根据合同办事。这三个村庄在水池事务上总属洪井村。唯独洪河村不出挖池之工米，硬要吃水，所以两村争讼，经官府判定，“帮工贴米吃水，不帮工贴米不吃水”，而洪河村自言永不在洪井村池中吃水。[②]从这次修理水池可以看出村庄与村庄间因用水而形成的关系和秩序，承担相应的费用、劳力是无池村庄获得在有池村庄池中汲水权利的前提条件。民国二十五年（1936），洪井村又对水池进行修理，此前村中通过会的形式做了八年的准备，已积银800余圆。但资金仍然不足，“因吴家峧、横岭、石桥背三村旧有同汲之谊，得援助银八十余圆，遂于是年冬开工掘石”[③]。反映了村庄间合作互助修理水池以获取生活用水的状况。

村庄之间由于水池引发的冲突则反映了因生活用水而产生的另一类村际关系。河北省武安县阳邑村有一大池，名曰圣水池，柏林村位于阳邑东北五里。阳邑、柏林二村人畜生活用水主要依靠圣水池。当地居民用“阳邑怕柏林”的乡谚来形容二村的关系。阳邑为什么要怕柏林呢？主要是因为过去柏林村吃水依赖阳邑村的圣水池，两村因为生活用水问题而经常发生冲突，阳邑村有水不让柏林吃，柏林村因无水要吃水，关系生死存亡，因而在争夺生活用水资源中齐心协力敢打狠架，故而“阳邑怕柏林”。其实柏林村先后修建了五个水池，有后池、化瘿池、联

① 山西省黎城县洪井村民国二十五年《洪井村修理大池碑记》。

② 山西省黎城县洪井村乾隆四十四年《挖池碑记》。

③ 山西省黎城县洪井村民国二十五年《洪井村修理大池碑记》。

珠池、灵净池、西池，其中化瘿池最大，后池之水澄清之后流入化瘿池，后池之东为联珠池、化瘿池东为灵净池，各成双成对，而西池则主要用于牲畜饮水。从现有资料来看，柏林村水池最早修建于明崇祯元年，晚于阳邑村圣水池。[①]柏林村的水池是积蓄自然降水，而阳邑村圣水池的水则是从马洺泉引来的活水。据当地乡老言，柏林村常说阳邑西池有柏林一半，东池全部是柏林的，这种说法至今没有找到有关的文字记载，不过有一块碑上说到阳邑东池的土地是柏林用钱买的，这些土地的粮也是柏林交纳的。[②]

阳邑、柏林皆无井泉，两村只能从西北20多里之外的马洺泉引水，阳邑、柏林二村共同出资，把上游寺谷沟、野峪、李禅房开渠的地买下，把这几个有活水的沟修成水渠，然后利用自然落差将泉水往下引流直至阳邑村水池。阳邑、柏林的水流是扩大了，但用水矛盾也激化了。原来马洺泉水还用浇灌管陶村部分土地，小店、小冶陶、水磨头、上站、下站村的土地，后来又扩大到车谷村、管陶村全部土地，一逢天旱，阳邑、柏林两村要往下放水救渴，上述七八个村庄要浇地抗旱，上下游灌溉用水和生活用水矛盾突出。为保证泉水下流，二村出动几百人不分昼夜地巡渠，几十里长的水渠人来人往。阳邑、柏林二村常和上游村庄为争水而发生械斗，甚而酿成命案，兴讼多年。后来，上游村庄把水渠破坏了，并将泉眼堵塞，乾隆年间柏林村有义士又率众淘泉，得到了官府的旌奖。[③]这是阳邑、柏林二村与上游村庄用水的矛盾。

阳邑、柏林两村之间同样存在用水矛盾。阳邑村有东西两个水池，从上游引来泉水之后，东西两池分水的具体办法是，“昼流东池，夜注西池”。两池分别供食两个村庄，柏林村饮东池之水，阳邑村食西池之水，用水秩序相对固定。但东池较小，如遇天旱水涸，允许柏林村赴西池驮水，东池有水亦不禁阳邑就近居民挑水，至于经营引水渠道则两村齐心合力办理。这是两村水池规约的基本原则。[④]明朝万历年间，阳邑村水霸孟一汉率众将柏林村往阳邑村东池汲水的道路截断，

① 河北省武安县柏林村咸丰元年《重修东龙沟通利渠碑记》。

② 2004年5月6日河北省武安县阳邑镇、柏林村水池田野调查资料。

③ 李文瑞：《柏林村史稿》（未刊稿）。

④ 河北省武安县柏林村道光十八年《县正堂示》。

并且殴打柏林村的汲水者，抢夺其汲水器具，柏林村吃水必须到西池买水。阳邑村不让柏林村吃水，却霸水用来灌溉田亩。柏林村庠生温应期挺身而出上诉按院，县级官员进行了现场踏勘，认定阳邑村人霸占水池公利并予以严惩，维护柏林村前往东池用水的权利，这是阳邑、柏林二村因汲水而起的最早的纠纷。[①]乾隆年间，柏林村因去阳邑村担水、驮水又与阳邑发生群殴，阳邑村把西池（圣水池）东北、东南两个担水、驮水行走的路坡也拆毁了，两村又因水兴讼，经知县亲诣勘验，断令二村分别承担修理汲水之路坡，以便牲畜汲水行走，并对鼓众滋事者加以惩戒。[②]西池是阳邑村相对固定的汲饮水池，东北、东南两条汲水之路被拆毁，表明了阳邑村对西池一定的独占性、排他性。

此后为了两村吃水便利，两村又从阳邑西池的西北角后水神庙戏楼旁边，经斜街和阳邑三里长街筑了一条暗渠，从斜街东口至阳邑东大门又筑了十几口小旱井，渠井呈长藤结瓜状，阳邑居民、商户就在街中小井取水，白日取不尽和夜间余水都流入东池，以供柏林担驮。道光十七年（1837）秋后，因天气晴旱，东池水干，柏林村民赴阳邑街中渠道驮水，街中驴骡拥挤以致互相斗殴，控于县衙。经知县勘讯明确，令柏林村民暂赴西池驮水，一面赴源头加工修渠引水，先尽流东池，三日后再循旧分别昼流东池，夜注西池。事息不久，两村又因在街渠驮水相殴，于是县令判定此后两村用水各须赴池灌运，永禁街渠驮取，并劝谕两村居民勿再相争，激成事端。[③]两村分池用水的秩序在水源紧缺的情形下一再得到强调。

在一些场景下，黄土高原的生活用水对村际关系影响很大。“于村南河掘井两眼，夏秋之间截河流而当堰，浸入于井，望若洋溢，仅顾三冬之用；来年春开，有事西畴，往往井水枯涸，勺水困难。于是淘沙窝，乞邻村，以求升斗之水需，跋涉苦衷，莫可宣言。受辱被累，业已有年。”[④]一个乞字、一个辱字则生动而深刻地体现了村庄间因生活用水而形成的依附型关系。当然在依附型关系中，因村庄规模、人口数量、自然条件等因素，从用水时期可分为季节性依附与常年性依附，

① 河北省武安县柏林村万历四十五年《按院禁约碑》。
② 河北省武安县柏林村乾隆四十七年《县正堂示》。
③ 河北省武安县柏林村道光十八年《县正堂示》。
④ 山西省高平县平头村民国十六年《平头村重修东池记》。

从村庄在水池事务的地位、用水分配等方面可分为弱势依附型、竞争依附型、平等合作型等类型。上述的乞与辱就是一种弱势依附型，还不属于终年四季长时期的依赖外村。前述之洪井村与吴家峧、石桥背、横岭等三村在水池事务中，因后三个村庄较小，在洪井村看来四村几乎等同于一个村庄。柏林村的水池事务则是典型的竞争依附型，“阳邑怕柏林”就生动地体现了两村关系的特征。柏林村生活用水受地理、水文条件限制，只能借助于阳邑村地面修渠引泉挖池蓄水，柏林村虽然“不惜重价，购万金之渠”，又在阳邑村买地凿东池，依理而论拥有自己独立的用水权。但是在形式上柏林村之池在阳邑村地面，又体现出必然的依附性。不过阳邑村与柏林村均为大村，两村因生活用水问题而发生了多次冲突，从历次讼案的判定来看，柏林村始终维护了自身的用水权，“阳邑怕柏林”体现了柏林村在用水争夺中的强势以保持自身用水的依附地位，以获取应有的用水权利。乞、辱、怕除体现了村庄因水而生的关系外，其实也反映了村庄缘水而形的情感与心理的体会、感受与记忆。

我们在田野调查中发现一个有趣现象，在拥有东西二池的阳邑村未见一块有关历次用水纠纷的碑刻，而在柏林村后土行祠则完整保存了该村水池事务的石刻以及历次与阳邑争讼的碑记，两村在保存水利碑刻方面形成了较大反差，令人产生了倒置之感，乾隆十三年（1748）的《移碑记》对此现象给予了解释。万历年间按院禁约碑最初立于县衙门外，以杜专利之风，清朝乾隆七年（1742）柏林村的淘泉旌奖碑则立于县城仪门。乾隆十年（1745）武安新任知县听从堪舆家之言尽去衙门内外所立之碑，当去碑之时，嘱咐道“他碑可毁，独其缘水而立者不可毁也”。于是移旌奖碑于县城之南，移明代按院禁约碑于柏林村，作为“饮马洺泉之流，不为取其非有；食圣水之泽，原非乞之邻”的历史凭证。[①] 在阳邑、柏林二村的用水纠纷中官府的立场和态度是一个重要因素，在处理因生活用水而起的纠纷中，官府基本遵循人畜生活用水位序优先、生活用水的公益性两大原则以保证生活用水的需求。在阳邑、柏林两村的冲突与纠纷中，这是柏林村可以援借的官方力量，也是形成“阳邑怕柏林”村庄格局的一个因素。

---

① 河北省武安县柏林村乾隆十三年《移碑记》。

四、水池与人文景观

关于水池的功用，我们较多地讨论了凿池蓄水以解决人的生活用水方面，除此之外，修凿水池承载了其他功能，主要包括蓄水防洪、牲畜饮水、浣洗衣物、建设用水、消防、沤麻、游乐、补益风水、美化环境等。

在平原地区，降雨在地表形成的积水往往难以排泄，从而影响街巷、房屋的安全，而黄土台塬或者山区，由于地势因素，遭逢大雨则冲崩侵蚀，破坏力较大。山西省万泉“县治南高北下，居民巷隘而阶卑……际霖雨之翻盆，则水奔似马。当其冲者，既颓墙溃壁之堪虞，无以潴之，将侵路没街而不止，则吞流纳污，潦为渊”[①]。壶关县“无平川大泽，雨后山泉怒发，河涧皆盈，其涸可以立待”[②]。县治历代曾修凿过数个水池，虽有集蓄雨水解决生活用水的需求，但水池的修建对于“来年山水涨溢，而堰又冲决矣。庙之东廊，坍塌殆尽，牌坊亦就倾颓”[③]这样的水患具有相当的防御作用，达到防灾减灾目的。

在传统农业社会，乡村依靠畜力进行农业生产，因而拥有一定数量的牲畜，牲畜的日常用水量比人多，一些村庄即使有水井，但由于水井太深汲水艰难，从水池汲水省力便捷，故而牲畜的日常用水主要依靠池水。在那些完全依靠池水解决人畜生活用水的地方，有的人、畜共用同一水池，不过，牲畜不能入池饮水。有的则人、畜分用，各有水池，牲畜可以临池而饮。在明代陕西省永寿县令张焜捐俸导水入城，且在城中开凿两池蓄泻其水，上池用于居民汲食，下池便于牲畜饮用，缓解了城中生活用水困难。[④]河北省柏林村嘉庆十七年（1812）重修了西池，牛羊饮于此，乡人浣淘于此。[⑤]山西省霍县、赵城、洪洞交界之处的四社五

① （清）沈承恩：《重浚王公惠民池记》，民国《万泉县志》卷七《艺文志》。
② （清）吴辉珇：《喜雨记》，光绪《壶关县续志》卷上《艺文志》。
③ （清）张惟忠：《补修庙池建南石岸记》，道光《壶关县志》卷九《艺文志上·文类》。
④ 民国《续修陕西省通志稿》卷五十七《水利一》。
⑤ 河北省武安县柏林村嘉庆十七年《重修西池碑记》。

村，在主社村，一般是分别凿有人畜两类饮水池。供人饮用的水池称人坡池，供牲畜饮水的称为牛坡池，主社村至少有人、牛坡池各一。附属村只有一个坡池，人畜合用。①

人的日常生活除饮食用水外，保持衣物清洁与身体卫生的用水需求亦属重要。在北方地区严重缺水的村庄禁止浣洗衣物、游泳戏水，以保证水质清洁。但在多数有池的村庄，水池是妇女浣洗衣物的场所，在夏季则是男性戏水的泳池。此外，在黄土高原乡村，夯筑土墙、修盖房屋等建设用水有一定的需求量，从水池取水相比水井汲水要节省劳力，因而水池又解决了建设用水问题。山西省襄汾县丁村乾隆年间有东西两个天池，“天降时雨，聚水于内以饮牛马渴、濯污衣以及建房取水、童子沐浴，大有裨益”②。山西省平陆县圣人涧村南门外旧有水池，周围数十余丈，“村人饮牛马于斯，浣衣服于斯，筑墙泡土取水亦于斯”③。陕西省大荔县灵泉村则将池塘形容为“浣衣积翠之畔，饮马凝碧之波”④。

水池与水关联，水池的开凿及其方位、形态等受风水观念的影响，州县治所、乡村聚落的水池修建均包含改变或补益风水的思想意识，在县城水池则是“为济民用而助文风，所系甚矩”⑤。在乡村则是“所以壮观瞻，所以补风水也”⑥。山西省万泉县之王公惠民池，“非特莲动竹喧，利穷檐之浣濯，抑且桂科杏第，关阖县之文明”⑦。壶关县康熙年间将章公堰改为水池就体现了风水思想，“形家谓乘离应坎，文运于此焉启。而水行所旺，聚宜设池”⑧。河南省林县县城的水池的修凿似乎更加突出了水与“文运”的密切关联。水池碑文载“堪舆家言，阖邑风水所关，往时常流，科第极盛，后壅塞不利。康熙二十七年，知县徐贷详请疏浚，照旧灌注，未几黄骏果登贤书。又新浚洪峪涧渠，下注辛安池内……康熙三十一年知县熊

① 董晓萍、〔法〕蓝克利：《不灌而治——山西四社五村水利文献与民俗》，第144页。

② 山西省襄汾县乾隆十九年丁村《丁氏家谱》。

③ 山西省平陆县圣人涧村光绪十二年《疏浚池塘记》。

④ 陕西省大荔县方镇灵泉村道光十八年《重修池塘记》。

⑤ （清）武有备：《重修凿龙雨池记》，道光《壶关县志》卷九《艺文志上·文类》。

⑥ 山西省临猗县好义村清代（年代不详）《重修池波碑记》。

⑦ （清）沈承恩：《重浚王公惠民池记》，民国《万泉县志》卷七《艺文志》。

⑧ （清）李元镳：《章公堰改修石池劝捐序》，道光《壶关县志》卷九《艺文志上·文类》。

远寄修浚，渠道坚固，三水复注，有便民汲，次年牛孟图又捷秋闱，士民立石记之”[①]。据上所述，水池在州县治所不仅供求生活用水，同时突显了补益“文运”的作用。

在广大乡村，水池修凿在村庄的布局中也有相当的风水讲究，所谓“池坡之说，所以壮观瞻，所以补风水也。余村旧有池坡，观形度势，实在中央。迄今数百余年，而人文蔚起，户口繁殷，则村势之兴隆，未始不借此以助其风脉也”[②]。水池在乡村“不独小益于人事，而且大有补于风脉”的思想在乡村水池碑刻较为常见[③]，如山西省昔阳县某村庄同治六年（1867）水池碑刻载：“事有关于风水……改作方池，俾水为停蓄，似有财源宠深之象焉，盖于吾乡汲水不无小补。”山西省壶关县店上镇绍良村水池名为鲲化池，池为何得名，因为“形家之说，村近鱼形，鱼得水而生，而又不终为池中物也”。遂取庄子“北溟有鱼，其名为鲲，化而为鸟，其名为鹏”之句，得名鲲化池。是池之成，固以维风，且以济用。在乡民看来，乾隆年间的一次长达三年的修理实在是一件惠泽长远的善举，“以言维风，则人文渐以蔚起，以言济用，则饥渴可以无忧矣”[④]。山西省洪洞县罗云村乾隆四十年（1775）重修水池后，村人以为，此次修池，不仅扩大水池容量，减少了水池渗漏，“行见水日积而日采，万民之薄澣自便，六畜之式饮随时。犹其后也，而池水之澄清，远映霍岭之秀，近接云山之灵。异日者，地运渐转，人文蔚起，移风易俗……”[⑤]陕西省蒲城县永丰村北部，南临沟畔，以风水观之则为地势不足。乾隆三十二年（1767）合村捐资凿池，工成之后一年，已是绿树荫浓，蔚然深秀，“村墟殊觉改观，况水为财库，而将来之富厚可豫卜矣！是以叹人功之造作，可以取天之所生，而补地之不足”[⑥]。

在古人看来，除生活、生产、娱乐等基本功用外，水池还是一道美丽的风景，成为日常生活重要的组成部分。山西万泉县王公惠民池“水色空明，天光掩映，秋

---

① （清）熊远奇：《修浚桃源黄华洪峪渠道记》，民国《林县志》卷十七《杂记》。

② 山西省临猗县好义村清代（年代不详）《重修池坡碑记》。

③ 山西省平陆县圣人涧村光绪十二年《疏浚池塘记》。

④ 山西省壶关县上店镇绍良村乾隆五十七年《重修鲲化池碑记》。

⑤ 山西省洪洞县罗云村乾隆四十年《天池碑》。

⑥ 陕西省蒲城县永丰村乾隆三十三年《合村凿池碑记》。

露降而暮漪洁，春雪消而新涨平……轻风徐漾，鲛人织水面之绡，明月孤悬，龙女捧波心之镜”[①]。莲动竹喧，浴鸭而呼，是黄土大塬上的风情。山西省壶关县西池“北枕龙溪，东凭雉堞，西南亦皆带螺峰，形势秀远，且池陂高旷，登高而眺焉，宛然负郭之幽渚也”。水池在修理之后，“巨浸澄鲜，不减东泉曲江之胜，……固令人流连不置矣。试观东西辉映，秀启舆图，彼涸此盈，既可相需为用，而波光云影，润泽林峦，不更钟灵文运哉！”[②]则是一派太行山间的美景。河北省武安县阳邑村之圣水池，每年春季赴马洺泉顺水渠流20余里入池中，“春夏之际，锦鳞游泳，凫鸭互飞，水色天光，一碧无涯，往来行人，群聚相观者，恒无虚日，此邑西一大观也”[③]。山西省黎城县洪井村的大池不仅规模大，“其修理之要，经营之久，风景之丽，与夫功用之宏，均有为他池之所不及”。此池一年四季风景不同，“春冰即泮，池水湛清，楼台倒影，毫发可鉴，花光树色与水面相照映；夏则黄童白叟，往来运麦，与水底之影成四行焉；至秋则月印波心，静若沉璧，雨洒微澜，水与天接，苏子云：‘潋滟固好，空濛亦奇’者非此也耶？冬则坚冰既结，其明若鉴，六七童子，相与蹩躠其上，作溜冰之戏”[④]，则勾勒出一幅乡村的田园画。

黄土高原一些乡村水池旁建有池神庙、龙王庙，与之相对则有舞台、戏楼，演戏酬神。有的水池旁建有影壁、楼牌、社亭等，神庙、戏楼、影壁、楼牌、社亭等与水池联为一体，使水池景观内容更为丰富，形成了乡村广场。壶关县固镇《济旱池碑记》载：“西修影壁，固元气也，东移舞楼，广市场也。”水池周围不仅是汲水之地，还是聚会之处，游乐之场，交易之所。

在黄土高原地区，无论州县治所，抑或广大乡村，水池与其他景观共同形成了区域景观，但在相对缺水的北方地区，水池这一人文景观形象化地突出反映了居民生活用水最基本的需求，具有明显的地方特征，形成一种独特的人文景观类型。它作为人类利用环境的产物，同自然环境有着密切关系，体现了人对环境的认识以及对其改造利用的态度。本文有关水池的诸多论述，包括水池事务的组织

---

① （清）沈承恩：《重浚王公惠民池记》，民国《万泉县志》卷七《艺文志》。

② （清）鹿学典：《重筑西池碑记》，光绪《壶关县续志》卷上《艺文志》。

③ 河北省武安县阳邑镇同治元年《圣水池禁演放鸟枪碑》（碑名为笔者所加）。

④ 山西省黎城县洪井村民国二十五年《洪井村修理大池碑记》。

形式、用水秩序、风水观念等，在很大程度上其实是在探讨这种景观形成的人文因素，反映了水池景观之所以形成的独特文化。

五、旱井与水池

旱井又称水窖、天水井，是专门拦蓄地表径流的土工建筑物。从水源来看，在黄土高原广大地区，黄土层埋藏深厚，地下水很深；降雨量不仅小而且季节分布明显，受其影响地表径流不稳定，甚至会出现断流。另外，受水文地质条件影响，一些地区属于苦水区。长时期以来，在地下水特别深、地表水缺少和苦水地区，生活用水就依赖旱井来储蓄雨水，专供人畜饮用和日常生活之需。此外，旱井所蓄之水亦可用于农业灌溉，不仅保证农业抗旱增产，同时具有蓄水保土控制水土流失之效。①

旱井和水池均是通过蓄水来解决生活用水的形式，但二者有所不同。旱井相较水池，规模小、投资少、蓄水量少，属于微型水利工程。旱井所蓄水源一般仅限雨雪自然降水，水池则除降水外，一些地区是通过远距离引导把河、泉之水积蓄在水池以济民生之需。旱井在修造技术方面既防渗漏又防蒸发，蓄水之后又能保持卫生，相较而言，水池则不具有这些优点。从社会关涉方面而言，旱井是微型水利工程，虽然有以村庄、街巷、数个家户共同修建和使用的情形，但较多的是以个体家户为单位修建使用，所以水池与旱井有公、私之别。

就搜集到的资料而言，所知最早的旱井在山西省平定县西回村耿姓家户。大约在明代万历年间，该户有人做官，曾自建水井二孔、旱井三孔。另外，平定县光绪三十二年（1906）《西郊村蒙学堂条规》碑刻记载："村西阁内水窖一圆，东庙坪水窖二圆。"反映黄土高原缺水地区修建旱井、解决生活用水的形式历史较长。②

根据20世纪50年代水利科学研究工作者对山西、陕西、甘肃等省实地调查，

① 黄河水利委员会水利科学研究所编：《黄河流域旱井调查研究》，水利电力出版社1958年版，第1页。

② 阳泉供水志编纂委员会：《阳泉供水志》，山西人民出版社2006年版，第137页。

发现各地旱井的大小、形式和防渗技术存在较大差异，大体而言旱井有两种形式，一类是水窖，一类是窑窖。

在黄土高原水窖一般修建在场、院等地表径流易于汇集的平地上，在有的地方，旱井修建则与居室建筑有关。一些地区的民居充分利用地形，节省建筑材料，选择地下建筑窑洞的形式，同时在院中开挖旱井收蓄天水以济生活用水之需。如山西省闻喜县“村依土崖者，窟室为多，东北二原又有所谓下跌院子者，掘地为大方坑，四面挖掘，居人于院隅挖干井以沈水，以坡上达平地”①。这类旱井既有排除积水、避免窑洞受水浸渗的作用，也有解决生活用水的功能。

旱井修建有一定的工作程序和技术要求。修建时先自上而下挖掘一个直径较窄的开口，深至三市尺或十市尺，则逐渐向四周扩展，待直径达到十二尺左右，然后渐次收缩，井底直径大小不一。形状各异的旱井，体现了长期以来乡民为适应当地土层条件，防止旱井崩塌、渗漏的实践经验。它们有的口小肚大脖子细，形状如瓮；有的口小底大，形似烧瓶；有的吃水线以下，井桶直上直下，为露酒瓶式；有的在旱窖和水窖相接触的临界口上留下宽约两寸的烙巷或者深壕，从此处再一面挖深，呈古瓶式。我们在对陕西省澄城县旱井开展田野考察时，据乡民见告，当地旱井桶子（开口至扩展处）、干岸（扩展处至最大直径）、轮头（最大直径也就是蓄水最高面）、吃水（收缩处至井底）的尺寸相等，马村为四个一丈八尺，韦家社为四个一丈五尺②，而在西社村则为四个二丈四尺③，各村尺寸有所不同，但其形制属于瓮扣瓮型。

窑窖则和水窖有所区别。大致有三种形式：或是平地垂直挖井筒，然后地下横向开窑，以窑蓄水；或是利用地势地形，先开挖窑洞，再向下开掘蓄水坑；或是在平地上先挖蓄水坑，上面人工箍顶，防止窖内潮水浸坏或外面雨水冲刷。④

由于黄土质地疏松，因此井壁和井底的防崩、防渗是修建旱井的一项关键技术。防渗材料各地并不相同。有的地方用石灰、细砂、红胶土按一定比例配成；

---

① 民国《闻喜县志》卷九《礼俗》，民国七年石印本，第5页。

② 访谈对象：韦朋印，男，67岁，陕西省澄城县韦家社村第7居民小组。访谈时间：2007年7月29日。

③ 访谈对象：李进仓，男，61岁，陕西省澄城县西社村第8居民小组。访谈时间：2007年7月30日。

④ 黄河水利委员会水利科学研究所编：《黄河流域旱井调查研究》，第3—17页。

有的地方则用石灰、红胶土，如山西省离石、方山、平定等县；有的地方则用红胶土和黄土，如甘肃省皋兰狗娃山等地；在陕西省吴堡则单一利用红胶土作为防渗材料，但在红胶泥中加入少量头发或猪毛等。

旱井防渗的具体做法可分为五个程序：

掏麻眼。黄土土质疏松，红胶泥等防渗材料难以和窖帮紧密结合，因此，在上泥前先要在井壁上掏挖均匀密布的麻眼（陕西澄城县称斜眼）。麻眼上下左右距离均匀，里大外小，状如喇叭头，呈一定斜度向下倾斜，在填塞事先搓好的泥条后，深入的泥条可使原土层和防渗层的密合。

备料。选好红胶土后，将土碎化并用筛子过筛，清除其中杂物，然后将土堆入积土坑中浸泡三天并反复捶打，使其成为均匀的稠泥状。正如前述所指，各地防渗材料并不相同，有的地方是几种材料配合而成的。

浸水阴窖。在上泥前一天浸水阴窖，井壁的麻眼内尤其要充分渗透。

上泥。将备好的红胶泥搓成泥条，沾水后塞入麻眼内，外留一寸左右，等麻眼填好后，把红胶泥用力摔打在麻眼的空隙间，自下而上，一边上泥一边抹平。

捶打。泥上好后隔一天要对泥层进行捶打，一般需要捶打 15 次，直至井壁光滑没有裂缝再封闭井口自然阴干，大约需 40 天。[①]

旱井阴干后即可收蓄自然降水，为防止旱井崩塌渗漏，保证水质清洁卫生，乡民在旱井的收水时间、收水量等方面积累了一些经验。

旱井形制多样，但最高蓄水面不超过“吃水”，即旱井上、下部分联结处。旱井上部上窄下宽，井壁外斜，如经水泡易于崩塌。下部则上宽下窄，井壁内斜，适于蓄水。为防止收水线过高影响旱井安全，在收水过程中，乡民要时刻观察、测试窖内之水，简易的方法是测试者用一根绳子（绳子长度为井口至最高吃水面“轮头”的长度稍短）下探，绳头浸湿时立即封堵进水口。

旱井第一次所收之水通常不用，清空之后再正式蓄水。收水之前需要将场、院等汇水面上的人、禽、畜粪便，柴草杂物等清扫干净，以利蓄水清洁卫生。在陕西省永寿县，过去旱井收水讲究“下暴雨不收水，下淋子雨收水，下大雨不收

① 黄河水利委员会水利科学研究所编：《黄河流域旱井调查研究》，第 8—9 页。

前头水”[①]。原因是下暴雨后地表径流速度快，其中所携杂物较多，非强降雨则地表径流速度慢，部分杂物在流进旱井前就能沉淀、分解，水质较好。同样，收水时一般不收入起初流下的水也是基于相似的考虑。

由于汇水面不洁净，旱井在收水之后不能立即饮用，必须经过一定的处理。20世纪初期，美国人盖洛在沿长城考察时，对当地的用水状况有这样的记载：

> 在靖县的东南面，我们发现了一座被称为“五台坳”的山峰。这里的黄土有1000英尺厚，无法保持水分，只有几户人家住在此地。由于和水源相距数英里，对于当地的普通人家来说，要下山打一桶水并不容易，所以村民们都在家备好了蓄水池。他们在最坚实的坡地上挖掘了宽度和深度达到几十英尺的坑，并夯实表面以求滴水不漏。他们妥善布置水渠，以使更多的水流进蓄水池。但他们觉得完全来自地表的水分有问题，于是为了沉淀杂质，他们搜集来所有牛羊猪的粪肥，掺入水中。深度发酵后，这水就可供饮用了。它有一股淡淡的油腻味道，就像是大麻熬成的汤汁一般。[②]

根据盖洛的描述，这里的蓄水池即为旱井。他注意到当地居民为了饮食安全，旱井所收之水要经过深度发酵，当属客观记载。但搜集来所有牛羊猪粪肥，掺入水中，则距离事实较远。

旱井收水之后，不能马上汲用，而要在数周甚至数月后方可饮用，乡民谓之“发过”了才吃。据了解，在收水和用水“发过”的这一间隔，一方面水中浊物会沉淀到井底，另一方面水中的微生物产生的发酵作用可将水中的有机物分解解毒。旱井收水后，水的澄清需要一定时间，乡民将窖水澄清时间快的现象称为“水紧”。窖水澄清一般需要七天左右的时间，1977年左右，陕西省永寿县乡民反映窖水变紧，窖中收下的水在二三天内就澄清了，收下的水净，澄清慢，水脏

---

① 《永寿县改水防治大骨节病情况报告》，《1979年4月份在彬县召开的“省人畜饮水病区改水工作座谈会议”材料》，陕西省档案馆：卷宗号152-3526，第99页。

② 〔美〕威廉·埃德加·盖洛著，沈弘、恽文捷译：《中国长城》，山东画报出版社2006年版，第97—98页。

就紧，尤其是一些饲养室附近的窖水最紧。[①]牲畜可直接饮用刚刚收下的窖水，而人不能，否则会致病。因此，仅有一眼水窖的乡民在收水前预先要在缸内储备发过的水，否则就需到水窖多的家户借水，有多眼水窖的家户则可轮换收水、用水。

旱井分为公有和私有。有的村庄，旱井为村、巷公有，或为几个家户共同修建，多数为一家一户私有。河北省武安县柏林村位于太行山边缘地带，自古难于井汲，掘地无泉，村庄生活用水依赖邻村柏林水池，此外，村内也凿有数池积蓄天水以补充所需，一旦天旱池水告竭，村人便需奔走往他处求水。有鉴于此，村庄上街四家便联合开凿公用水窖七处，其中李守智捐大洋 18 圆，郭景荣施地一块，李魁春、郭景荣、郭振江、郭景明共助工 160 个。水窖建成之后，出款、捐地、助工的四个家户有吃水权，外者则不许用水。[②]

在有水井的村庄，水池、旱井与水井相辅而用，修建旱井目的是为了缓解节日、农忙时较大用水量需求，节省人力和时间，所以对开井汲水有严格的规定。山西省万荣县解店镇古有二眼深井，足以供应合镇民生所需之水，困难在于井深而艰于汲取，当地井深有“丁樊冯村出了名，杜村千尺还有余”之谚。所以尤其在农忙之时，井深汲艰给乡民用水带来极大不便，于是“合村公议，复穿一窖水官井，借天雨之增添，便民生之日用，要所以济急，而非为恤缓谋也”。既是救急而非恤缓，村镇制定了包括水窖开井汲水时间等内容的规约，水窖平时封盖，开井汲水时间须在腊月二十日以后，开井一月至正月二十日掩盖。这一时期适逢春节，乡民用水量较平时增大。到四月初旬水窖复开，一直到九月、十月农毕时掩盖。这段时间属夏忙、秋忙季节，从水窖取水较深井取水方便，可以节省劳力时间。水源缺乏，仅供民生食用所需，而染房、店户、囱案人及其他求利者俱不得在此水窖内汲水。[③]

在缺水更为严重地区，自然降水是旱井蓄水的唯一来源，黄土高原的降水季

---

① 《陕西省永寿县御驾宫、马坊、仪井三公社大骨节病病因调查报告》、《省打井办关于人畜饮水情况小结和有关地市关于人畜饮水、地方病的情况、反映、计划、报告》，陕西省档案馆：卷宗号 152-3354，第 41 页。

② 河北省武安县柏林村中华民国二十五年《上街四家公水窖记》。

③ 山西省万泉县解店村咸丰十年《解店凿井记》。

节分布明显，降水集中在夏秋两季，春季干旱少雨，村庄对于家户私有水窖在干旱少雨季节收水有严格的禁约。陕西省澄城县善化乡马村以窖水为食，村庄古有禁约规定："自春至五月，窖内收水，罚名戏一台。"[①]善化乡居安村对水窖收水时间的禁条也是"自春至五月月尽，窖内不许收水，有人犯者，罚戏一台"[②]。西社乡韦家村对水窖收水的禁条则不仅规定："村中有窖收水不过六月初一日，罚钱一千文"，如果"有人将地中水往窖内灌者，罚钱三千文"。[③]山西省高平县石末乡侯庄村清代（不详）《禁约碑》规定："三池水满，公许放兼□，如有一□未满，不许私放。有强违社规私放□，送庙重罚，报信者全得。"这与陕西省对公池与私窖收水的限制含意相同。

既然是缺水季节，为何又要严禁水窖收蓄自然降水呢？原来，这些村庄有合村公用的水池，供人畜饮用，在水源紧缺的状况，合村公用的水池与家户私有的旱井之间就形成干旱少雨季节收水蓄水的矛盾。时至农历六月天气酷热，正当收麦季节，牲畜饮池水而济渴，甚至有的乡民以池水便于汲取而饮食，所以公用池水所需量大。如果自春至六月间的降水为各个家户私有水窖拦蓄，汇集池中的水量就会相应减少。为此，村庄制定了严格的旱井收水制度，借以解决公、私之水的矛盾。[④]

旱井这种传统的微型水利工程在黄土高原地区不仅是解决生活用水的有效之道，也是保持水土、发展农业灌溉的优良措施。早在20世纪50年代，围绕不同条件下优良旱井的结构形式、利用当地材料作旱井防渗层的技术措施及其经济意义等问题，水利科学工作者已经对黄河流域的旱井进行广泛调查研究，在此基础上总结群众已有的成功经验，系统地寻找其科学依据，以提高旱井技术，为缺水地区群众的生活、生产服务。[⑤]此后，随着建筑材料的发展变化，尤其是水泥的广泛运用，有效克服了传统旱井防崩、防渗的技术，提高了旱井的蓄水效益。

---

① 陕西省澄城县马庄村道光元年《合村公议禁条》。

② 陕西省澄城县居安村道光十六年《合村乡约公直同议禁条碑》。

③ 陕西省澄城县韦家村咸丰四年《乡约公直同议碑》。

④ 访谈对象：曹安堂，男，90岁，陕西省澄城县居安村第9居民小组。访谈时间：2007年7月29日。

⑤ 黄河水利委员会水利科学研究所编：《黄河流域旱井调查研究》。

小 结

水是人畜生存的基本需要，生活用水有自己的历史，本研究时间跨度较大，一定程度属于长时段的研究[①]，因为在相当长的时期，虽然朝代兴亡更迭、政治制度变化，黄土高原地区的生活用水形式几乎是静止不变的，这有利于我们探讨生活用水本身的一些结构问题。不同区域获取生活用水有难易之别，在一个地区易于得到生活用水，而在另一个地区就可能是一种奢侈。在一个时代难以获得生活用水，而在另一个时代则方便快捷。克里斯托弗·贝里在《奢侈的概念：概念及历史研究》中曾这样写道："既然美好生活总是具体的，则一个社会的必需可以成为一个社会的奢侈。对一个人来说不是多余而是其既定群体生活方式的一个组成部分的东西，对另一人则可能的确是一种奢侈。"[②]生活需要的满足在空间、时间上都有一定的相对性，是一个发展和变化的动态过程。

基本生活需要的普遍性和地区之间满足需要难易程度的差异性，使得相同的事物在不同的地区、不同的社会具有各自的意义。黄土高原受环境限制，或不易从河泉、水井获得水源，或生活在苦水区，生活用水可谓稀缺性资源，为满足生存的基本需要，居民只能凿水池、打旱井集蓄自然降水作为生活用水，池水相对河、泉、井水，水质较差，水量不稳，是一种低水平的生活用水，但在缺水环境下，开凿水池集蓄降水仍是解决生活用水的一种有效形式。

在这样的环境里，生活用水是突出的社会问题，由谁来做，怎么做，如何分配用水是水池事务的重要内容，体现了社会对环境的应对精神。府、州、县治所因其特殊地位，地方官员在水池事务中扮演了组织者角色，发挥了重要作用，但受制度限制，地方政府并无专门经费，向上级申请经费并无完全保障，所以官员

---

① 〔法〕费尔南·布罗代尔：《历史和社会科学：长时段》，见蔡少卿主编：《再现过去 —— 社会史的理论视野》，浙江人民出版社 1988 年版，第 48—78 页。

② 〔美〕克里斯托弗·贝里著，江红译：《奢侈的概念：概念及历史的研究》，上海世纪出版集团 2005 年版，第 235 页。

有时需要自筹经费，说明政府对治所社会生活问题缺少必要的关注和制度安排。地方官员对乡村水池事务有一定影响，然而是有限的、间接的。治所偶尔能得到政府的经费支持，广大乡村社会的水池事务则基本由乡民自我组织，通过民间形式以筹集水池事务的费用，并在实践中形成了一套水池规约和用水秩序。州县治所和乡村社会解决水池事务在组织、经费等方面存在差异，不过，我们在看到治所与乡村在解决水池事务存在制度差异性的同时，又要看到两者所显示的共性特征，那就是环境因素限制外，政府、社会对生活用水抱持的态度。在较长的历史时期，政府并没有解决府、州、县行政治所及广大乡村的生活用水问题的职能，解决生活用水问题多属于社会自发的、个体的行为。

黄土高原乡村为解决生活用水的基本需要，有的依靠以家族为单位的血缘组织，但不具有普遍性，更多的是以村庄为单位，一个村庄内部的合作就成为必要，所以凸显了地缘关系。在用水困难地区，产生了跨区域的多个村庄的生活用水组织形式，村庄间相互依存又冲突不断，用水秩序构成地方社会秩序的重要内容，这是形成水池景观深层的文化因素。水池作为一种独特的人文景观，它反映了环境与社会的关系。

旱井相对水池而言属于微型水利工程，但它与水池一样均是通过积蓄自然降水来获得生活用水的形式。水池与旱井相辅而用，公私分明。由于生活用水极度缺乏，形成旱井开井汲水、蓄水时间等方面的严格规约，限制乡民的用水行为。

通过水井、水池、旱井的研究表明，由于具体环境不同，村庄既有以其中之一作为唯一的用水形式，也有两者或三者之间形成不同的供水体系，所以生活用水圈内不仅体现了“旱井—水池—水井”这样一个先易后难的生活用水次序，同时体现了公私相济、先私后公的内部边界，在生活用水圈内部，竞争、分化与合作并存。

以水池为饮水形式的生活用水圈大体显现出如下特征：

从用水范围来讲，水池和水井一样，可分为村庄内部小社区、村庄、多个村庄这样不同的层次。

从用水制度来看，水池之水或是积蓄自然降水，或是开渠远引河泉之水，水量有限，特别是那些依靠集蓄自然降水的水池，在降水稀少的季节或年份，水量尤其缺乏，因而对于各家户取水量有严格限制。另外，由于水池是一个相对开放的水利设施，所汇之水流经地表，因此对于保持水的清洁卫生非常讲究。

历史时期黄土高原缺水地区为适应环境，通过凿水池、打旱井集蓄雨水解决人畜生活用水困难。20 世纪 50 年代尤其是 20 世纪 80 年代以来，解决人畜生活用水困难作为一种建设美好社会的国家制度安排，从制度、经费、技术等方面，对乡村社会的生活用水进行了较为成功的改造，使北方一些地区摆脱了生活用水困难，生活状况得以改善。一段时期，其主要的做法是地下水的开采在许多地方取代了雨水利用的技术，雨水利用渐渐被人们遗忘。近年来，一些地区的水环境发生了变化，以地表径流和地下水作为解决生活用水的途径都受到了制约，雨水利用又重新引起了人们的注意。[①] 在黄土高原一些缺水地区，开凿水池、修筑水窖集蓄雨水仍然是解决生活用水的主要途径，因地制宜、适应环境、仰天而饮、蓄水以食生活用水的历史经验仍然值得借鉴和重视。

---

① 水利部农村水利司农水处编：《雨水集蓄利用技术与实践》，中国水利水电出版社 2001 年版，第 1 页。

第三章 修渠引水

黄土高原地区的生活用水形式除了凿深井开发地下水，挖水池、打水窖蓄积自然降水外，在一些难以凿井、降水不丰的地区尤其是山区、黄土沟壑区，泉水、溪水、河水等地表水则成为沿河村庄重要的生活用水来源。地域社会通过修筑渠道，远距离引导山谷、沟涧之水。受地形影响，这些沟涧之水和山地成垂直分布，依次平行排列，长度达数里、十数里不等甚至更远。在河南省阌乡县、灵宝县，陕西省华阴县、潼关县，山西省南部贯穿闻喜等数县的峨嵋塬等地，修渠引水解决生活用水的形式较为普遍。

水往低处流，顺流而下的泉水把上下游的一个个村庄联系起来。虽然水井、水池在一些地方也涉及到村际关系，但相较而言，水井、水池、水窖多数仍局限于村庄内部，而泉溪所牵涉的范围则常常超越了村庄的边界，这样，村庄之间因为共同的生活、生产用水而形成一个地方性的生活用水圈。在水资源缺乏的环境，村庄之间因为水资源的共同占有、管理、分配、使用等问题既有合理用水、共同受益的和谐共处，也有霸水拦水、纷争不已的矛盾冲突，在长期实践中，最终形成较为合理的用水制度。

这种生活用水形式的水利组织、用水制度等方面和水利灌溉类型有很多相似性，由于用水目的不同，其内涵存在根本差异。在山陕地区，泉水、河水对农作物的水利灌溉发挥重要作用，村庄之间因此而形成日本学者所谓的水利共同体。近年来水利社会史成为一个研究热点，学者从不同角度对山陕地区水利灌溉制度进行了大量研究。其中，董晓萍、兰克利等人在对山陕地区水资源与民间社会调查过程中发现了山西省洪洞、赵城、霍县三县四社五村的民间水利文献，在他们看来四社五村为不灌溉水利的类型即不灌而治，“它不是另类水利，而是全面认识灌溉水利的补充模式”[1]。我们认为，从表象来看四社五村体现出来的是不灌溉水利，其实反映的是缺水地区生活用水的图景，它与干旱地区农作物灌溉的生产用水属于不同性质的用水类型。受水环境和水资源匮乏程度不同的限制，有的地方生活用水宽裕而农业灌溉用水缺乏；有的地方相较之下生活用水紧缺，攸关生命；有的地方则两者兼存。当然，随着水环境的变化，小区域在生产、生活用水困难的次序也会发生由灌而食的变化。这样看来，不可把缺水地区解决生活用水的水利形式简单理解为不灌溉水利，从水利灌溉的视角去理解生活用水而过度解读不灌的意义；而应当摆脱灌与不灌的思维模式，结合具体水环境，从生活用水的角度开展研究。这种认识也为我们对山陕地区生活用水的田野考察的过程中新发现的民间资料所证实。

一、且灌且食之水渠

河南省阌乡县境内，居民修渠引导山中泉水、峪水用于人畜生活，开有多条渠道，并制定了用水制度。

据光绪《阌乡县志》记载，县境水渠分为三类：

其一，为专供人畜食用之水渠，如西董渠、吴村渠、堡里渠、大峪渠、麻峪渠、同峪渠、寺圪塔渠、黄花峪水、涣池峪、同峪渠专供食用。例如，涣池峪“峪口有黑龙王潭，下水分两渠，东流香什村、窟夺村食用；西渠流上阳府、底阳村食用，二渠俱不能灌田”[2]。同峪渠山水源出同峪口，古例平分三渠，中渠系窑上、寺底村食用；东渠系上下小猛口食用；西渠系卜桥村食用，村庄各守本渠，不许侵争。

其二，为专供农田灌溉之水渠，如坊廓渠、阳平渠、赵家渠、廉让渠、董社渠、西峪口渠、北麻庄渠、南麻庄渠、古东渠、宋村渠、原北渠、原北下渠、枣

---

① 董晓萍、〔法〕兰克利：《不灌而治 —— 山西四社五村水利文献与民俗》，第18页。

② 光绪《阌乡县志》卷二《建置·堤渠》，光绪二十年刻本，第18页。

乡渠、阌峪口渠、万廻渠、卜家湾渠、盘头渠等皆用于农田灌溉。

其三，为食用与灌溉并用之水渠。寺庄渠、灵湖渠即属此类。灵湖渠之水源自灵湖峪，自峪口村东分为三渠，供各村食用，余者灌田，遇天旱，辄因争水致讼。经知县李分讯査，顺治五年（1648）五村公议合同内载有“各村俱食饮不断，其天旱浇田之日，照旧规各分水一股”。显示生活用水之次序高于灌溉用水，因而断令“水以人畜食饮为大，无论何村每日皆由渠放水，先尽各村食饮，如有余水，务须遵照旧规，各村分日用水章程灌溉田亩，不得混争”。灵湖渠各村分水，采用分水自下而上的规则，中社村，王家埝水□□，占东渠；南果村水一日，占中渠；狼寨村水四日，窑头东、西村水二日，灵湖村水二日，占西渠。另外，对于村庄分化及新旧村庄的用水关系，也有规定，例如中社村分水六日内有分出另住之王家埝，人户不多，六日之中，王家埝占水一日，中社村占水五日。该渠修理渠道、河埝，按分水分数公派公修。[①]

河南省灵宝县与阌乡县相接，地处黄土高原南缘，接近秦岭，地形南高北低，由山地、土塬、河川阶地组成，有“七山二塬一分川”之称。历史时期，受水文地质条件影响，生产、生活用水紧缺，自上而下的山涧之水成为近水村庄生产、生活用水的重要来源，在实践中形成了严密的用水制度。其中，有的渠道是专门用于水利灌溉，有的渠道是仅供生活用水，有的渠道是且灌且食二者兼具。这里，我们重点考察的是同一渠道且灌且食的类型，通过分析生产、生活用水的秩序和冲突，理解引渠用汲的水利类型的内涵。

民国《灵宝县志》关于好阳河三道水渠有这样的记载：

> 小清渠。自峪口北崖起至栾村寨食用。
>
> 中水渠。自峪口西起分二道，一东经磨头村至南宋村止，灌田一顷。一北至磨头村北止，灌田二顷。
>
> 永清渠。自峪口西起，经磨头村至观音堂分二，东渠经下砲村东、西渠，继下砲街中，共灌田四十三顷。又西渠北至路井村入陂池中食用。

---

① 光绪《阌乡县志》卷二《建置·堤渠》，第19页。

益民渠。自峪口东南起至李曲村西北止，灌田十三顷。

厚民渠。自闫家坪村南起经神窝村至寺上村止，灌田一顷。[①]

研读这些记载引发了诸多困惑，三道水渠为何在列举中又变成五道呢？中水渠、永清渠均以峪口西为起点，是否系属同一渠道？另外，永清渠至观音堂一分为二，东渠经下硙村东、西渠，又西渠北至路井村，此处西渠为同一渠道还是两条渠道？更为重要的是围绕永清渠在处理生产用水和生活用水的矛盾和冲突中有哪些实践？

根据民间碑刻记载，在明清长达数百年的时间里，灵宝县下硙村、路井村虽然共用一渠，但由于生产用水、生活用水类型不同，在水渠公共事务的诸多方面产生了长期的争讼，透过这些民间保存的水利诉讼类碑刻，引渠用汲形式的用水制度也得以复原和再现。

路井村水渠之事最早见于明代嘉靖二年（1523）。路井村历来难以凿井及泉，西靠大岭，障隔于好阳河之东。好阳河自峪口流出以后，旧有益民、厚民二渠，不与岭东相接。路井村立村之始，村人就从磨头、下硙买地开渠，引好阳河水下注，名为育生渠，村人赖以食用。后因河水暴溢，渠被沙石闭塞。嘉靖二年（1523），灵宝县神窝里路井村李武上报官府，自称有下硙里水渠一道，因为先年山水闭塞水渠，将欲疏通渠道。为了便于督领有地之甲夫挑修渠道使水流通，呈请本村张松和、李异充任渠司，据称这二人平素公直，堪当此任。官府批准了李武的呈请。[②]碑刻的记载说明，路井村在明代就已买地修渠引水，解决了用水通道问题。

此后，因为村庄间生产、生活用水发生争端，灌渠和食用渠的名称发生变化，用水秩序也得以建立。万历二年（1574）七月，益民、厚民二渠的磨头等村因为灌田用水而致使路井村渠水断竭而兴讼。灵宝知县将磨头等村灌渠与食用渠共同更名为中水渠，益民、厚民两渠各行水三日，中水渠行水四日，十日一轮。

---

① 民国《灵宝县志》卷三《建设》，民国二十四年重修铅印本。

② 河南省灵宝县路井村嘉靖二年《灵宝西路井渠碑》，见范天平编注：《豫西水碑钩沉》，第307—308页。

从水渠形势来看，下硙地处路井村上游，两村在水渠事务方面是否和谐，对于引水通道的流通或闭塞起着至关重要的影响。当然，两村既有共同用水合作的一面，也有分水相争冲突的一面。明万历年间争水事件后，下硙村仍反复阻拦路井村食用之水，路井村民上诉，知县断令双方自书私约而结案。顺治十四年（1657），李曲等村争水，官府判定仍依旧规。乾隆六十年（1795），下硙又与李曲争水兴讼，下硙村苦于没有证据而难以胜诉结案，鉴于下硙村困于讼案，路井村对于长期相争的下硙村起了怜悯之心，把两村相争之后曾经写下的私约上呈官府以作证据，知县得以为据，判定下硙村增加用水二日，路井村照旧行水。由于路井村帮同作证，下硙村在争讼中取得了胜利，下硙村和路井村在用水关系方面也发生了一些变化，此后，两村用水极为和谐。此外，可能作为报答，两村共用水渠的修理事务从未向路井村分派过。[①]

水渠作为人工开挖的水道，解决远距离的水源流通，涉及渠道占地、水渠修理等问题。另外，由于水源不同，引导山涧之水的进水口（灵宝县当地称为清口）常常在大水之后为泥石所塞，渠道为水流冲塌。路井、下硙两村先后因有渠无渠、修理渠道、清口等原因发生了多次争端。

有渠无渠之争。其实就是有无引水通道，无渠也就意味着无法从上游取得水源。路井村自明代就有“李武食用水渠一道”的碑刻记载，后经官府判定改名中水渠后，行水四日，十日一轮。照此论之，路井村可谓有渠。这条水渠灌溉下硙村地亩兼济路井村食用之水，下硙村行水三日，路井村行水一日。不过这条渠道流经下硙村南，便分为东西二渠，至下硙村北又合流下注。对于下游的路井村来说，上游下硙村的东、西二渠均可作为来水渠道。其中西渠滨临好阳河岸，嘉庆二十二年（1817），西渠为河水冲刷，下硙村购地修复。道光十四年（1834）六月，西渠又被水冲塌，复经下硙村续修。路井村向来在西渠行水，但在西渠两次修理过程中却没有承担修渠工费，于是下硙村阻拦水流，两村相争发生命案。道光十四年，时任知县只断定照旧行水，并未明确路井村有渠无渠。道光十六年（1836）新任知县亲自前往勘验，查明渠水至好阳河北岸进口，在南宋、磨头二村

---

① 河南省灵宝县路井村道光十七年《严太爷生祠碑》，见范天平编注：《豫西水碑钩沉》，第311—312页。

渠口之下，行一里许，至下硙村南观音堂白杨树前分为东、西二渠行走。流至下硙村北，复合为一渠。又一里许，归入南宋、磨头二渠下游合流之乾河。又八里许，下抵路井村南于接连乾河西岸，另有水沟一道，行一里许，最后流入路井村内陂池。

知县根据现场勘验判定，路井向来由下硙渠内行水，不由南宋、磨头二渠，因此，下硙村地界内所行渠道自然是和路井村公共用水渠道。路井村有东、西两渠，是两条都为公共渠道，还是东、西其中的一条呢？经过察看，在东、西二渠分流之处，西渠之水顺势而下，而东渠则必须堵坝后水才能上渠流通，因此判定西渠是路井村行水的渠道。由此看来，路井村明代碑刻所载只言有食水渠一道，但并未载明东、西渠，路井村所称由东渠行水不可为信。在审理过程中，下硙村表示愿意路井村同在西渠行水，即以西渠为两村官渠。这一讼案，明确了路井村有渠。

公用水渠的确定，一方面明确了用水权利，另一方面明晰了相应的水渠修理义务。西渠既然为两村公用行水渠道，此后，西渠遇有坍塌工段，按照行水日期，下硙村派工三日，路井村派工一日。两村应该分摊的购地、修渠费用以及完纳因购置渠地的粮银也据此而定。如果路井村借口西渠修理工程浩大，不肯帮工帮费，霸借东渠行水，准许下硙村阻拦并上告官府。如果西渠坍塌过大，一时难以修复，准许路井村在东渠行水，下硙村不得阻拦。

渠道作为引渠用汲的基础设施，它的日常修理和维护是保证流水通畅的一个前提，也是共用渠道上下游各村能够长期合作利用水资源所必需的。水源不同，引发渠系破坏的因素较为复杂，渠道堵塞、破损的时间、位置、程度、频率等对于渠道系统维护和用水秩序都是一个很大的挑战，也是构成用水制度的重要内容。

修理水渠清口之争。具体到路井、下硙两村，其用水争端在于渠道的修理、维护方面。道光十六年（1836），官府判定按行水日期，西渠修理下硙村派任四分之三，路井村派任四分之一。道光十七年（1837）、十八年（1838）两村又因修理清口而发生纠纷。考之碑记，“好阳河堆积沙石拦水于渠，谓之‘清口’”，清口位于渠系之首，地处保障水源顺流而下的重要位置，夏季山水大发，清口经常被冲，修理工作任务较大，而在道光十七年前，两村并未因修理清口而发生争端，两村因此争讼后，官府审定除两村共同修理西渠外，亦合作修理清口。具体而言，如果修理长度在三十弓以内，下硙村不派路井村行工任务，若在三十弓以外则按五股派工，下硙村行工四日，路井村行工一日。

共用水渠决定了两村合作治理、相互依赖的关系。但是在渠道维护、修理的事务中，具体规则的制度却也经历了集体行动和独立行动的反复博弈。路井村提出分修清口而下硙村坚持要合修清口，两村各执一词，官府也难以查清详情。从两村历来为水构讼来考虑，分开修理西渠、清口似乎可以减少争端，永弥后患，按理两村应当接受，为何下硙村坚持要两村合修呢，难道其中有什么隐情？于是，官府作了进一步调查。下硙、路井上游距清口四里，路井又距下硙八里，也就是有十二里之遥。据官府查验，即使判定路井村协修清口，由于路途遥远，路井村派人夫前往，必然在下硙村之后；或者是下硙人先齐等候路井村人一起出发，路井人不到会引起下硙村不满；还有一种可能是路井人陆续到来时，下硙人夫已经散离，路井则对下硙村之行为心存意见。如果两村合修，考虑到上述情形，势必会对两村修理渠口的集体行动产生冲突的因素，心存忿争后继而纠殴构讼。

另外，如果两村分修清口，用水日程安排和修理清口的工作，会导致下硙村过多地投入工费，而路井村则可能有不劳而获、坐享其成的搭便车用水行为。修理清口向来自春分开始至秋分结束，好阳河引水入渠灌地，东西两岸五村，按照轮水日程，十日一轮，周而复始。其中李曲等四村另有清口，每月轮水为逢一、六之日。下硙、路井两村则共用一个清口，十日之内下硙轮用三日，而路井则用每月定为逢五的一天。这样的话，路井村每月行水为逢五的固定日期，而下硙村则循环无定，往往是下硙村行水多在路井村逢五之日的前后之间。这样的水程，就可能在修理清口方面下硙村承担了更多的任务，而路井村则由于用水日期较短则可以坐收渔利。下硙村刚刚修好了清口，使水尚未完毕而路井人则从中截用一天，不劳而获，坐享其成，未免甘苦不均。这就是路井村欲分而下硙村欲合的根本原因。

经过斟酌，官府判定，两村所共用的清口，与其按轮水之日各自修理，导致下硙村在路井村逢五之日行水时，无修清口之名，有修清口之实，而路井村人不受修理之苦，坐享他人代修之利，不若断令下硙村一村独修清口，路井村只管逢五行水，不具体负责修补，而每年共出帮修费，春分之日交一半，秋分之日另交一半，不得逾期交纳也不准提前预支。这样，修理清口之争以两村共同承担劳费，下硙村具体独立实施结案，避免了路井村在修理清口方面的搭便车行为，使得下硙村在渠道修理、维护的劳费投入和自己在用水受益方面达到了平衡。①

下硙村、路井村共用渠道所引水源为山水，兼受渠道所经地形制约，渠道屡遭破坏，在修理、维护成本较大的情况下，引导水源势必要开辟新的渠道，合作用水的村庄又会因为承担新渠道工费产生纠纷。

道光二十三年（1843）六月，路井、下硙二村所共用之西渠大面积坍塌，修复工程浩大，一时难以修复。下硙村为了解决用水问题，则在上游河湾村家户地内开挖一道横渠借道放水，横渠先接东渠流水后再流入西渠没有坍塌的渠段，所以能够照旧放水。对于路井村来说每到逢五用水之日，即未向河湾村田主借渠行水，而上段西渠坍塌又无法行水，以至水不下流。路井村人怀疑下硙村故意抗工不修西渠，又勾串河湾村横渠所过之田主拦截水道，因此向官府上诉。不久，因为夏季水量较大，西渠水已下流，故仍照旧规行水，断令此后如遇西渠坍塌，一时无力修复，准许路井村借用东渠之水，西渠修复后仍用西渠之水。不料到秋冬时节，西渠断流，东渠之水仍不能流下，引起路井村不满遂又越级赴京控告，因属越级控告，案件发回河南开封府审理。经官府现场勘查，东渠中间淤塞，水归西渠。西渠上游坍塌水已断流，由小横渠引水，横接东渠上游流入西渠。下游由下硙村至关帝庙前东西两渠旧日合流之处，折流到路井村陂池，就是路井村所现用之水。既然由东渠引至西渠折流而下，其引水之小横渠，贯穿河湾村家户田地，路井村想要用水，自然应当向河湾村地主借渠泻水一日。②

官府判定路井村可在放水之日向横渠所经河湾村之田主借渠行水，横渠所经田主也表示同意借渠放水。案件审断后，路井村人又恐怕日后河湾村人不肯借渠，又向上申告，复又讯断，横渠所经河湾村之田主表示遵守官府所断，借给路井村

---

① 河南省灵宝县道光二十三年《下硙路井渠道管理断节碑》，见范天平编注：《豫西水碑钩沉》，第313—316页。

② 河南省灵宝县路井村道光二十五年《京控开封府原断》，见范天平编注：《豫西水碑钩沉》，第317—320页。

行水，永无翻悔。[①]经过两次诉讼，路井村在旧渠损毁难以修复的情况下，通过向上游河湾村田主借渠行水，获取了新的用水通道，解决了水源供应通道问题。

河南省下硙、路井两村长达数百年的用水争执过程中，其矛盾焦点不在于水资源的占有和分配的时间和数量，而在于水源供应的渠道系统方面，包括渠道的开挖、修理、维护，渠道开端清口的修理等。一方面水环境具体因素对渠道的堵塞、坍塌起着破坏作用，影响了渠道系统的正常运行。另一方面，虽然两个村庄共用渠道、合作行水，但由于两个村庄所处位置不同、用水类型有别、分水日程各异，所以在合作用水的过程中，经常会出现争端甚而酿成命案。从表象来看，两村合作用水、共使一渠，就需要在使用渠道受益的同时分别承担相应的渠道开挖、修理、维护的工费，以保证水源供应的通畅。若深究其因，两者虽同用一渠，但意义却完全不同，下硙村在于灌溉，路井村则在于活命，因此，上游渠道的开挖、修理、维护以及水源附近清口的修理等，直接关系生活水源的供应。但对于合作者下硙村说，生活用水的压力相对要小，因而对渠道修理维护的重视程度相对要低。迫于生活用水的压力，路井村不得不另开渠道，或借渠行水。这是两村长期争讼的原因所在。

二、由灌而食之水渠

在一些地方，由于水环境发生变化，或是社会因素所致，渠道引水的用途由灌溉用水转变为生活用水。

山西省洪洞县、赵城县、霍县交界地区不灌而治的四社五村，开渠引水，凿池蓄水，以解决生活用水困难。因为过分强调与灌溉水利类型作比较，研究者提出不灌溉水利的概念。其实，从史料来看，当地的用水，曾发生过从灌溉用水或者说由灌溉与生活用水并举向生活用水的转变。在《金明昌七年霍州邑孔涧碑》中，有“沙渗微细，只可浇溉彼……”的记载，由此可知，虽然当地水资源不丰富，

① 河南省灵宝县路井村咸丰元年《复详看》，见范天平编注：《豫西水碑钩沉》，第322—323页。

但仍然有一部分水是用于灌溉的，全面严禁灌溉用水是后来的事。[①] 现存清代嘉庆年间四社五村的水利簿记载，“霍山之下，古有青条二峪，各有渊泉，流至峪口，交会一处，虽不能灌溉地亩，亦可全活人民……自汉、晋、唐、宋以来，旧有水例”[②]。根据水利簿记载，远迄汉代，当地已经有了不准农业灌溉用水的禁约，但碑刻资料却反映，金代仍然有一定范围的灌溉用水，二者存在矛盾，水利簿所记显然有误。

受资料所限，四社五村用水由灌而食的变化轨迹尚不清楚，而其他地方的案例，能清晰地反映修渠引水从灌溉用水向生活用水的转变过程。

山西省闻喜县的雷公渠，则是一条从灌溉用水转变为生活用水的渠道。

闻喜县北垣一带地处峨嵋塬，自南而北，缘坡而上，地势逐渐升高，受水土流失影响，沟壑纵横，上部则为平缓的塬面。在前面的章节里我们已经对闻喜县北垣地区生活用水困难的情形已有详说，概而言之就是土厚水深，泉溪绝少，难于井汲。在这种环境下，生活用水的解决就处于有限水资源利用次序的首位。

闻喜县雷公渠就是一条缺水环境下弥足珍贵的水渠。雷公渠水源不拘一处，而是由野狐泉、滴水滩、龙到头沟、柳沟、户头沟等多个水源汇流而下，其中野狐泉最远，位于县城以北二十里的深峪之中，相传有狐避射至此入穴而泉出南流，再和其他水源合流。[③] 当地凿井难以及泉，因此沿渠的家坪、薛庄、坡底、山家庄、上白土、下白土均依赖渠水而生活。

揆诸县志，在长期的历史发展过程中，雷公渠的功用发生了改变。渠水自野狐泉而下，流至县城西北三里姚村而出沟行于平地，明代曾引水入城，嘉靖年间城北地中尚有通水瓦筒遗存，渠水用途不能详考。时至万历年间，县令雷复豫制定沿渠各村用水分数，自最下端的姚村开始，依次为王顺坡、下白土、中白土、上白土、山家庄、坡底、薛庄、家坪、户头等村，轮流灌溉，每月一周。[④] 由此可知，至迟在明代万历年间，雷公渠尚具农业水利灌溉之功用，浇灌沿渠各村近

① 董晓萍、〔法〕兰克利：《不灌而治——山西四社五村水利文献与民俗》，第 85 页。

② 董晓萍、〔法〕兰克利：《不灌而治——山西四社五村水利文献与民俗》，第 55 页。

③ 乾隆《闻喜县志》卷二《坛庙》，乾隆三十一年刻本，第 16 页。

④ 乾隆《闻喜县志》卷一《山川》，第 15 页。

水之地。清代康熙年间，各村因使水涉讼，经河东道断案后，明定各村使水时刻。当然，在缺水环境，雷公渠不仅发挥灌溉农作物的作用，同时也起到了解决生活用水的作用。民国初年，雷公渠已是“渠水甚微，不能溉田，仅有细流至下白土，不能出沟而洸，其地有无水利，年久失考”[①]。看来随着水环境的变化和水量的减少，雷公渠所流之水无多，连各村的生活用水都难以保障，更何谈农田灌溉！于是，雷公渠的功能发生了由且灌且食向仅供饮食的转变。

村庄作为基本单位，既是政府行政事务统摄而形成的赋役单位，又是地域社会具体事务如市场、水利、信仰等的具体单元，前者属于自上而下的国家行政系统，后者属于社会系统，二者既有联系又有区别。

雷公渠各个村庄因生活用水而联系起来，村庄的地形、分布、规模、用水形式、村际联系有所差异，因此在和水渠相关的公共事务和用水的具体分配方面各有所在。

从水源地来看，虽然沿渠有多处泉源，但野狐泉相较而言处于最上方，水量大而且稳定，对泉源之地的管理、维护成为保障各村水源的共同责任。在野孤泉周围有 80 亩荒粮土地，因为水从地出，水土不分，这 80 亩土地的粮银则由户头、家坪、坡底、山底、上白土、薛庄六村共同完纳。通过交纳粮银，各村实质上通过政府对地权认可而获占有水源的合法性。

需要指出的是，政府征收钱粮是根据一定银额办理的，一些较小的村庄的粮银可能归附于较大村庄，所以，从野狐泉荒地钱粮的交纳村庄来看只反映了政府与村庄在粮银方面的联系，并不能反映各村用水的具体情况，在交纳钱粮中没有村庄名称并不意味在实际生活中没有用水的权利。

现实性用水只是水渠附近各村联系的一个方面，地域性的神灵信仰作为象征性资源，也把各村联系起来。当地有座五龙庙，沿渠各村在祭神活动、神庙修建中承担相应的活动。据修理五龙庙的碑刻记载，上白土、中白土、孙家门、管家门等村负担了不同数量的顶月盘。孙家门、管家门等村庄未见于交纳野狐泉周围荒地的记载，但位列修理五龙庙的碑刻之中，说明沿河各村作为自然村落单位、

① 民国《闻喜县志》卷四《沟洫》，第 3 页。

行政单位、用水单位有着明确的区分。

雷公渠用水村庄可分为两类，一类为有水井的村庄，但井深汲艰，因此生活用水井、渠并用；一类为无井村庄，渠水是唯一水源。如户头村地势最高，离泉最近，但村庄有深井，根据田野考察时发现户头村水井碑刻记载，明代万历三十四年（1606），户头村南头各家置买到井地一块并开始凿井，每家有一定的井分，咸丰元年，又将各户井分重刊立石。[①] 在天气干旱水位下降甚至枯竭的情况下，就只能是村上泉下，沟深路窄，经受下沟挑水的苦累。上白土村则难以凿井汲水，建村 1900 年来，均要从远处汲水，近者三四里，最远达十八里多。[②] 所以村庄仰赖雷公渠水。

水具有流动性，已有研究表明，以河水、泉水等为水源的渠道系统，沿渠村庄分配用水的方法在确定渠道规模、分配比例后，以水程即规定用水时间来达到轮序用水、分配水量的目的。这在以农业灌溉、生活用水的渠系均有普遍反映。

闻喜县雷公渠则有所不同，一方面渠系各村所争在于渠道的宽度，是为争渠；另一方面，渠系各村所争在于水池的数量、规模，是为争水。

在田野考察中了解到，所谓争渠，其实是和渠道及其两旁的田地内的农作物灌溉有关，渠道尺寸较宽，渗漏之水虽不是田主私自盗水而灌，但事实上达到了不灌而灌的目的，从而影响到下游用水量。另外，在水渠较宽的情况下，即使不种植农作物，渠道内以及渠道两旁也有利于芦苇生长，长成之后可用作编织材料，有一定收益。芦苇生长不仅耗用水量大而且壅塞水流，破坏渠道，这种搭便车行为事实上对用水秩序造成了破坏。此类情形在其他渠系也有反映，如陕西省漫泉河水利章程规定："渠内渠岸，不准长苇苗以壅水道，如有苇苗，随时删去。"[③] 雷公渠旧宽七尺，后来缩小到一尺，就是为了避免农业灌溉用水对于生活用水的侵占。这一变化也反映了雷公渠水量变小、由灌而食的演替过程。[④]

---

① 山西省闻喜县户头村万历三十四年《南头井碑记》。原碑无名，碑名为我们所加。

② 山西省闻喜县上白土村 1984 年碑记。

③ 陕西省蒲城县贾曲乡漫泉河《水利章程》，见渭南地区水利志编纂办公室：《渭南地区水利碑碣集注》（内部资料），1988 年，第 47 页。

④ 访谈对象：张东才，男，62 岁，山西省闻喜县下白土村第 4 居民小组。访谈时间：2007 年 7 月 21 日。

各个村庄分配用水方式不是按用水时间，而是通过规定各个村庄在水渠中所修水池的数量及其规模大小来具体规定用水量。具体而言，沿渠各村每村限定只能在渠中修建一个水池，各村水池大小则不尽相同。

上白土村在整个渠系中处于最上游，也是一个规模较大的村庄。据碑刻记载，明代正德年间，村庄由马川、前院、后院三隅组成，村庄人口众多。其水池长七丈，宽四丈，深五尺。其余村庄相对较小，因此水池蓄水量相应较少，下白土、家坪、薛庄、坡底、山家庄等村则定为长三丈，宽二丈，深四尺。由于池在渠中，池水蓄满后，自然流溢而下，在水源正常的情况下，各村水池均能蓄满，保证生活用水之需。

村庄水池的数量、规模成为用水秩序的核心内容，那么擅自更改水池数量及其规模就是破坏水规的争水，引发整个渠系用水秩序的紊乱和讼案，而水量变化则往往是导致违规用水和引发讼案的诱因。民国八年（1919）由于连年天旱，雷公渠中缺水，下白土村建议各村疏浚泉源，上白土抗不兴工，下白土则独举其事，工作尚未完成，上白土却填塞村庄旧池并在旧池隔路另外开掘一个新水池，渠水在蓄满新池后再流入渠中。活命之水受到阻断，下游各村均陷入用水困境，下白土村违规用水激起下游各村的强烈不满，于是下白土、中白土、孙家门等村各呈状纸到闻喜县府起诉。

讼案发生后进入了司法程序。县府委派第一区区长前往当地勘验并屡经调处，但均归无效，于是民国九年（1920）3月传案审理，谕令其调解了事，但双方并未达成和解，并继续向省上诉讼。山西省高等法院接案后委派水利委员到闻喜县会同地方委员又前往勘验，查悉的情况是各村水池以往均在渠中，上白土村所挖新池不在渠中，不免壅断下流，当即饬令取消并将新池通渠水口填塞。同时，商定办法，按照各村人口多寡拟定水池大小，其中家坪、薛庄、坡底、山家庄、下白土等五村水池定为长宽一丈、深四尺，上白土村户口较多，定为长宽二丈、深五尺，水池均在渠中，每村数量一池为限，不许多挖，方案报请省长核准在案，并于民国九年8月29日谕告各村务于二十日内一律将旧池填平，修好新池。

山西省高等法院所判当为公允，它维持了渠中开池、一村一池的用水秩序，但是其所定方案却不符雷公渠用水古规，尤其是方案所定各村水池规模均小于过去，这其实减少了原告、被告双方所涉村庄的用水量，对他们而言都是一种损失。山西省高等法院判决后，上白土不服而直接上诉至省，省高等法院认为此案未经第一审判，不符法律程序，决定发还闻喜县进行第一审判，闻喜县于民国十年（1921）2月判决上白土所挖之池须遵依省令，渠旁所修新池应立即取消。上白土不服县判又上诉至省，其理由是每年天雨时行，山水涨发，渠中水池被淤泥填满，挖修不便，因而才在渠旁另挖新池，引水使用。这个借口当庭受到了法官批驳，指其渠旁开池，不仅有碍下流使水，而且与多年古规相抵触。

在审理争水案件过程中，原告、被告双方均诉称，新的方案所规定的水池规模和旧规相比要小。按用水旧规，上白土旧池长有六七丈，宽有三四丈，深有五六尺，双方同意依照旧规，仍用旧池，每村以一池为限，下白土村则定为长三丈五尺，宽二丈，深四尺。根据双方反映情况，法院认为使水章程总以适用古规为宜，当事人又均表同意，于是把原判所定各村水池大小比例即水池长、宽、深之尺寸予以扩充，仍照旧规办理，水利平均共享。省高等法院于民国十年（1921）4月30日进行了判决。

这次诉讼过程从法律上重新确定和恢复了旧有用水秩序，涉及的主要问题围绕渠中开池、一村一池、池的规模等问题，但是，用水旧规重新确定的情况下，既然是一村一池，哪些村庄可以一村一池，受规约之限，哪些村庄又排除在用水规约之外呢？随之而来的是进一步明确用水村庄的边界。上白土村庄在此次上诉过程中其实已经提出下白土一村有数池的问题，法院当时认为既然已经限定一村一池，如果确有一村修挖数个水池的现象，当属将来执行的问题，根据判定取消即可。

不久，上白土又控告下白土一村数池并要求填塞两池。在案件审理过程中，用水村庄的界线也得以明晰。上白土村提出四条理由控称下白土、孙家门、管家门只可算作一个村庄，因此现存三池应填塞两池。第一，在山西省令编制村闾册内下白土只是一个村，并没有孙家门、管家门村名。第二，孙家门、管家门均系下白土所分之垛，它们若可算作三个村庄，上白土村马川、前院、后院三隅至明正德年间才开始合而为一，也应分为三个村庄。第三，管家门一垛原有二井，孙家门一垛原有一井，中白土一垛现虽无井，但距上白土之池甚近，亦可用水，此外，除班家沟、堡子里、头峪里、三峪里、周家门各垛均各有井外，其余各垛并无直接需水关系。第四，雷公渠之水发源狐泉庵，该庵旧有荒地八十亩，纳粮银五两余，均由上白土、薛庄、家坪、山底、坡底、户头六村完纳，与下白土无干。

对于上白土的控告，下白土在法庭逐条进行了答辩，驳斥了一村三池的说法。下白土在说明下白土、孙家门、管家门系属三村的理由提供了如下证据。第一，五龙庙碑文可证系属三村。渠水发源五处沟涧，泉源处建有五龙庙，据各村修建五龙庙碑刻记载，上白土、中白土、下白土、孙家门、管家门各村均承担了相应份额的神庙修建工程费用。第二，河东道断案碑文可证系属三村。碑文康熙年间各村因使水涉讼，当时经河东道断定，上白土、中白土、下白土各有使水时刻。第三，后稷庙碑文可证系属三村。咸丰年间修理县城外后稷庙时，按村中钱粮收银，其中载碑刻载明中白土、管家门、孙家门各纳钱粮数目。第四，山西省推行编村，本为划分村界，这和村庄用水迥然不同，而且三村三池历年已久，并非新近修建。

山西省高等法院依据双方论辩的理由进行了最后判决，断定下白土、孙家门、管家门三村三池。法院除认可下白土所持各种证据外，特别强调上白土马川、前院、后院三隅属于一个村庄内部历史形成的、分布各个方位的聚落，村庄内部的习惯性划分却不能混同于三个村庄。另外，编制村间是为了推行行政事务，按照一定标准划分村间，这与各个村庄用水毫不相干。[①]

通过雷公渠的用水秩序以及围绕用水而产生的冲突和矛盾，我们可以深刻而生动地从生活用水的角度，以渠系为个案了解到地域社会得以建构、运行、调解等方面。

首先，自然村作为基础细胞，在里甲、编村等行政系统中，建立起行政划分上的隶属关系，但这只是一个方面，在以往我们较多地从婚姻、宗族、市场、信仰等角度来考察地域社会中的村庄关系，也有从水利灌溉的角度达成水利共同体、水利社会的认识。生活用水的渠系在形式上看似和水利灌溉类似，但是生产用水、生活用水目的的重要区别，赋予了两者不同的内涵，正如王铭铭教授所说的那样，

① 山西省闻喜县上白土村民国十一年《山西省高等审判分庭民庭收执碑》、民国十五年《为渠水涉讼始末记》。

属于水利社会的不同类型，从生活用水的角度来研究地域社会具有类型意义。

进一步来讲，水利社会其实反映的是地域社会在当地水资源环境中的生存选择，是人与环境关系的一个面向。在不同的水环境下，生产用水、生活用水以及其他类型的用水有着不同的位序。在缺水环境下，生活用水相较灌溉用水更为重要，水源类型的差别，决定了修渠引泉、挖池蓄水成为地域社会水利的核心内容。

引人深思的是，水环境的变化常常是诱发用水秩序和地域社会变迁的一个重要因素。一方面，水环境的变化可以导致水利类型的改变，闻喜县的个案研究表明，在水源丰富的条件下，雷公渠发挥着且灌且食的功用，而在水环境发生变化，水量减少的条件下，雷公渠则发生了由灌而食的演替，成为仅供生活用水的生命渠道。另一方面，在水环境变化的情况下，尤其是在水量日益匮乏的时期，渠系上下游各个村庄之间会因为用水而引发争水的冲突和矛盾，从而挑战、破坏传统的用水制度。从闻喜个案来看，冲突之后，地域社会用水秩序的重新确立不是通过内部的协商、调解，而是借由诉讼、通过官方的审判达到，康熙年间因灌溉用水而起的争端和民国年间因生活用水而起的冲突均是如此。官方的判定基本上是对用水旧规的重新确定和对违规者的惩罚，这看似是外部施加的制度，其实还是原初的、内生的社会秩序，只不过缺乏内部商讨、调解的机制而已。

三、军民争水之水渠

潼关地处晋、陕、豫交界地带，地理位置十分重要，历来为兵家所争之地，政府在镇守潼关方面进行了周密的军事部署。潼关地处华山之麓，军事堡寨多处于高山深涧，难以凿井汲水，因此引流河涧之水就成为解决军士生活用水的重要形式。军事堡塞的设立和军士的进驻，作为一种外部力量进入到区域社会并开始占有生活用水资源，从而引发军、民之间的用水矛盾。随着朝代更替，部分军士转为民籍，军屯也演变为村庄，不再作为一种外来力量而是内化到地域社会之中，同样对水资源提出了要求。

西董村位于河南省阌乡县城西六十里，土高不可井食。在离村二十余里之处，有一股泉水从禁峪流出，为了解决生活用水，西董村和寺角营等九村，购买渠地并完纳地粮，筑渠引水，并在泉上建庙于岁时祭祀龙神。

西董九村有明确的分水时日，刻诸碑石。南歇马一日一夜，北歇马二日一夜，留郭村二日二夜，瀵井等村五日五夜，西董村照常食水，凡十五日一周。该渠规定，“近泉而有井可汲者，不列于碑，不渠食也”。可见，以西董渠之水为生的村庄，难以凿井，又缺乏其他水源，只能通过凿渠，远引泉水，解释生活用水之需。对于水渠附近有井的村庄，严禁从渠中汲水，以保证受益村庄的生活用水。

明宣德年间，水渠为潼关军豪所夺，水为军豪所建陂塘收蓄，村民水利尽失。弘治年间，县民郭苛将军豪霸水之事讼于官府，水渠判归村民，立有石碑详记其事。嘉靖年间水渠复为军豪夺占，官员在考证了碑记后，又将水渠判归西董等村庄。据万历四十七年（1619）的一块碑刻记载，西董渠九村用水日程规定十分详细，如南歇马村一日一夜，北歇马村二日一夜，留郭村二日二夜，瀵井等村五日五夜，十五日一周，轮流用水。靠近泉水、有井可汲的村庄之名不列于碑，也不得饮食渠水。

清康熙九年（1670），在大留屯驻守的潼关军队因为设立关公庙会，每年九月从西董渠借水三日。既是借水，说明在西董渠道，大留屯并不占有一定数量的水资源，西董渠的供水对象并不包含大留屯，它不能长期稳定地通过渠道获得水源。到了雍正四年（1726），大留屯却想把九月的借水三日改为每月分水三日，这就意味着大留屯不仅可以和其他村庄一样成为水资源的占有者，而且能从西董渠道获得一定数量的供水。于是，西董村与大留屯发生讼案，相互诘告达十五年之久，大留屯军士因用水之争将一村民殴毙，酿成命案。经官员勘断，认为大留屯本不具有用汲渠水的权利，但念及当地水源匮乏，军士生活用水艰于汲取，下令大留屯改修放水的水斗，以石代木承接渠道渗漏之水，每月在西董九村原派放水日期十五日一轮外分给大留屯一日夜，周而复始，军民争水讼案才得以平息。①

又过了八年，华阴县滑嘴村，又在泉旁凿渠，意图侵泉沾润而与九村起争，

① 光绪《阌乡县志》卷二《建置》，第16页。

讼于省，陕西巡抚委派潼关、华阴、阌乡三县官员会勘，断定沟西潼关、华阴县居民自食焦峪之水，不许分食庙泉渠，从此，不再有觊觎泉水者。[①]

民国时期，因为天气大旱，泉源枯竭，泉水出峪只流四五里路，各村之间也无从争水了。[②]

清代陕西省华阴县蒲峪河也发生了军、民争水的问题，同样也涉及到潼关附近的军士用水。有所区别的是，其争水与河南省阌乡县西董渠不同，军民争水的焦点不在于军士是否拥有用水权利，而是集中在供水过程中的具体用水规则方面，具体来说就是放水日期。

蒲峪河发源于华山北麓的蒲峪，山溪顺流而下，长达三十余里，汇入渭河。这条山溪历来是供应沿河村庄、军事堡寨生活用水的生命之源，只供饮食，严禁灌田。由于山溪绵延三十余里，沿河各村地理位置各不相同，上下游村庄获取水源有难易之分，距离较远的下游村庄即使按照规则有用水日程但实际上也可能难以用水。康熙年间沿河村、堡因用水而发生争端。考其原因是上游的马村距离渠口只有三四里，放水之后很快就能到达村庄，北孟村距离渠口却有二十四五里，放水之后很长时间才能流泻到村庄。兼之各村向来任意放水，难免有多少之偏，因此产生用水争端。

官府解决争端的方案，主要考虑了三方面的因素，即“路之远近，水流之难易，村堡之多寡”，然后派定日期，按期放水。一月之内，初一至初六、十六至二十一由北孟村放水；初七至初十、二十二至二十五，由马村放水；十一至十五、二十六至月尽，由杨家楼等六堡放水。另外，和马村相近的蔡家堡、赵家堡、南彭堡、北彭堡，各随马村于四日之内同时放水，不许于四日外另行放水。[③]从判定各村放水日程来看，地处下游、距离最远、水流难以到达的北孟村在每月之内最先放水，其后，位居上游、距离最近、水流可快速到达的马村再放水，由于可快速获取水源，蔡家堡等四堡共同在马村放水之日行水，不单独分配用水日程。这

① 光绪《阌乡县志》卷首《图考说》，第17页。

② 民国《新修阌乡县志·建置》，民国二十一年铅印本，第9页。

③ 陕西省华阴县孟原镇北城村康熙二十四年《蒲峪河派定放水日期碑》，见渭南地区水利志编纂办公室：《渭南地区水利碑碣集注》（内部资料），第166—167页。

样的用水规则的确考虑了沿河各村用水的公平性，但在具体的实践中是否能够得到检验呢？

蒲峪河的水源具有不稳定性，在水源稳定的场景下，用水规则的实行相对要容易，如果水量经常发生变化，从稳定水源出发而制定的用水规则在具体操作过程中就可能陷入困境，要摆脱这个困境，就必须在制定用水规则时考虑水源变化的因素。蒲峪河把沿河各个村庄分隔东西，东岸只有贺家堡、爨家堡二个村庄，人少水近，沿西岸而居者则有十四个村堡，北孟村居于西岸最末端，距离水口有二十余里。在康熙二十四年（1685）的争水纠纷中，已经考虑了“路之远近、水流之难易、村堡之多寡”等因素，不难发现，其中并未对于水流的不稳定性予以充分关注。在用水规则制定后不久，出现了“天旱之时，水为砂石渗漏，不论人多人少，水近水远，两岸军民俱不足食用，是以讦告连年”的局面。

水为日用必需之物，对于军民同样重要，为了解决用水困境，官员、乡约秉持公心，对旧有水规进行了调整，实现最大限度的公平用水。这次调整可能牵连的村庄较多，由于没有发现更多资料，从仅有的碑刻来看，北孟村的用水日程没有变，而在日程内增加了贺家堡，贺家堡原来应该也有水程，它与北孟村共同放水，势必减少了北孟村的用水量，而贺家堡原来的用水日程可能就为其他村堡所占用。

具体到北孟村与贺家堡分水日程是这样的，每月初一、初二、初三、初四、初五、初六、十六、十七、十八、十九、二十、二十一之十二天内与贺家堡通融合放，其中贺家堡每月初六、十六得水两天，北孟村得水十天。这样，北孟村相较过去就减少了两天水程。

考虑到水源不稳定和季节性用水量大小不同，在一些月份贺家堡的用水日程有所变化。用水规则明定，每年正月、六月、十一月、十二月恐怕贺家堡缺水，因此另外每月再加一日水程，在正月、六月，初五、初六连用两日，十六用一日。十一月、十二月，则十六、十七连用两日，初六用一日。经过这样的调整，既充分照顾了上下游村庄在用水利弊，又考虑了季节性用水的难易，有利于用水秩序的维持。

四、四社五村之水渠

山西省赵城县、霍州交界的四社五村，被研究者名之为不灌而治（不灌溉水利），其实就是缺水地区的居民修渠引水，解决人畜生活用水。前已述及，四社五村的用水类型，经历了从灌溉用水向生活用水的转变。董晓萍等人已经对四社五村开展了深入研究，这里不拟再作重复，只扼要汲取若干方面，将其嵌入黄土高原的大范围，置于生活用水引渠用汲的类型中，更好地理解和说明。

用水类型。据嘉庆年间水利簿记载，霍山之下的青、条二峪之水，“不能灌溉地亩，亦可全活人民”[①]。另据孔涧村乾隆年间碑刻记载，“刘家庄吃水，旧在青、条峪，累年以来，其水渐微，人、物之用不足”。为解决人畜生活用水，刘家庄恳请孔涧村义让该村所属的泉子凹之水，其请得允，“孔涧村念邻邑之情，合社公议，每半月内，本村先使水十一日，其余四日情愿让刘家庄人、物吃用，不浇灌地亩”[②]。这说明，四社五村之水利是解决人畜生活用水。

水利设施。峪口堰下，旧有三渠，一渠行霍州义旺村、李庄村，一渠行孔涧村，一渠行赵城县汎（仇）池村、杏沟村。不许复开渠道，违者从重科罚。

分水制度。旧规农历六月六分沟使水，嘉庆十五年（1810），四社五村之社首在用水实践中感到六月六天旱水少，分沟放水已经太迟，于是改至清明节前后。二十八日轮水一周，赵城县属村庄、霍州属村庄各十四日。其中，赵城县杏沟村六日，仇池村八日。霍州李庄村七日，义旺村四日，孔涧村三日。自下而上，周而复始，不许混乱，违者科罚。各村相互交接水利时间，在日出之前，不得犯红，以防截流有误或私自多用。[③]

水池不仅是重要的水利设施，而且水池数量也是分水制度的重要内容。坡池

---

① 董晓萍、〔法〕兰克利：《不灌而治——山西四社五村水利文献与民俗》，第48页。

② 乾隆三十一年《孔涧村让刘家庄水利碑记》，董晓萍、〔法〕兰克利：《不灌而治——山西四社五村水利文献与民俗》，第101页。

③ 董晓萍、〔法〕兰克利：《不灌而治——山西四社五村水利文献与民俗》，第48页。

（水池）与四社五村水渠的支渠相连，按水日蓄水，然后用几日水期内的池中所蓄之水维持生活。水池的大小依各村庄用水人口决定。在主社村中，一般人、畜分用，供人饮水的水池称为人坡池，供牲畜饮水的称为牛坡池。主社村至少有人、牛坡池各一，也有的有人、牛坡池各两个以上。附属村只有一个坡池，人畜合用。①

水利工程技术的变化，导致用水活动也发生了一些变化。1949 年前，水渠是开放的，居民可到渠中取水，也可到池中取水。20 世纪 50 年代以后，水渠改为管道送水，村民只能全部从水池中取水。在一些开凿深井、饮用井水的村庄，居民在自家院内修建了水泥水窖，通过自来水管把井水引入水窖中，同时也在水窖内储蓄水池之水，井水与池水合用。

借水习俗。另外，村庄在修理水池工程期间，要向邻村借水。借水之前，要事先到被借水村庄的水池察看对方水池里蓄水量的大小，如果对方池中所蓄之水不多，便不能借水，这种习俗称为看坡池。②

四社五村的水利运作，各个村庄存在级差秩序。一为水权村，有仇池社、李庄社、义旺社和杏沟社，对内称为老大、老二、老三、老四，他们用水级别最高。其次为渠务管理，即渠权，老五孔涧村可以加入。这五个主社村都有独立的水日，下游村老大的水日最多，为八天，上游村老五的水日最少，为三天。其余的中、下游主社村分别为七、六、四天。一为渠首村，即水源地高地的四个村庄，有沙窝村、孔涧村、刘家庄、杏沟村。其他村庄都是一般的用水村，即刘家庄以外的所有附属村。附属村无水可饮，分别按渠段就近划归主社村管理，附属村只能使用主社村的过路水和剩余水，并要为主社村分担修渠的劳力和经费，以换取用水资格。③这种层次划分都是人为的，但从水利的物质性上讲，这又是地理历史因素造成的。水权村以握有水渠为本，渠首村以占有水源为先，用水村以地换水，以求安居。四社五村的 15 个村庄在不同层面存在合作与冲突，因此是一个矛盾的统一体。④

---

① 董晓萍、〔法〕兰克利：《不灌而治 —— 山西四社五村水利文献与民俗》，第 144 页。
② 董晓萍、〔法〕兰克利：《不灌而治 —— 山西四社五村水利文献与民俗》，第 251—255 页。
③ 董晓萍、〔法〕兰克利：《不灌而治 —— 山西四社五村水利文献与民俗》，第 20 页。
④ 董晓萍、〔法〕兰克利：《不灌而治 —— 山西四社五村水利文献与民俗》，第 207 页。

水渠维修。行水之堰，倘有破坏，小则由使水之社自行修补，大则会通四社共同修补。所需人力、钱费“夫则按日均做，钱则按日均摊”，若有借口推诿者、缺少一名者，则要按规科罚。

社首组织。四社五村共有五个主社村，他们采取家庭兄弟的排行法，称为五兄弟，这也是他们举行祭祀仪式、管理水利以及其他公共事务的秩序。

四社五村的核心集团是社首组织。社首称香首。资料显示，道光十六年（1836）前，社首分为老社首、小社首。后有社首感觉称名不善，遂将老、小社首改称正、副社首。每遇社事，正、副香首均参加办理，社中的凭据、账物由正香首执掌，上席器具碗、盘、碟、筷等由副香首经管。据道光十六年（1836）至同治十年（1871）担任香首及交接账物簿显示，一村的香首由周、谢、李三户轮流，正、副社首也是在各姓间每年轮流分充，有时也有连任现象。[①]各主社各设一名正社首，二三名副社首，四社五村共有5名正社首、10至15名副社首。依据水权管理水利工程又称执政，由四社承当。按照自下而上的祖制，四社轮流坐庄，每社管理一年，值年社称执政社，次年换届，每四年一个周期。其中，老五孔涧村不准做执政。1949年后，社首同时出任村长和村支书，社首是能豁出身家性命保护一方水权、能言善辩、敢打敢拼的领头强人。[②]

共同的祭祀仪式。祭祀时间。前已述及，嘉庆十五年（1810）以前，四社五村每年六月六分沟放水，同时举行祭祀仪式。后改为每年清明日，清明前后也是四社五村祭祀之日。祭祀对象为老龙神（据水利簿记载，旧时包括山神），沙窝村龙王庙有一个主龙王，各主社村还有自己的龙王，称祖宗。

祭祀分为小祭、大祭。清明前一日为小祭，在水源地沙窝村祭祀龙王庙，四社五村各主社村都把自己的祖宗龙王放进神楼里，从本村出发，抬到沙窝村，再安放在沙窝堰上祭祀，一路上敲锣打鼓，放鞭炮。在总堰上，各主社村的神楼严格按指定地点安放，不准错位，不准越界。水祭之后，各村社神楼仍放在总堰上，等待大祭。小祭之日，按仇池社、李庄社、义旺社、杏沟社、孔涧村兄弟排行的

---

① 董晓萍、〔法〕兰克利：《不灌而治——山西四社五村水利文献与民俗》，第49—50页。

② 董晓萍、〔法〕兰克利：《不灌而治——山西四社五村水利文献与民俗》，第189页。

顺序，从老大到老五依次祭祀。祭祀完毕，“分沟使水，自办祭之社为始，交第相节，永不乱沟”。

旧规，大祭之日，办祭之社要将主祭之老龙神、山神楼及各村神楼一并请来，演戏酬神毕又各自送回。道光年间，四社五村之香首因祭祀之事过于烦劳，不便神、人，因此公议办祭者将老龙神、山神神楼抬至本社祭祀，各村则将自己的神楼抬回本村，不到主祭之庙。[①]

每逢祭祀，承祭之社，要先发转贴，会通四社五村。提前斋戒沐浴，洒扫庙宇。早到堰上，侍候其他三社齐集，祭神献戏。无论大祭、小祭之期，主祭者必先早到，助祭者不许过午，风雨无阻，违者科罚，主祭者从重。

总之，洪洞县、赵城交界的四社五村是一个黄土高原山区保存了相对丰富的水利文献的生活用水组织，各个村庄因生活用水而形成内部有级差秩序的小社会。

小 结

修渠引水是黄土高原缺水地区生活用水的一种形式，四社五村即属此类。引渠用汲由于跨越空间较大，因而是地理空间和社会范围最大的生活用水圈。由于黄土高原各地水源环境和社会环境不同，使得地域社会的渠道用水制度呈现出一定的共性，又因为内部和外部复杂因素的影响，使得用水规则的侧重面差异性较大。

其一，“水以人畜饮水为大”，生活用水位居用水次序之首，在解决生活用水之后，多余之水方可用于灌溉用水。因此，根据各地水环境及其变化，水渠存在且灌且食、由灌而食、专供生活的不同状况。

其二，生活用水村庄有明确的边界。谁有权利参与共同占有、使用水资源？这是一个首先要解决的问题，从几个案例来看，这个问题应当说争端较少。在这一方面发生问题的主要是潼关军士和当地村庄的争水，在水源紧缺的情况下，军士作为一种外部力量进入地方性的生活用水圈，势必要以当地村庄用水量的减少

---

① 董晓萍、〔法〕兰克利：《不灌而治 —— 山西四社五村水利文献与民俗》，第53页。

为代价，这也是军民相争的根本原因。军士用水也是一个必须解决的问题，渠道系统内的村庄如果要排斥军士用水将付出较高的成本，在这种情况下，对军士开放渠道系统，使其占用一定的水源对于双方来说都可以算是利益的均衡。

其三，严格的用水制度。一是考虑到“路之远近，水流之难易，村堡之多寡”，执行自下而上的轮流使水制度，如陕西华阴县的蒲峪河、山西洪、霍的四社五村、河南阌乡县的灵湖渠等。一是渠与水池相配套，水池用于储蓄轮水之日所引之水，水池的数量、大小也是水量分配的重要组成部分。

其四，共同治水。由一些有资格参与治水的村庄选出头人，共同形成领导机构，商议用水、治水等重大事项。

其五，受益村庄按人口多少共同承担水利工程所需的人力、费用。

其六，有共同的祭祀活动。如山西四社五村清明前后祭祀龙神，山西闻喜县的雷公渠有五龙庙、河南阌乡县西董渠各村岁时祭祀龙神，祭祀活动与分水、治水紧密联系。

需要强调的是，受黄土高原地区水环境限制，引渠用汲的水源具有不稳定性，致使渠道系统及其供水充满变化，这就使得用水规则不断调整以适应环境，地域社会与水环境关系的调适是生活用水圈的一个重要特征。

第四章　明代边地守战与生活用水

在水资源匮乏的环境下，水资源是一项重要的战略物资，供水保障因此具有重要的战略意义，可以说是军队作战，无水必败。有明一代，统治者始终为北部边防这一重大问题所困扰，为了防止漠北游牧民族南下侵扰，明代在北部边防线上进行了重点部署，逐渐演化为九边军事防御体系。学界对于明代北部边防诸问题多有研究，此处不赘，但是从生活用水保障来研究明代边地守战相关问题的研究并不多见，本章则重点从生活用水的供应与保障角度对明代边地守战进行考察。这里所讲的边地，主要指的是位于黄土高原的九边之地，出于集中讨论问题的考虑，黄土高原之外的九边之地，也间有论述，但并非重点。从水环境来看，黄土高原地区水资源匮乏，生活用水困难。从地理位置来看，黄土高原北部地处农牧交接地带，历来为军事防御的重点，明代设立九边，进行军事部署，对中国历史产生了深远影响。那么在漫长的、缺水的边地，军士与战马的生活用水如何得以解决？明代边地守战涉及到战与守两方面问题：其一，作战状态下的水源供应问题，包括在当地水源条件下，通过何种形式获得水源？何种设备保障供水？供水对战争进程产生了哪些影响？其二，防守状态下的生活用水问题，包括双方对于水资源的控制与扼守即争夺制水权、边地军事堡寨日常的供水保障等。围绕战与守，本章通过对明代若干征战行军路线、战争进程的梳理，考察了士马生活用水及其解决。同时强调，对水资源的控制、扼守、侦探，在明代边地的经营、保障、防御中是一个重要方面。因当地生态环境及守战所需，明清时期尤其是明代边地的士马生活用水具有以守战为中心的制度安排特征。

一、文献所见边地生活用水环境

明代九边所经之地，自东向西，概而言之，经过内蒙古高原、黄土高原、毛乌素沙漠、河西走廊，地处干旱区，年降水量小。这一地带属于大陆性气候，具体又可划分为中温带亚湿润区、中温带亚干旱区、中温带干旱区、中温带极干旱区。[①]据现代统计资料，沿边一带年平均气温在8℃左右，气温年较差大致在32℃至34℃之间。年降水量约在400毫米至500毫米之间，个别地段在300毫米至400毫米间，而宁夏、甘肃北部年降水量则由300毫米锐减至150毫米左右。从年降水日数和雨季类型来看，东部地段为夏雨集中区，西部为全年干旱多晴区。年降水日数（年日降水量≥0.1毫米）由东向西依次为75—100天、50—75天、40—50天。所处地带春季降水占全年降水比例达7%—10%，夏季降水占全年降水的比例达50%—75%，秋季降水占全年降水的比例达20%—25%，冬季则在3%以下。[②]在年降水量小的气候条件下，年陆面蒸发量则在200毫米至400毫米之间。[③]

从流域水资源来看，明代九边之地位于黄河流域、内陆诸河区。地下水资源则属于缺乏或严重缺乏地区，甘肃中东部还处于地下咸水分布区。受水资源环境限制，地下水埋藏较深，或者水质咸苦。加之边墙、堡寨多依险而建，跨山越岭，横穿沙漠，崇山峻岭、广漠无水更为边地士马生活用水增加了诸多困难。所以，九边之地面临着水量性缺水和水质性缺水的双重用水困难。

古代文献虽然没有精确的统计分析，但对于九边地区的生活用水情状的艰辛仍多有描述。

一为土厚水深，难以获取地下水资源。明代文献对瓦剌、鞑靼所居之地水环

① 中国地图出版社编制：《中国自然地理图集》，中国地图出版社2005年版，第49页。

② 中国地图出版社编制：《中国自然地理图集》，第38—42页。

③ 中国地图出版社编制：《中国自然地理图集》，第44页。

境的记载是，“虏地高、寒，高故乏水”[①]。著者认为，正是因为地势高燥，所以缺乏水源。山西、陕西、甘肃、宁夏全部或部分地区位于黄土高原，地表为黄土所覆盖，黄土厚度达 120 米—150 米，地下水埋藏较深，用土厚水深来概括当为贴切。山西省已位于黄土高原东缘，黄土埋藏已较浅，但局部地区的堆积厚度还相当可观，不易凿井汲水。北部的保德州城在宋代即有六井，后来堙废，据清代乾隆年间陆燿所见，城中无井，生活用水取汲于河。[②]宁夏“安定西数站，山高土厚，掘井不能及泉，因作窖于低洼处，凡天雨与人畜诸溺皆聚之，名曰‘窖水’”[③]。巩昌驿站“在坡岭高处，乏水，土人多饮窖水，时取冰雪窖之”。安定县“东西驿站皆在山中，县城稍平坦，地亦乏水，山水多不可食”[④]。

20 世纪初期美国人盖洛沿着长城考察，他一路所见可以对我们了解明代长城沿线地区生活用水困难状况有所助益。他在书中记录了一个名叫狼眠谷的缺水村庄，它坐落在离井坪县 4 英里远的一座山坡上。村民们依赖一口超过 500 英尺（150 米）深的水井为生。在其他地方，如果向村民要水喝，这个要求很容易得到满足，而在这里村民却会拿出食物来招待你，因为井水每隔三五天才会打一次。[⑤]在靖县的东南面，盖洛和他的同伴经过一座被称为五台坳的山峰。这里的黄土有 1000 英尺厚，无法保持水分，只有几户人家住在此地。由于和水源相距数英里，对于当地的普通人家来说，要下山打一桶水并不容易，所以村民们都在家备好了蓄水池（旱井）。村民们在最坚实的坡地上挖掘了宽度和深度达到几十英尺的坑，并夯实表面以求滴水不漏。为了使更多的水流进蓄水池，村民们还妥善的布置水渠。[⑥]除了缺水外，长城沿线水质不良，生活在长城一带的很多人患上了甲状腺肿大，被称为长城之病，据说是由于不洁净的水源所致。[⑦]

---

① （撰者不详）《译语》，见王云五主编：《丛书集成初编》之《黑鞑事略及其他四种》，商务印书馆 1937 年版，第 66 页。

② （清）陆燿：《保德风土记》，《小方壶斋舆地丛书》第 6 帙（4），第 251 页。

③ 佚名：《兰州风土记》，《小方壶斋舆地丛书》第 6 帙（4），第 262 页。

④ （清）董恂：《度陇记》，《小方壶斋舆地丛书》第 6 帙（4），第 278—279 页。

⑤ 〔美〕威廉·埃德加·盖洛著，沈弘、恽文捷译：《中国长城》，山东画报出版社 2006 年版，第 95 页。

⑥ 〔美〕威廉·埃德加·盖洛著，沈弘、恽文捷译：《中国长城》，第 97—98 页。

⑦ 〔美〕威廉·埃德加·盖洛著，沈弘、恽文捷译：《中国长城》，第 303 页。

一为水质咸苦，不适于饮食。陕北不仅井汲困难而且井水难得甘洌。清代《府谷县志》专列“井泉”，详细记载了全县30眼水井分布状况，5眼为苦水井，其中苦水峁井、苦水井井水甚苦而且有毒，人畜误饮即死，乾隆四十七年（1782）乡民用磐石封塞其源，永行禁止。[①]绥德州城中旧有二井，“民不给于水，且其味恶”[②]。

甘陇在明代属于陕西镇、陕西行都司管辖，这一狭长地域总体来讲水质较差。“大陇左右，水皆咸苦不可饮，间有味甘可饮者，土人遂相率名之曰‘好水’或曰‘甜水’，正不可以一处拘也。”[③]巩昌府安定县东南四十里有双泉，“一邑之水，惟此独甘”，足显当地水质咸苦，甘泉难得。不惟井水如此，河水亦苦，源出麻子川的东河虽北流绕城东北，但水味发苦，不济民用。[④]同属巩昌府位于安定县南的陇西县引渭水入城，前后浚引，分注东西南北四池，以资汲取。万历年间开永利渠引科羊河水入府城，同时从县南门将栗水引入城，以给民用。[⑤]平凉府静宁州西三里之长源河，水味苦，俗名苦水河。[⑥]平凉府庄浪县九十里有苦水川，“自静宁州流入境，又北流入镇原县界，味苦不可饮”[⑦]。咸水河在平番县东一百五十里，水味甚咸。[⑧]广阳府环县北二百里有军事堡寨名为甜水堡，地理位置非常重要，因为此堡“有泉水甘，自洪德城以北四百里，无草木，人烟稀，水咸苦不可食，行旅至此，必汲水饮以疗渴”[⑨]。此外，崇信县“城中水咸，汲汭稍远”，李武康王元谅在县西北郭凿一甘井，深一丈，径五尺，解决一城之生活之需。[⑩]固原州城井水苦咸，人病于饮，以致“不可啖醊（祭奠），汲河而爨，水价

① 乾隆《府谷县志》卷二《井泉》，乾隆四十八年刊本，第195—196页。
② 民国《续修陕西省通志稿》卷六十一《水利五》，第15页。
③ 乾隆《甘肃通志》卷五《山川》，乾隆元年刻本，第96页。
④ 乾隆《甘肃通志》卷五《山川》，第37页。
⑤ 乾隆《甘肃通志》卷五《山川》，第35页。
⑥ 乾隆《甘肃通志》卷五《山川》，第91页。
⑦ 乾隆《甘肃通志》卷五《山川》，第94页。
⑧ 乾隆《甘肃通志》卷六《山川》，第22页。
⑨ 乾隆《甘肃通志》卷十《关梁》，第54页。
⑩ 乾隆《甘肃通志》卷五《山川》，第73页。

浮薪”[①]。明正德十年（1515）以城中井水咸苦，遂将州城西南四十里那湫水导入城中，以方便公私汲用。[②]平凉府隆德县西北有好水，“县西及固原之水皆味浊，而此独甘也”[③]。宁夏城中地碱水咸，明永乐年间总兵何福开渠引水入城，以资灌溉汲饮。[④]

甘陇一带水泉咸苦，不仅本地居民不堪饮食，屡见于当地志书，也常为途经甘省之外乡人所诟病，清人对水泉咸苦多有记载，虽然已是时过境迁，但这些信息仍可作为解明代当地生活用水问题的参照。德国人福克曾路经甘陇，对沿途水质一事亦有所记，“间有二三处，水带咸苦，高处挖深至十五丈不见水”[⑤]，康熙年间陈奕禧游历甘陇，所见“静宁州以西，山皆土峰，不见石，重岗起伏，层叠不断，至安定境，绝无树木，草亦憔悴，地多斥卤，泉味皆苦。天旱水涸，居民家于岗上，负甕下汲，远至数里，杂以行路、畜牧所过，细流浑浊，其味难堪……至金县清水驿，饮泉始甘”[⑥]。光绪三年（1877），苏（州）、松（州）、太（仓）道台冯光赴伊犁搬运其父灵骨，一路所见著成《西行日记》，当年八月十七日，他离开兰州城，过镇远桥，西行三十余里，其地荒芜，“有旅店三五家，时已薄暮，遂止宿，井水咸苦”。清人孙兆湝曾游历甘肃，“入甘省，过平原府即穷八站，其地井水苦而咸，不能下咽，其多无井处，其人凿涧冰或收雨雪入窖，其窖系掘土成坑，行人至彼饮窖水，不过两三盏，即须数十文，而窖水碧绿混浊，略胜井水苦咸而已”。他搜集到甘肃省的谚语：“合水只喝水，两当不可当，莫言崇信苦，还有巩昌漳，盖言四邑之苦也。”[⑦]从字面来看这里所言四邑之“苦”并不一定指井水苦咸，但结合相关文献可证，这里所说四邑之苦，应当含指井水咸苦带来的生活苦状。

在这样的生活用水环境，势必会对明代边地征战和九边经营产生若干影响。

---

① 宣统《固原州志》卷八《艺文志·记》，宣统元年刻本，第54页。

② （清）和珅：《大清一统志》卷二百零一，文渊阁四库全书影印本，第16页。

③ （清）陈奕禧：《皋兰载笔》，《小方壶斋舆地丛书》第6帙（4），第258页。

④ 乾隆《甘肃通志》卷十五《水利》，第30页。

⑤ 〔德〕福克：《西行琐录》，《小方壶斋舆地丛书》第6帙（4），第301页。

⑥ （清）陈奕禧：《皋兰载笔》，《小方壶斋舆地丛书》第6帙（4），第259页。

⑦ （清）孙兆湝：《风土杂录》，《小方壶斋舆地丛书》第5帙。

二、北征与水源供应

元朝败北以后，仍然对明王朝构成严重威胁。因此，建设一条巩固的边防线以有效地阻止漠北游牧民族南下袭扰就成为一个必须实施的战略部署。另外，为了打击漠北游牧民族势力，争取战略上的主动，明朝军队曾经多次北征。北征过程中，军队所经之地，水资源非常匮乏，在这样的环境下，生活用水保障事关军队的生存能力和作战能力，影响到作战任务的顺利完成，因此必须解决好水源供应问题。

永乐七年（1409）冬，明成祖筹划北征，诏令户部尚书夏原吉商议北征运粮之事，运输工具采用工部所造的武刚车，然而北征路途遥远，对运输工作造成了很大困难，因而沿途筑城，用于贮存所运之粮，并留驻官军守护等待大军来时所需。于是，夏原吉等自北京至宣府，从北京在城及口北各卫仓逐城支给粮食，宣府以北则用武刚车三万辆，约运粮二十万石，随军而行，过十日路程，筑一城，再十日路程，又筑一城，每城斟酌贮粮，留驻军队守卫，以等待军队返回。战场形势瞬息万变，如果北元发觉明军而逃遁，明军将追蹑其后，军队粮食供应保障亦如前法，筑城贮粮，并将所筑之城名为平胡、杀胡。[①]

粮食得以解决，饮水问题则未提及，似乎无虞。然而实际的情形是，军士及战马在行军过程中多次遇到饮水困难。

在缺水环境下，军士、战马如果长时间得不到用水供应，人、畜不能行动，从而影响到军队的战斗力。洪武三年（1370），朱元璋以故元遗兵为患，遂派军北征。六月，李文忠部与敌对战，战斗结束在归途中迷失道路，行至僧格拉木，军士由于缺水而渴死者甚众，正当李文忠深为忧患之时，忽然，他所乘骑的战马刨地长鸣，泉水忽然涌出，军士、战马皆赖以济渴，这才摆脱了缺水困境。[②]

当地水源缺乏或供应不足，不仅会削弱军队的战斗力，而且会影响战争的进

---

① 《明太宗实录》卷九十七，“永乐七年冬十月己亥”，“中央研究院”历史语言研究所，1962 年。

② （清）谷应泰：《明史纪事本末》卷十《故元遗兵》，中华书局 1985 年版。

度与结果。永乐八年（1410）六月，明军与阿鲁台接战，“乘之进奔百余里，虏众溃散，阿鲁台以其家属远遁。时热甚，无水，军士饥渴，遂收兵，营于静虏镇”[①]。从当时双方形势来看，明军似乎占有明显的优势，在追击阿鲁台及其所属达百余里后，擒获寇首胜利旋师似在眼前，然而六月酷热，边地少水，军士饥渴难耐，不得不收兵回营。

明成祖为了打击元朝残余势力先后五次亲自北征。既然北征所经之地十分缺水，水源供应又在战争中具有战略意义，如何解决好军士、战马的生活用水就成为一个重大的问题。从文献记载来看，有多处涉及到北征过程中的生活用水问题，其中包括水源获取的不同形式、水源供应保障、水源与行军路线、水源与战争进程等方面。

在缺水环境下，雨、雪等自然降水虽仰赖于天，但对解决士马用水缺乏还是起到了相当作用。永乐八年（1410）三月丙子，北征之后的明成祖率军行至凌霄峰（今河北张北东北），其地高燥，泉水歉乏，“晚下微雨，将暮未饭……无水饮马，从者至皆不得食，军士亦得不食者，夜下雪，平地尺余”[②]。“忽天雨雪，弥布于地，士马充足，莫不欢腾鼓舞。”[③]此次大雪厚达尺余，军中饮水因下雪方得足用，军中士气也得鼓奋。[④]颇可玩味的是，当年六月，明成祖旋师，追逐北元溃散者，天色已晚，在峰地安营扎寨，地高少水，大为所困，忽然雷雨大作，军中方得济渴足饮。[⑤]

水泉、河流等地下水或地表径流较之雨雪等自然降水显然相对具有稳定性、保障性。永乐八年（1410）三月戊子，车驾行至金刚阜，明成祖敕游击将军都督刘江曰：“清水源，虏所往来处，恐彼有伏，汝等乘夜速往掩捕之，如不见虏，即先据山顶泉源以俟。”[⑥]这体现了在缺水地区作战对于水源的控制与争夺，谁拥有了

① 《明太宗实录》卷一百零五，“永乐八年六月甲辰”。

② 《金文靖公北征录·前录》，《续修四库全书》，第433册。

③ （明）杨荣：《神应泉诗序》，《皇明经世文编》卷十七，《续修四库全书》，上海古籍出版社2002年版。

④ 《明太宗实录》卷一百零二，“永乐八年三月丙子”。

⑤ 《明太宗实录》卷一百零五，“永乐八年六月乙巳”。

⑥ 《明太宗实录》卷一百零二，“永乐八年三月戊子”。

制水权谁就有了主动性。据随军而行的杨荣所记，此间“所经之处，平沙旷漠，碱水悉化为甘泉”。继之，明军行至清水源（马塔尔海子，今内蒙古自治区内），地碱水涸，为水所苦，去营三里许，平地泉水涌出，“滔滔汩汩，莹澈清洁，期须涌洋，将士环睹，惊骇嗟异，咸以为除灭残胡之征也。皇上召中宫汲取，尝之味甚甘美，仍赐将士皆饮，乃命之曰‘神应泉’”[①]。永乐二十年（1422），明成祖北征时，有类似情形。当年六月，行军至长乐镇，“镇故乏水，晚有泉数十跃出，军中足用”[②]。抹去帝王与天相通的神异色彩，却显示了北征途中屡为水困的史实。

明成祖在缺水之际幸得天助，赐名神应泉后，行迹所至，屡有赐名水泉之记。至禽胡山，赐其泉名“灵济”。[③]至广武镇，赐其泉名清流。明成祖制铭刻石曰：“于铄六师，用歼丑虏，山高水清，永彰我武。”[④]至长清塞，赐其泉名玉华。[⑤]根据《译语》所载，玄石坡附近，远近不一，有泉数泓，名称分别为天赐、瑞应、神贶、神献、灵秀、灵济，皆系明成祖北征所经之地，在六军缺水之际水泉涌出，因此明成祖赐其美名以标其异。[⑥]此外，明成祖赐名水泉也大体反映了这样一个事实，沿边军事堡寨有相当部分是依泉而建，在解决士马生活用水的同时，也实现了对水源的有效扼守。

泉水之外，亦有河水。永乐八年（1410）五月，北征队伍将至胪朐河，明成祖登山四望，俯临河流，立马久之，赐胪朐河名饮马河[⑦]，赐古儿扎河名清尘河[⑧]，至五原峰，命都督薛禄祭斡难河山川，赐名玄冥河[⑨]。明成祖一路赐名泉河，侧面

---

① （明）杨荣：《神应泉诗序》，《皇明经世文编》卷十七。亦见于《明太宗实录》卷一百零二，“永乐八年三月丙申”。

② 《明太宗实录》卷二百五十，“永乐二十年六月庚寅”。

③ 《明太宗实录》卷一百零三，“永乐八年四月壬子”。

④ 《明太宗实录》卷一百零三，“永乐八年四月甲寅”。

⑤ 《明太宗实录》卷一百零三，“永乐八年四月甲子”。

⑥ （撰者不详）《译语》，见王云五主编：《丛书集成初编》之《黑鞑事略及其他四种》，第15页。

⑦ 《明太宗实录》卷一百零四，“永乐八年五月丁卯”。

⑧ 《明太宗实录》卷一百零四，“永乐八年五月戊寅”。

⑨ 《明太宗实录》卷一百零四，“永乐八年五月壬午”。

透露了行军路线虽不能完全说是依水而行[1]，但与水源有密切关联。

在水资源相对匮乏的边地，既已屡受乏水之苦，自当对行军生活用水供应有所筹计，除了充分利用自然降水以及河、泉、湖等地表水外，还通过人工手段或开发水源，或储水运水，以保障水源供应。

其一，凿井汲饮。据永乐八年（1410）随行人员北行所记，当他行军接近一座山下时，看见众多军士在山下掘井的场面。[2]当年四月初八日中午行至一山谷中，谷中有二眼旧井，井水可饮，而新掘水井之水质皆属碱苦。有人想取水饮马，由于人多，凑集井上而不能得水，马因干渴又不肯离去。[3]这些文字描述透露的信息说明军队所至，军士会根据当地水文条件，相宜开凿水井而解决生活用水。

其二，长途运水。明军北征，粮食运输、供应经过筹划，已得到妥当解决。永乐八年（1410）、二十年（1422）均对北征馈运之事详加安排。永乐二十年（1422）北征分前、后运，用驴三十四万头，用车十一万七千五百七十三辆，挽车民夫二十三万五千一百四十六人，运粮凡三十七万石。[4]如此浩大的运输队伍，保障远入北地的粮食军需，却没有提及水的问题。另一方面，北征前后数次，对于边地水源缺乏、受困于水当有切身体会，并采取因应之举。那么，在庞大的馈运队伍中，有无负责运水之人？在无河泉，难以凿井，雨雪未降的情况下，大规模的军队以及战马的饮水如何解决？

据史料记载，永乐八年（1410）四月，明成祖驻次威虏镇，难得水泉，皇上命令把骆驼所载之水赐饮卫士。已是日暮时分，明成祖犹未进食，中官请他进膳，明成祖回答道："军士未食，朕何忍独先。"令人巡视各营军士皆进食，他才开始用膳。[5]这说明，在北征过程中，曾有利用骆驼驮水以解决生活用水之举。

《北征录》对载运饮水之事记录更为详尽。永乐八年四月"十九日晚，次高

---

① 《明太宗实录》卷一百零四，五月癸未，车驾次清尘河；五月丙戌，车驾次饮马河；五月戊子，车驾循饮马河东行，次威远戍。

② 《金文靖公北征录·前录》，第1页。

③ 《金文靖公北征录·前录》，第15页。

④ 《明太宗实录》卷二百肆拾陆，"永乐二十年春二月乙巳"。

⑤ 《明太宗实录》卷一百零三，"永乐八年四月庚申"。

平陆，无水，于广武镇（哈剌莽来，今蒙古国境内）载水至此，晚炊”[①]。“四月二十三日晚至双秀峰，是程无水，自清冷泊载水炊饭。”[②]“五月二十五日，晚次临清镇，是程无水，载水为早炊。”[③]“六月初九日驻兵于山谷中，时热甚，已半日不食，饥疲殊甚，忽得皂隶一人，载水一瓶、宿饭一盂，至予三人。”至夜，“下马倦甚，又复饥渴，移时忽有一皂隶至，载水一瓶，饭一盂，予二人，即共食之，又甘如午食者，乃留一瓢饮，方尚书饮毕曰：‘此值二百贯’”[④]。永乐十二年（1414）北征，亦有载水之举，如“四月二十四日，晚次云谷屯，无水，自清水源载水至，作晚餐”[⑤]。

水有其自然特性，士马所需用水量甚为巨大，受当时运水装备条件限制，即使有骆驼或马匹载水随军而行，依然难以满足士马长期的、庞大的用水需求，在就近无法获取水源的情况下，生活用水只能在水源地和军队驻地之间远距离的运输才可解决。

其三，采露而饮。《北征录》还记载了在缺水状况下，一种特殊的获取饮水形式。永乐八年（1410）六月初十日，明成祖一早从靖虏镇出发，命令诸将皆由东行，行军途中将士甚为干渴，但附近又无水源，于是军士把衣服置于草间，一边前行一边拖拽，此举使得草上的露水浸渗到衣服上，然后军士扭衣出水而饮，军士得以解渴。行军数十里后，才有水源可饮。[⑥]

经过多次北征，明军其实逐渐完成了对瓦剌、鞑靼活动地区的水资源的勘察。随行人员根据亲身经历所著的《金文靖公北征录》、《译语》等，记载了水源分布、水质优劣等大量的信息，为以后的军事行动提供了珍贵的水资源情报。正如《译语》所言，“若岗阜之错落，屯戌之倚伏，形势之险夷，水草之美恶，并附于山川之下者，一则便于进止，一则便于取舍。脱有扫穴犁庭之举，无俟旁

① 《金文靖公北征录·前录》，第 16 页。

② 《金文靖公北征录·前录》，第 17 页。

③ 《金文靖公北征录·前录》，第 21 页。

④ 《金文靖公北征录·前录》，第 25 页。

⑤ 《金文靖公北征录·后录》，《续修四库全书》，第 433 册。

⑥ 《金文靖公北征录·前录》，第 26 页。

求也”[①]。可见，在军事实践中，缺水地区的战时供水问题已经引起了一些人关注，因此对于包括水资源位置、水源的水量和水质等内容的未来战场的水资源勘察工作高度重视，以争取战略上的主动。

三、土木之变与满四叛乱

因缺水导致战争失败，古今中外皆有例可循。三国魏、蜀的街亭之战，就是因为蜀军在山上扎营，结果被魏军切断了水源而失败，上演了诸葛亮挥泪斩马谡的一幕。土木之变是明朝历史上一个重要的转折点，影响了中国历史发展的进程。在探讨土木之变的原因时，宦官专权、战略失误、后勤供应不足等似乎得到更多的关注，虽然已有研究者指出明军处于没有水源的绝地，又未能对唯一的水源地进行控制，移营就水，导致全军覆灭，教训深刻。[②]但从自然环境尤其是水源供应方面与战争相互关系的专门讨论尚嫌不足。

土木之变有多重原因，如果从战争与水源供应来看，明军困于土木堡后，正是因为无法获得水源供应才导致最终惨败。正统十四年（1449）七月，瓦剌分四路大举入寇。其中，脱脱不花以兀良哈寇侵略辽东，阿剌知院攻打宣府，包围赤城，又派遣别将进攻甘州，也先亲自率军进攻大同，一时烽烟四起。明英宗在太监王振的挟持下不听群臣劝谏，执意亲征。大同守将西宁侯宋瑛、武进伯朱冕、都督石亨等与也先战于阳和，当时由太监郭敬监军，诸将悉为所制，丧失军事指挥权，结果全军覆没，宋瑛、朱冕战死，太监郭敬藏伏于草中才得以免死，石亨则奔逃以还。明英宗驻于大同，此时连日风雨，军中常常夜惊自乱，人心惶惧。太监王振听了郭敬密报大同兵败之事，这才决定撤军回京，但行军路线屡变。明英宗行至宣府时，敌众袭击军后，恭顺侯吴克忠拒之，结果败殁。成国公朱勇、永顺伯薛绶以四万人继往，行至鹞儿岭时，中了敌军埋伏，军队陷没。

---

① （撰者不详）《译语》，见王云五主编：《丛书集成初编》之《黑鞑事略及其他四种》，第22—23页。

② 过少雯：《“土木堡之变”的后勤警示》，《中国机关后勤》2001年第4期。

明军败退，行至土木堡。根据当时形势，诸臣商议认为就近进前往怀来卫以图自保乃属上策，而郭振顾恋所载辎重，遽然而止等待后面的辎重，结果耽误了时间，被也先军队追赶上。土木堡一带地势高燥，掘井二丈不能得水，距土木堡南十五里有河，这里所指河水，可能系自东北而来的清水河，也可能指西北而来的桑干河，两河在怀来卫西南相汇。虽然相距不远，但从河中汲水之道已为额森占据，众皆饥疲渴饮。第二天，瓦剌军见明军止而不行，佯装撤退，王振中计，急忙下令明军移营而南。明军刚一行动，也先率领集骑从四面冲杀，士卒争先逃走，行列大乱。瓦剌军队左冲右突，明军大溃，死伤数十万。英国公张辅，驸马都尉井源，尚书邝埜、王佐，侍郎曹鼐、丁铉等五十余人战死，太监王振亦死。明英宗遂为也先所俘虏。[①]此后，嘉靖四十五年（1566）复筑新堡、隆庆三年（1569）又加以砖包，但水源状况仍是“堡乏井泉，多方疏凿，仅可充用”[②]。

土木之变前明军的军事失败有多种原因，围困于土木堡之后，水源供应和明军失败有着至关重要的联系。明英宗退至土木堡后若有充足的水源，或可据堡而守，和也先军队形成相持之势，或等待援军，成里应外合之势夹击也先军队，战局会发生变化。最为重要的是，土木堡地势高燥难以凿井取水，附近的河水作为战略物资，明军未能有效地保障供水道路的通畅，而也先却棋高一招，切断了明军的汲水之道，有效地控制了水源。在缺水环境下，士马由于长时期未能摄取饮水，战斗力受到了严重削弱，与干渴相伴的是心理上的恐慌，战争的结果也就可想而知了。

明成化四年（1468），在干旱缺水的固原发生了一次叛乱，平定满四叛乱始末与水源有非常重要的关系。当年，固原土达满四发动叛乱，满四所据者乃一石城，自号“招贤王”，封李俊为顺理王。叛乱以后，满四所属在甘州四处劫掠，又进攻固原千户所，后来李俊战死。明将刘清自靖虏卫率军前往驰战而不利。都指挥邢瑞、申澄率领各卫军士前往战捕，双方战于城下，不料官军败阵，申澄战死，满四之势一时大为振奋，无业之民多投奔附从，声势浩大，远近震骇。五月，朝廷

---

① 《明史》卷三百二十八《瓦剌朵颜列传》，台北学生书局 1986 年版。

② （明）陈仁锡：《皇明世法录》卷六十二《边防·宣府镇》，第 45 页。

敕令陕西巡抚都御史陈介、总兵宁远伯任寿、广义伯关琮、巡抚绥延都御史王锐、参将胡恺各率所部之兵平定满四之叛。

满四之叛有何依凭，能让前来平叛的官军屡受挫折？这还须从石城说起。满四所据的地方名为石城（今宁夏回族自治区西吉县），不知建于何时，乃昔人为了躲避战乱所建造。石城位于众山之中，距离平凉府有一千里，四面峭壁数十仞，上下无路可行，只能靠引绳相通，石城西山峰顶平坦，可容数千人。石城本身地势显要，兼之山间罅隙处又筑有二丈的高墙，真可谓易守难攻。

在缺水环境下，在地形上占据军事险要诚然重要，但水源供应尤为关键。满四所据石城并没有井泉或河流，但是石城中却凿有数个石池集蓄自然降水，借此用于汲饮。为方便汲水以及保护、控制水源，满四在水池外设有栈道，而栈道下则又筑小城护之。前有小山高数仞，如拱壁状，山后悉筑墙高二丈五六尺，各留小门，仅容军骑，城外皆乱山。可见，满四据于石城即有一夫当关的险要地利，又有在缺水地区凿池畜水解渴济饮的用水设施，所以他既能凭险依水而固守，又能依此而出战寇扰。

远道而来参加平叛的军队饱受缺水之渴，但能通过运输远水解渴。满四虽据石城，有石池数个，但其受自然降水限制，如果短时期得不到补充，水量只能不断减少甚至枯竭，成为涸辙之鱼。所以石池之水可济一时之渴，但不能作长久之计，这也是官军与满四形势发生转折的关节点。参与平叛的马文升与项忠经过谋划认为，判军城中无水，粮草也日渐匮乏，如果能够断绝其粮草与水源供应，叛军缺粮断水后就会成为釜中之鱼。于是官军尽以死人马填塞城外水泉，污染破坏叛军水源，然后设好埋伏等候夜间偷汲的叛军，不少叛军被擒。从俘获的叛军得知城中生活用水艰难的消息。[①] 于时，官军围困日密，隔断石城与外界水源供应的通道。叛军因为缺水，逐渐出现了逃散现象。十一月，满四所倚重、最为骁悍的杨虎力，奉满四之命出营夜汲，为明军所获。明将向杨虎力询问破城之计，杨虎力说，“只在明日，倘落雪，人有水，难以为力”[②]。于是，明军与杨虎力相约，里

① （明）马文升：《西征石城记》，《续修四库全书》第433册，第7页。

② （明）马文升：《西征石城记》，第10页。

应外合，这才将满四捕获，满四之乱始平。[①]

在缺水地区开展军事行动，不仅要占据守战的有利地形，而且要特别注意自身的水源保障问题，保证军队的生存能力、战斗能力和军事任务的胜利完成。在缺水环境下，敌我双方都会把断绝敌方的水源供应通道、破坏敌方水源作为首要的战略目标。各地水环境不同，水源供应形式有所差异，所以，围绕水源供应的军事行动要针对具体情况进行调整。正是凭借凿池蓄水解决了一定时期的生活用水，满四才暂时取得军事优势。水池蓄水依赖于自然降水，在干旱少雨、地下水源不丰的环境下，随着蓄水枯竭、饮水短缺，一旦汲道为对方所断而无法获取生活用水，失败的命运也来临了。

四、边镇经营与水源扼守

九边及其周围地区面临水量性、水质性缺水的双重困难，对蜿蜒数千里沿边驻守的军士及战马，生活用水的解决十分重要。对边地少数民族而言，以逐水草为生计，其南下寇边士马众多，牛羊或常附随，水资源问题尤为突出。所以水资源对于守战双方均具有战略意义，职是之故，对水资源的扼守与控制、争夺制水权成为九边经营中的一个重要方面。

在水资源缺乏的环境下，作战双方都会把水资源作为战略目标加以控制，有时甚至可能摧毁或破坏水源。那么，做好水源地理位置，水量、水质的优劣等的勘察，掌握准确、详细的水文资料，注意水源的保护就成为一项关键的工作。成于嘉靖年间的《边政考》的一个重要价值和突出特色，表现为它是一个较为详尽的军事水文资料。它不仅详细记载沿边卫堡有水泉处以及各营堡附近的水源，而且从水源分布总结了北族军队驻扎、南侵路线等，为明军有效的军事应对提供了重要参考。我们将其中有关水源部分列成下表：

---

① （清）谷应泰：《明史纪事本末》卷四十一《平固原盗》。

表 4.1 《边政考》所载榆林卫各堡附近水源统计表

卫堡名称	边外寇路上有水泉处 （有水泉处皆为大虏驻营之地）	各水泉及其所靠近的营堡
榆林卫	大川墩、老虎沟河掌二处俱有水泉	牛心山、老虎沟河掌俱南近榆林卫
高家堡	井儿坪、转轮湾沟、恶水河、大泉沟四处俱有水泉	井儿坪、转轮湾沟、恶水河、大泉沟俱南近高家堡
建安堡	小珍畦、大珍畦二处俱有水泉	莺窝山、兔母河、小珍畦、大珍畦俱近建安堡
双山堡	深河儿、倒柳树二处俱有水泉	深河儿、倒柳树俱南近双山堡
常乐堡	乱井儿、苏家海子二处俱有水泉	乱井儿、苏家海子俱南近常乐堡
归德堡		
鱼河堡		
响水堡	沙海、枣儿海、豹海三处俱有水泉	沙海、枣儿海、豹海俱南近响水堡
波罗堡	灰城子、扯水滩二处俱有水泉	灰城子、扯水滩俱南近波罗堡
怀远堡	三营儿、韮菜岔二处俱有水泉	三营儿、韮菜岔俱南近怀远堡
威武堡	黑河子、高厓儿、石渡口三处俱有水泉	鱼海子、黑河子、高崖儿俱南近威武堡
清平堡	黑河子、臭湖儿、白城子三处俱有水泉	臭水湖南近清平堡
		乃头山、也可孛俱近东北黄河
神木堡	磁窯沟、沙河岔、木庄窠、石窯川、内冒水掌、谢家岔俱有水泉	沙河岔、木庄窠、石窯川、内冒水掌、谢家岔俱南近神木堡
黄甫川堡	蒡则湾、乾海子涧、韮菜梁三处俱有水泉	蒡则湾、乾海子涧、韮菜梁俱南近黄甫川堡
清水营	八哥儿舍、霸王庙俱有水泉	八哥儿舍、霸王庙俱南近清水营
木瓜园堡	寺儿沟、海则沟二处俱有水泉	寺儿沟、海则沟俱南近木瓜园堡
孤山堡	磁窯沟、白崖儿、孙百户岔三处俱有水泉	磁窯沟、白崖儿、孙百户岔、黎元山俱南近孤山堡
镇羌堡	张茂春菴、窯儿沟二处俱有水泉	黑水、张茂春菴、窯儿沟俱南近镇羌堡
		沙儿脑近东黄河
		沙河近东娘娘滩
永兴堡	石窯川、榆林庄窠二处俱有水泉	石窯川、榆林庄窠俱南近永兴堡
		猛革林、大赤脑儿俱近娘娘滩
大栢油堡	官沟掌、芹菜河、冒水掌三处俱有水泉	
栢林堡	烧酒沟、野麻湾二处俱有水泉	烧酒沟、野麻湾俱南近栢林堡

续表

卫堡名称	边外寇路上有水泉处 （有水泉处皆为大虏驻营之地）	各水泉及其所靠近的营堡
新安边营		
龙州城	圆湖儿、七眼井二处俱有水泉	圆湖儿、七眼井俱南近龙州城
镇靖堡	察罕城、页河儿、鲊巴湖三处俱有水泉	页河儿、鲊巴湖俱南近镇靖堡
靖边营	把鸡店、大窯畔二处俱有水泉	把鸡店、大窯畔、明水湖、方头井俱南近靖边营
宁塞营	红柳河、艾蒿涧二处俱有水泉	红柳河、艾蒿涧二处俱南近宁塞营
把都河	忻都城、孙家井二处俱有水泉	孙家井南近把都河
永济堡	沙园儿、忻都大川二处俱有水泉	沙园儿、忻都大川俱南近永济堡
旧安边营	红山儿、明水池、石井儿、芦葫儿海子四处俱有水泉	红山儿、明水池、石井儿、芦葫儿海子俱近旧安边营
新兴堡	柳树井、闫家营二处俱有水泉	柳树井、闫家营俱南近新兴堡
石涝池堡	明水湖、三井儿二处俱有水泉	三井儿南近石涝池堡
三山堡	明水湖、锅底池、羊粪井、三井儿四处俱有水泉	羊粪井南近三山堡
饶阳水堡		
定边营	长流水、锅底池、柳门儿、明水湖四处俱有水泉	
		喜观湖南近盐场堡

资料来源：（明）张雨：《边政考》卷二《榆林卫》。

表 4.2 《边政考》所载宁夏卫各堡附近水源统计表

卫堡名称	边外寇路上的水泉	“水头”部分所记之水泉	各水泉及其所靠近的营堡
宁夏后卫	东长湖、大沙子、柳门儿、二沙子、野麻湖、锅底湖	花马池六：东长湖、大沙子、柳门儿、二沙子、野麻湖、锅底湖	顽羊泉、长流水、东长湖、大沙子、二沙子、野麻湖、红泉、柳门儿、锅底湖俱近花马池
			河外，东近黄河，西近贺兰山，南近宁夏平虏城。黄草坡、大沙子、猪嘴山、野马沟、大沙泉、小沙泉
			河外，东北自宣大界起至西北贺兰山头止，南离黄河甚远
安定堡	红泉、羱羊泉	红泉、羱羊泉	柳树湖南近安定堡

续表

卫堡名称	边外寇路上的水泉	"水头"部分所记之水泉	各水泉及其所靠近的营堡
兴武营守御千户所	方山、长流水、沙湖、柳条川、虾蟆湖、鼠湖儿	方山、长流水、沙湖、柳条川、虾蟆湖、鼠湖儿	马木山、方山、沙湖、柳条川、虾蟆湖、鼠湖儿俱南近兴武营
毛卜剌堡	马木山	马木山	
灵州守御千户所			
清水营	双湖儿、虎剌都、砖井	双湖儿、虎剌都、砖井	双泉儿、高山池俱南近清水营
红山堡	高山池	高山池	
横城堡	塔儿沟、沙泉	塔儿沟、沙泉	
			榆林卫西北：哑把湖、柳沟塘、桑树口、兀儿秃、撒袋窝、塔儿沟、古方墩、骆驼山、麦垛山、大柳树、五岔河、甜水井、千家村、苦水井、西瓜井、囤子河、高山池、暖泉儿、石板泉、小芦湖、大芦湖、沙泉、大井、砖井、鹿泉、可可苦湖子、鸳鸯湖、双湖儿、紫河
平虏城后千户所	五岔河、千家村、圈子河、省嵬城、石嘴儿、暖泉儿	五岔河、千家村、圈子河、省嵬城、石嘴儿、暖泉儿	
玉泉营	长流水泉、歇凉亭、王谷宝泉	长流水泉、歇凉亭、王谷宝泉	
广武营	马跑泉、倒树泉、红柳沟	马跑泉、倒树泉、红柳沟	
中卫	大五眼泉、桃园儿、狼跑井、小五眼泉、蒲湖儿、红盐池、马鞍山、观音洞、滚泉、长流水、甜水湖、白盐池	大五眼泉、桃园儿、狼跑井、小五眼泉、蒲湖儿、红盐池、马鞍山、观音洞、滚泉、长流水、甜水湖、白盐池	宁夏中卫北，东近广武营，西近红城子。观音洞、马跑泉、倒树泉、红柳沟、红山儿俱近石空寺堡。小五眼泉、大五眼泉俱近威虏堡。长流水、桃园儿、红盐池、大红崖地、银定泉、白盐池、狼跑井、甜水沟、滚泉、芦塘、蒲湖俱南近中卫，西近苦水湾驿。宁夏中卫西近沙井驿，南近黄河。一碗泉

资料来源：（明）张雨：《边政考》卷三《宁夏卫》。

表 4.3 《边政考》所载固原卫各堡附近水源统计表

卫所堡营	边外寇路上的水泉
固原卫	
靖虏卫	一碗泉、红柳泉等处
兰州卫	碱水沟等处
西宁卫	小海子、大沙河、小沙河、青盐池、白盐池、青海子
庄浪卫	芦塘湖；四眼井等处
凉州卫	板井、乱井；井儿沟，干涝池、小海子等处
永昌卫	梧桐井、沙山水池、鹿泉等处；水泉儿等处
甘州卫	茨井儿等处
山丹卫	石井口、团湖儿、扇马湖、青苔泉
高台守御千户所	石城泉等处；老鸦泉等处

资料来源：（明）张雨：《边政考》卷三《固原卫》。

观览九边地图及边墙内外形势不难发现，水源和北族南侵的行军路线、军队驻扎等密切相关，因而也是明代边军重点防范的对象，对此进行周详的军事部署。当然，水源非常缺乏的地区，由于水源供应难以得到保障，军事行动也就无从谈起了。明代甘肃镇西临哈密，曾经展开过如何应对哈密的讨论，其中一段陈述颇是切中要害，“哈密距关千五百里，所过罕东赤斤诸卫，皆已款塞。彼远涉千里而供馈无资，人过流沙，水无所得，视前入寇为难”①。可见，较大区域的水源缺乏，对军事行动也是一种制约。

需要强调的是，九边各地环境不同，除生活水源外，还有其他因素影响边地守战的经略。如在榆林镇：“虏众临墙止宿，必就有水泉处安营饮马。今花马池墙外有锅底湖、柳门井，兴武营外有虾蟆湖等泉，定边营外有东柳门井等，余地无泉，有多大沙凹凸，或产蒿，深没马腹，贼数百骑或可委曲寻路，而行多则不能，故设备之处有限。”② 虽然一些地方有水，但沙漠、蒿草作为一种自然屏障，增添了北元南下的困难，所以对于水源的控制在战略上就相对显得不是特别重要。

① （明）陈仁锡：《皇明世法录》卷七十二《边防·陕西》，第 16 页。
② （明）魏焕：《皇明九边考》卷七《榆林镇·经略考》，第 13 页。

在水资源非常缺乏的地段，控制水源对于敌我双方都上升到战略高度。美国人盖洛在考察长城的过程中认为，长城“这道屏障把他们与羊群所需要的水源隔开了”[①]。对于南下的北族而言，占据水源则解除了远距离作战水源供应困难的后顾之忧，他们甚至可以水源为军事据点，和明军形成相持之势。在宁夏镇有梁家泉，“敌每据水头驻守，攻围城堡”[②]。对于防守的明军来讲，控制水源则拥有了制水权，从而争取了战略上的主动性。因而水源控制与扼守在边地经略中尤显重要。在花马池东南一带，惟铁柱泉有水，又东南至梁家泉有水，又东南至甜水、红柳、榆树等泉，史巴都、韩家、长流水等处有水。[③]据载，铁柱泉“日饮数万骑弗涸，左右数百里皆沃壤可耕之地，北虏入寇往返必饮于兹，而散掠灵、夏，长驱平、巩，实自兹始，以其□是患也”。嘉靖十五年（1536），总兵刘天和巡行至铁柱泉，停留瞻望了好长时间，忽然有了克敌的良策，喟然长叹，对诸将说：“御戎其在兹矣，可城之，使虏绝饮，固不战自惫。”当年八月，他向嘉靖皇帝奏陈西边事宜，专门谈及铁柱泉的水源扼守问题。据其所述，兴武营之南的铁柱泉，方圆百步，河套之虏每次侵扰必至铁柱泉饮马，居住数日后才入境。及其驱掠而归，又至铁柱泉饮牧数日而后出。所以，铁柱泉是边城的一在要害。临泉旧有小堡，为了更有效地控制水源，刘天和奏请增筑高大的城堡，把铁柱泉包于堡中，派兵长期据守。[④]刘天和所请得允，于是在铁柱泉筑城，周环四里许，高四寻有奇，厚亦如之。城用以护泉，隍以卫城，城、隍建好后，派驻一千五百名兵士，同时又招募土人共同驻守铁柱泉。此后，又在铁柱泉以南百里许的梁家泉，甜水泉、史巴都等水源处也筑墙。经过对水源的扼守，“重关叠险，御暴之计盖密矣，借虏骋骄亡忌，入境骑不得饮，进则为新边所扼，退则为大边所邀”[⑤]。刘天和在铁柱泉筑城，梁家泉筑堡，甜水泉、史巴都等处筑墙，一时水源俱各据守，北元无饮马之处，明军在这一带取得了制水权。

---

① 〔美〕威廉·埃德加·盖洛著，沈弘、恽文捷译：《中国长城》，第26页。

② 《周宏祖宁夏论》，《天下郡国利病书》卷一百五十五《边备》，上海书店1985年版。

③ （明）魏焕：《皇明九边考》卷八《宁夏镇·保障考》，第3页。

④ （明）陈仁锡：《皇明世法录》卷七十二《边防·陕西》，第35页。

⑤ （明）管律：《铁柱泉记》，乾隆《甘肃通志》卷四十七《艺文·记》。

在宣府镇也存在筑堡制水的情形。如深井堡始筑于正德五年（1510），万历七年（1579）改为砖包，周长三里六十四步，高三丈五尺。该堡坐落于高山之窝，四山环绕，中间洼下，积水经年不涸，有“镇城西南六十里，积水汪洋不见底”之谚，故名深井。该堡适当北元由西而向东南的要冲，因此筑堡派兵守护。①

当然，在边地守战中过于强调地势险要以及单纯的水源控制等因素，对其他方面置之不顾，也可能会发生战略性的失误。同样是在边务中重视水源扼守的刘天和，在嘉靖十五年（1536）闰十二月又向朝廷上奏固原边务之事。他指出自徐斌水至黄河岸六百余里，地势辽远，终难保障。红寺堡东南起徐斌水至鸣沙州河岸达二百二十里，总兵任傑议于此地修筑一道新边，迁红寺堡于边内，然后撤旧墩军士以守新边。这样就可以舍弃六百里平漫之地，据守二百二十里易据之险，又可以占据水泉数十处，隔断胡马饮牧之区，还能召军佃种可省馈饷。上述奏请得到兵科都给事中朱隆禧等人的反对，他指出余子俊修筑边墙不以黄河为界，致使河套为虏所据；宁夏与山后诸夷为邻，贺兰山是其界也，王琼弃镇远关创为新边，从此贺兰山为虏所据。以此为鉴，不可轻弃国土。他的意见为兵部采纳，当然刘天和的奏请不仅被否决，还受到了“蹈袭故辙，无事生扰”的责问，王傑则因“擅兴妄议，弃捐旧边”而夺俸半年。②

从某种意义来讲，破坏水源实际也达到了控制水源目的。破坏水源在一些边务策略中屡有提及，如都察院右都御史史琳曾在奏陈边务十三事，其中一项即为“守水泉，毒其上流，以敝虏人马”③。万历年间，曾有官员建议军士烧荒时，在水草中投毒以收致敌之效，并以郭登在镇守大同时曾“于要害之处，毒其水草，虏不敢侵”的故事为例，指出“今诚于境外，择其要路，潜置毒药，人饮水即毙，尚安有一人、一骑能内侵者乎？”只是，在各类水源中，河水是流动的，也是跨越边界的，尤其是边地的一些河流流向多自边外而入内地，因此，在河上游投毒害敌的同时，毒化的河水有可能自上而下、自外而内，从而危及沿河的明代边地军民以及动物的生活用水。“口外之水，多流入内地，毒其上流，须分轻重……

---

① （明）陈仁锡：《皇明世法录》卷五十九《边防·蓟镇》，第 19 页。

② （明）陈仁锡：《皇明世法录》卷七十二《边防·陕西》，第 37—38 页。

③ （明）陈仁锡：《皇明世法录》卷七十一《边防·陕西》，第 13 页。

水入中国近则用轻药，远则用重药，不入中国才是，虽用砒硇可也。”[①] 上述建议是否采纳实施，不得而知，但从中反映出了边地水源的重要性以及破坏水源在军事斗争中的独特作用。

除了修筑城堡控制、扼守水源外，对边外一些水源地的侦探成为一项日常军务。在永宁堡“边外水头有梧桐树，地方在北二百四十里，堡兵更番侦櫟，以取先住之藏木签马信”[②]。高沟堡情形相同，“明制凉州各堡抽调千人，更番按伏于扒里扒沙也。堡之外边，其水头十三个，并在东北一百八十里，塞外只此有水，今逻兵持籤，更番更宜严谨，恐久而懈耳”[③]。由于水源缺乏，北族南侵必须从数量有限且固定的水源地获取水源，以供应士马之需，受其他条件制约，在这些水源地不能像铁柱泉那样建城护水，取得制水权。但是通过军士对水源地及其周围状况的巡逻，可以获取北族军事行动的相关信息，据此采取必要的应对之举。

水资源的控制与扼守是应对北地民族南侵的一个方面，而长期驻守在边地的士马自身的生活用水解决亦是一重大问题。

九边修建墩堡往往不能兼备地势险要和生活用水方便二者之美，一些墩堡虽然地处军事要冲，但士马生活用水却非常困难。大同镇的镇口堡“堡无井，取资边外，倘遏流则利害与镇宁、镇门等”。这说明，镇宁堡、镇门堡同样存在缺水状况。据载，镇宁堡“地皆砂碛，势难凿井，向取汲于墙外，缓急尚属可虞”[④]。山西镇的盘道梁堡因坐落于山巅，只好汲水外沟。[⑤] 山西镇的八柳树堡虽当冲要，但是堡内无水，取汲城外，如有虏警，堡中士马用水深可忧虑。[⑥]

由于沿边各堡水环境不同，生活用水的解决也是形式各异。

凿井而饮。据文献记载，明成祖对于边防备战甚为谨严，自宣府迤西至山西，缘边皆峻垣深壕，烽堠相接。在可车骑的隘口派驻百户守之，通樵牧者则遣置甲士十人守之。武安侯郑亨充总兵官，明成祖颁发给他的诏书云：“各处烟墩，务增

---

① （明）章潢：《蓟镇险隘》，《图书编》卷四十四，台北成文出版社 1971 年影印本。

② 年代不详《陇边考略 · 庄浪北边 · 永宁堡》，台北成文出版社 1970 年版。

③ 年代不详《陇边考略 · 庄浪北边 · 高沟堡》。

④ （明）陈仁锡：《皇明世法录》卷六十四《边防 · 大同镇》，第 16—17 页。

⑤ （明）陈仁锡：《皇明世法录》卷六十六《边防 · 山西镇》，第 12 页。

⑥ （明）陈仁锡：《皇明世法录》卷六十六《边防 · 山西镇》，第 22 页。

筑高厚，上贮五月粮及柴薪、药弩。墩傍开井，井外围墙与墩平，外望如一。”[①]根据现存的明代碑刻记载，明军在修筑城堡的同时于城内开凿水井以济饮食。万历初年，为扼守敌路，辽东镇大甸堡由旧地移建新址，为解决生活用水，堡内共穿井六眼。[②]同时期，辽东新建孤山堡，于堡内凿井二眼。[③]明代边地缺水，因此，在城堡的规划经营中，往往于城堡傍开凿水井以解决驻守军士、战马的生活用水，水井开凿后又在井外修筑一道围墙保护水源，形成重门御暴之势。可见，明军非常重视生活水源的开发与保护，将其作为备战御敌的一项制度性安排。

修渠引水。宁夏卫孤悬河西，紧接北元，境内贺兰山、黄河为天然险阻。山下隘口，正是北元出没之所，应当设兵把守。然而苦于水源缺乏，军马只好在远离关隘的偏僻之处就水，以致北元寇境而不知，等到报信追截，北元已经出境而去。因而，边民经常受到寇抄，人心惶惶，不敢耕牧。宁夏边旧有三道古渠，东为汉渠，中为唐渠，两条渠道水利相通，可为守御之资。惟西渠一道，相传也是汉唐旧渠，首尾长达三百余里，两岸高峻，渠宽二十余丈。渠道由于多处淤塞，仅存古道而已。巡抚宁夏都御史王珣奏请发卒疏凿成河，引水下流，他的奏请得到了批准。有水可饮，就可以在贺兰各山口要害之处沿河设置营堡，军马饮水后可牵入营堡按伏，以扼守要冲，保障地方。[④]

庄浪卫北边有个裴家营，位于凉州卫、庄浪卫疆域所分之处，城堡建在平原，土瘠沙多，水利不通，堡中军士借由香沟分灌之水，才避免了人畜渴死的用水困境。[⑤]同样是庄浪北边的阿霸营也是地高而平衍，为不毛之地，堡以南有水泉二处，疏通水泉引入堡内，供应生活用水之需。[⑥]庄浪北边的大靖营城居高亢之地，生活用水深可忧虑，后来可能开辟了秘密通道，从城南五里之龙王庙侧引水进城。[⑦]

挖窖蓄水。在无法通过凿井或引导地表径流获取供水保障的边地，只好集蓄

---

① 《明史》卷九十一《边防志》。

② 辽宁省宽甸县永甸镇坦甸村大甸堡城内万历四年《创筑大奠堡记》。

③ 辽宁省本溪县蓝河峪乡新城村孤山堡城内万历四年《创筑孤山新堡记》。

④ （明）陈仁锡：《皇明世法录》卷七十一《边防·陕西》，第5—6页。

⑤ 年代不详《陇边考略·庄浪北边》。

⑥ 年代不详《陇边考略·庄浪北边》。

⑦ 年代不详《陇边考略·庄浪北边》。

天然降水来解决生活用水了。地处黄土高原的偏关，境内丘陵起伏，沟壑纵横，地理位置重要但干旱缺水。据载，明万历年间创建的滑石堡砖城规模较大，包括军官衙一所、把总官衙一所、仓库数间、营房三百间，堡内共有五条街道，另有神庙数间。城堡规模较大必然有众多军士驻守，所需生活用水量也较多，在当地难以井汲的环境下，集蓄自然降水是获取水源的重要途径，于是在城内开凿水窖十一眼，每窖可容水千石余，以备不测。[①]庄浪南边新站“其地源泉不通，耕种常废，居人汲水在深山二十里许，故冬则撮雪窖水，春则向空受雨”[②]。甘肃古浪县大靖堡生活用水困难，崇祯年间，驻守城堡的兵官颇有作为并一一刻诸碑记，其中包括“一城中日用之水，搬运甚艰，厢井三眼，引河水入聚，可备鲁（虏）患”，“一来山堡离水三十余里，往返劳苦，督修水窖三处，一遇雨雪，收藏可以足用”。[③]

挖窖蓄水的生活用水形式应当说在缺水的甘陇一带较为普遍，它不仅解决了生活用水，而且在解决修筑墩墙的工程用水方面发挥了重要作用。弘治年间，兵部右侍郎张海向皇帝上奏安边方略六事，其中之一就是“修边防以固封守”，他指出，甘肃东、中、西三路，延袤二千余里，四当敌冲，盗贼出没无时，如果不因地制利，作长远守备的计划，恐怕灾祸将至。他建议在各路或增筑墩墙，或修理壕堑，或有数十百里，取水之路有的远达四五十里，工程浩大，一时难以成功。因此，他请求皇帝敕令甘肃守臣“督官军于农闲之时，渐次修理边防，或地有沙石者，用古木立栅之法，或水路不通者，用他边窖水之法，使营垒相望，哨守相闻，靖虏安边之计得也”[④]。

部分城堡因水源问题得不到较好解决只好迁建移置。大同镇城东北四十里，原有旧堡，地处偏僻，殊非军事险冲，由于士兵不便汲水，就稍稍移向东边的平岗之地，经过迁移后，四面观望视野开敞，战守甚相得宜。[⑤]山西镇的栢杨岭堡原

---

① 山西省偏关县万历十年《创建滑石堡砖城记》。

② 年代不详《陇边考略·庄浪南边》。

③ 甘肃省古浪县大靖城内崇祯十年《参戎五公碑》。

④ 《明孝宗实录》卷八十九，“弘治七年六月丙寅”，“中央研究院”历史语言研究所，1962年。

⑤ 道光《大同县志》卷六《关隘·得胜堡》，道光十年刻本。

来设置于栢杨岭，后来因为山高缺水，改移于窖儿塢，仍存故名。不料，新堡亦复无水，军士只好取汲于塌崖沟中。[①] 榆林卫的常乐堡由巡抚余子俊创制于成化十一年（1475），弘治二年（1489），巡抚卢祥因其砂碛无水，北徙城堡二十里[②]。据卢祥奏称，兵部尚书王复在过去整饬边备时，曾议移府谷堡于巴川旧城，而巴川旧城水泉枯竭，难以生聚人马。经卢祥考察，发现清水川之地，正当冲要，且颇有水泉，可立城堡，所以就把府谷城堡移建到清水川。有些城堡甚至会因为水源问题来回迁移。成化二年（1466）尚书王复把榆林卫响水堡移出黑河山，易名平夷。成化九年（1473）平夷堡的水泉突然干涸，而响水堡基址尚为完好，可以居守，巡抚余子俊乞令还归旧处。[③] 据载，此次因水移回旧城的不仅是平夷堡一处。兵部尚书王复在整饬边防时，曾经移建三处城堡，并分别改名为平夷、清平、镇靖三堡。后来巡抚余子俊在考察军务时听到军士反映，“平夷水脉顿涸，清平、镇靖又去水太远，其旧堡响水等城尚完好可居，乞仍旧处”。于是又将三堡迁回原址，新堡酌量派拨兵士守护。[④]

在缺水的边地，军士不仅重视水源的开发与保护，还特别注意生活用水的储蓄。据《明会典》记载，一些城堡墩台，其墩之上，除侯卒自持口粮外，要求常蓄一月的水、米。[⑤] 大学士丘濬对守卫墩台军士的守备及生活用水表示担忧，并提出了改益之措。“夫以方丈之土堆，十数之孤卒，持一二日之水、米，出于数百里之外，其孤危甚矣。……其墩之上，除侯卒自持口粮外，常蓄一月水、米，以防不测。”[⑥] 这与《明会典》所载相契，可见储水蓄粮在备战中已经成为定制。根据蓟镇《查点式禁》规定，查点人员到各墩堡要“看水缸有无水”。[⑦]《台墙什器》各项中则有“水瓮注水须满”、“每处水缸三具”的要求。[⑧]

---

① （明）陈仁锡：《皇明世法录》卷五十九《边防·山西镇》，第20—21页。
② 道光《榆林府志》卷六《建置志·关隘》，道光二十一年刻本。
③ 道光《榆林府志》卷六《建置志·关隘》。
④ （明）陈仁锡：《皇明世法录》卷六十八《边防·陕西》，第9页。
⑤ 道光《大同县志》卷六《关隘·孤山湾》。
⑥ （明）孙世芳：嘉靖《宣府镇志》丑册，台北成文出版社1970年版。
⑦ （明）陈仁锡：《皇明世法录》卷五十九《边防·蓟镇》，第11—12页。
⑧ （明）陈仁锡：《皇明世法录》卷五十九《边防·蓟镇》，第18—20页。

储蓄饮水、粮食需要一定数量的储蓄设备。隆庆三年（1569）有载，“近来大边尽废，该镇总督镇巡、严督各参将、守操等官帮筑沿边墩台，上盖墩房，多备火器、铁锅、瓮、薪、水”[①]。在蓟镇《查点单式》规定，各墩堡所备什物中有一个水缸。[②]储蓄生活用水，需要盛水的器具，水瓮作为一种重要的储水设备，多加准备就成为必要了。

五、明末山西寇乱与乡村水井

晋东南地区多山，历史时期，一些叛乱者常常据守险要的地形与官兵对峙，除地形险要之外，更为重要的是在山巅有水可饮，无干渴之虞。

云濛山位于阳城县西南一百里，“由巅缘壁而下，危磴凌空，令人股慄。至第一龛石洞，栖霞烟云，变化日更万态。地周数弓，岩悬乳窦，滴水一泓，可饮数百人”[③]。

阳城县城南四十里有麻娄山，山有东、西、中三峰，相距各四五里，其地峻险，可以避兵。顺治六年（1649），贼寇张光斗常在此山修筑呰堡，南有蒸饼洞，位于石壁之上，高百余丈，架梯而上，洞中开阔，广二百余步，后面有泉水，可以供数百人饮用。因此，占据水资源既可凭险而守，也可以此出战。

有些山寨虽然有地势之险，但没有井泉，只能依靠寨外的水源，这样就受到极大限制，一旦汲水之道为对方所断，则败势已定。沁水县有固镇寨、青龙寨，寨中均无水。

唐武宗会昌四年（844），唐征昭义军。起初，昭义军节度使刘从谏与朝廷相猜忌，请以其弟刘从素之子刘稹继承节度使之位，唐武宗不允。后来，朝廷派兵征讨昭义军，刘稹心腹大将高文端投降。

据《资治通鉴》记载，高文端投降后向朝廷军献计，对于军事胜利起到了重

① （明）申时行：万历《明会典》卷一百三十《兵部·大同》，中华书局1989年版。
② （明）陈仁锡：《皇明世法录》卷五十九《边防·蓟镇》，第14页。
③ 同治《阳城县志》卷三《方舆》，第3页。

要作用。当时，刘稹军队内已经缺乏食物，令妇人采挼尚未成熟的谷穗以供军食。李德裕向高文端询问破贼之策，文端回答道：官军现在如果真正攻打泽州城，恐怕只是多杀几个士卒，而城池却未必能轻易得到。泽州城里面的兵约有一万五千人。刘稹的军队常常划分一大半，潜伏于山谷，等到官军攻城疲惫时，则从四面八方汇集而来相救，官军相战必然失利。现在，可命令陈许的军队过了乾河设立军寨，自寨城连延修筑一个夹城，环绕泽州城，每天派遣大军布陈于外以抵御救兵。敌方看见围城将合，必然出城大战。等到他们战败了，然后乘势可取。

泽州城里的问题解决了，潜伏在山谷里的军队怎么解决呢？高文端又言："固镇寨四崖悬绝，势不可攻。然寨中元无水，皆饮涧水。在寨东南约一里许。宜令王逢进兵逼之，绝其水道，不过三日，贼必弃寨遁去，官军即可追蹑。前十五里至青龙寨，亦四崖悬绝，水在寨外，可以前法取也。"城外刘稹的兵士分布在固镇寨、青龙寨，占据了地势之险，但由于无水可汲，一旦水道为官兵所断，结局可想而知。①

明末以来，晋东南一带屡经战乱。

明正德七年（1512），霸州贼刘六、刘七等至阳城县东白巷等村，村民堵塞街巷，登上屋顶，投瓦击贼。

嘉靖二十四年（1545），河南贼突至阳城县，骚扰下交都等村，阳城县典史王标追击贼寇，在白桑遇害。

万历四十四年（1616），阳城县西南八十里，沁水难川贼牛大等，假借开垦山田，聚众为乱，官兵讨擒，斩杀数十人。

崇祯四年（1631），河曲流贼王嘉印（又称家胤）转掠至阳城南山，总兵曹文诏追及，战而斩之，其党复推王自用为首，号紫金梁。又有老回人，也是王嘉印的部帅。王嘉印虽然被斩杀，而老回人等往来阳城县，人民倍受其祸害。

崇祯五年（1632），紫金梁等进犯阳城县的郭谷（峪）、白巷、润城诸村，杀掠数千人而去。八月，又从沁水进入阳城县的望川、下佛、王刘诸村，屠杀及焚死者数百人。耕牛多为贼所杀食，未来得及杀死的牛，被挑断筋，令不可再为人

---

① （宋）司马光：《资治通鉴》卷二百四十八，"会昌四年"。

所役使。九月，众贼数万人自沁水武安村入阳城县之屯城、上佛、白巷、郭谷、北留诸村，客将吴先与贼战于北留墩下，战败而死，兵民一千多人尽没于贼。十月流贼别部为阳和兵所败，自长子遁入县境，阳和兵乘胜追击，流贼西遁。十一月老回人复又进入县境，进攻阳城县城不利。与此同时，贼之别部在阳城县北乡一带为白安所败，两股势力合众而西。

崇祯六年（1633），晋东南一带贼寇依然到处流窜。

崇祯十七年（1644），李自成派遣刘芳亮率领数万兵众至阳城县。六月，县人听闻李自成战败，迎接清朝委任官员入城。十月，李自成部刘忠由潞安抵阳城，围攻十一日而不下，县人固守，刘忠看到城不可破，解兵而去。

晋东南沁河流域至今留存下来的许多古堡就是在这一动荡的时期建造起来的，正如泽州知府的山巅之问，城可建，没有水居民怎么生活？因此，这些城堡里的水井，就成了战略性设施。

崇祯五年（1632）四月，流寇入侵东关，烧毁民房数百间，村落残破，止留沁源县城内数百家，崇祯六年（1633）凶岁，收成坏，粮价很高，又遭瘟疫，死者不计其数。

到了崇祯末年，山寇复又作乱，进攻县西城寨子好几天，守寨民人张光盛等死于铅火，官民齐心协力守卫而寨城，没有被攻破，山寇不久也受了招安。

这里所讲的西寨，就是保安寨。沁源县城有东、北、南三个大门，没有西门。保安寨建于崇祯年间，位于沁源县城外西北角，地处紫金山下，从外观上看呈圆形，与县城互为犄角之势。

据康熙十年（1671）李御珍撰写的《协修保安西寨记》可知，李御珍的祖父李养中，急公好义，而族祖李邻兑、李保孩等人，也是如此。沁源县城建于山间，城墙高大坚固，为一邑安危之所系。

崇祯五年（1632），流寇猖獗，沁源县令范廷辅修建官寨，李御珍的族祖邻兑公慨然乐从，将自己的祖业地用于修建寨堡，得到官府的旌表。崇祯六年（1633）又创建神阁以庇祐官民。崇祯七年（1634），范廷辅调任芮城，绅士任观政、王孚远等勒石以记其事。

修建寨堡目的是护卫县城。当初虽然修建了寨子，但是寨内还缺少庐舍、水井、寨门、墙垣等设施，如果流寇复作，寨子尚且不保，更何况于县城。县里有名望的郭保民等人和李御珍的祖父、族祖慨然捐金修建。经过修建以后，西寨城墙高二丈多，厚八尺多，墙垛壁立，重门架屋而居，凿井而食，凡是为了抵御防卫的设施，一应俱全。

明末清初，贼寇多次进攻西寨，诸公率领子弟辈抵御敌人，寨子完保而县城亦得以完保，这都是诸位乡贤的功劳。沁源县令将此事上报给泽州府，官府赐以“保障长城”的奖励。保安西寨的故事也久以相传。

山西省阳城县砥洎城创建的具体时间不详。从《山城一览》碑刻“崇祯十一年八月”以及绘制的平面布局图可知，明崇祯十一年（1638），砥洎城已经基本成形。砥洎城的特点是，城墙内侧全是用坩埚堆砌而成，一层一层，密密麻麻，像蜂窝。润城镇自古冶铁业发达，废弃后的坩埚随处可见。坩埚材质耐火，用于熔化金属，质地极为坚硬。火烧不怕，刀枪不入，就地取材，节省费用。

《山城一览》直观地描绘了城里的布局图，当时每家的房院，街道，庙宇。南面、西面共有三座炮台，北面有一座炮台。图上还标注了两眼水井，一为东井，一为西井。另外，砥洎城有北门，亦称水门。沁河过去是行船的，砥洎城位于沁河岸边，设有码头，南来北往的商品，在这里集散。人、货物就通过水门，进进出出。当然，水门在紧急时刻，从这里可以汲取河水，解决城堡里居民、牲畜的生活用水。

中道庄是陈廷敬的故乡，地处阳城、沁水、泽州交界处，离阳城县城稍远。崇祯四年至五年（1631—1632），当时村庄不满百户，无险可恃，无人能守，日夜焦心流寇焚杀，谋划避贼的良策。陈昌言的老母亲命他与二弟陈昌期、三弟陈昌齐建造一座楼，用于防御流贼。崇祯五年（1632）春天，开始动工，在楼内最下层掘地为井，筑石为基，楼阔三丈四尺，厚二丈四尺，三间七节，高有十丈。用石三千块，用砖三十万块，费用颇巨。如果没有陈昌言父亲三十年的经营、积累，这样一项庞大的工程是难以完成的。这座楼后来起名为“河山楼”。

“至七月砖工仅毕，卜十之六日立木，而十五日忽报贼近矣。楼仅有门户，尚无棚板，仓惶备石矢，运粮米、煤炭少许，一切囊物具不及收拾。遂于是晚闭门以守。楼中所避大小男妇约有八百余人。次日寅时立木，无一物可祭，只焚香拜祝而已。拜甫毕，界辰时，贼果自大窑谷堆道上来，初尤零星数人，须臾间，赤衣遍野，计郭峪一镇，辄有万贼。至时节劈门而入，抢掠金帛。因不能得志于楼，遂举火焚屋。余率壮丁百人镇静坚守。日夕站立雨中，所需饮食，俱余家供给……寇仍日夜盘踞以扰，至二十日午后方去，一时危险之状，焚劫之景，从古罕有。郭峪数千家，无不惨遭其毒手。余幸仗此一楼，完聚母子兄弟之伦，且全活数百人性命，家虽破而心可慰也。”

逡巡至八月间，无处可居，陈昌言侍奉老母及家属，移入阳城县城。弟弟陈昌期弟以再生之身，独不入城，忠谨诚恳，以河山楼完工为己事。到了冬天，河山楼的修建工程渐渐完工就绪，同时购置了弓箭、枪、铳，准备了火药，积攒了矢石。十月内，流贼连着进犯了四次，将薪木陆续全部烧毁。陈昌期率人护守，击毙多名贼寇，保全性命者约有万人。[①]

崇祯五年（1632）的流寇之乱，十几个村在一日之间就被焚杀掳掠，与中道庄紧邻的郭峪镇所遭祸害尤其惨烈。据郭峪村崇祯十三年（1640）闰正月十五日所立的《焕宇变中自记》碑刻记载，阳城县“独周村保全一城，上佛保全一寨，吾乡保全陈宅一楼，余皆破损”。“陈宅一楼”，指的就是河山楼。

崇祯五年至六年（1632—1633），晋东南一带流寇横行。阳城县郭峪村的王焕宇亲眼目睹了流寇之乱时乡村遭受的祸害，他不仅详细记录贼寇出没的始末，藏于小箱中，成为日后的史料，而且在经历寇乱后，痛定思痛，总管城墙修造工程、经营豫楼修建，为日后防御寇乱行事方便。崇祯十三年（1640）正月十五日，豫楼开始兴工。楼基很深而且坚固，楼纵二丈三尺许，横五间，四丈五尺。楼有七层，高八丈。楼内积藏了石、樵、菅、茅、木、炭、麻、脂、米、铁、井、灶等日用材料和生活设施，一旦发生战乱，在楼中生活无忧。豫楼后于河山楼修造，与河山楼相比，豫楼的最底层除了水井、灶台、磨盘以外，还建有厕所。

晋东南乡村一些古堡的生活用水设施，反映了日常与守战结合的特点。例如在沁水县湘峪村，修有古堡，村民平时在堡外的浅井汲水。出于防御需要，堡内也凿有水井。由于城堡较高，从城上汲水要穿越城墙后才达水井。中道庄的“河

① 山西省阳城县皇城村崇祯七年《河山楼记》。

山楼”内凿有水井，另外，在内堡西南有一眼泉水，名曰温泉，泉涌水旺，终年不停，清冽可食，从管道流出后，可汲以井养而不穷，这眼泉水对于堡内居民真是莫大的利赖。

小　结

明王朝建立以后，元朝残余势力虽然退居蒙古高原一带，但不时南侵，对明王朝形成巨大威胁，双方军事斗争亦因而展开。明王朝为了防御北元，在北方设立九边，修筑长城，建设墩堡。双方军事活动的范围处于水资源缺乏区域，在缺水环境下，水资源作为一种战略物资，关系到军事斗争的胜败，意义重大。毫无疑问，对边地守战的生活用水进行研究，不仅涉及到明代历史发展，而且涉及到整个中国历史发展的一个独特而重要的面向。

明代边地守战的生活用水是与当地生态环境相适应的，生活用水问题的重点也随着斗争形势的发展而演变。明初，洪武、永乐年间采取主动出击的战略，明军先后数次北征，水源对于行军路线、作战能力、战争进程、战争结果等产生了重要影响，士马行军野战状态的生活用水保障是为主要问题。作为明朝历史重要的转折点，土木之变和军队水源供应有密切关联。此后，明军在战略上由主动进攻变为被动防御，明军的水源供应问题也由野战供水向边地防守供水转变。由于边地缺水，受此制约，北元寇边路线多与水源有关，能否争得制水权关系到军事行动的成败，因此，明军在备战中把对水资源进行有效的控制、扼守、侦探上升到战略高度。

明代北方漫长的边防线，很大一部分处于水源缺乏的黄土高原，而驻守其间的军士、战马生活用水需求又十分庞大。边地城堡、墩台的营建往往不能兼顾地形之险与水泉之便，虽然有凿井汲水、筑墙护井的制度安排，但无法凿井的地方，只能因地制宜窖井蓄水。一些营堡则因为水源问题反复移建，显示出水源对于边防建设的制约性。

军事活动是人类行为的一种特殊形式。传统时代，军事行动中的士马生活用水，很大程度上受到地理环境的制约。在缺水地区，勘察水源分布、水质优劣状况，控制和争夺水源，不仅关系战争胜败，更为重要的是生存问题。

在空间上，乡村相对绵延成线的国防线较为分散，防御战争、寇乱等非常情形所造成的破坏力是有限的。但从山西东南地区现存的一些古堡及其相关生活设施可知，水井是营造这些防御工程的重要部分。

第五章　水质与民生

水质与民生密切相关，中国南北地理环境不同决定了水质的差异。一般而言，古代南方的生活用水以江河湖泉为多，外在“所染”为其水质问题的主要方面；北方生活用水以井水为多，井水自身“所含”的水质问题则较突出。

相对南方，北方凿井汲水形式较为普遍，黄土高原和北方其他地区相比，虽然也是凿井而饮，但水质问题却不尽相同。如前所述，受黄土特殊物理化学性质及水源防护措施影响，黄土高原的水质主要表现为浊度、碱度、硬度、含氟度等方面问题。其中，地下水源浊度高、碱度大、含氟量高的现象较为普遍。井水咸苦长期困扰黄土高原居民的日常生活，它曾对历史时期国都营建产生重要影响，对各级治所的经营也有所制约。水质是生态环境问题也是社会问题，不同时代、地域、阶层对北方水质有不同感知，历经实践浸染与文字流布，这一日常生活的身体实践逐渐演变成为一种知识、观念乃至于文化。

长期以来，困扰生活用水主要有两个突出问题：一为难以从江、河、溪等地表径流，井泉之地下水，雨雪等天然降水获得水源的水量性缺水困难；一为水质低劣导致的水质性用水困难及相关问题。

学界比较一致的观点是，南方地区密集的水网和生活用水习惯为疫病的传染提供了方便，在很大程度上饮水不洁反映了南方地区水质问题的主要特征。由于这些学者处理的问题是南方地区的水质问题，他们便理所当然地更多突出了人的生活习惯与生产活动等人为因素造成水源的外在污染，导致饮水不洁。换言之，此类研究偏重于水体外在的“所染”，而较少关注“所染”之外水体自身的“所含”。同时，对日常生活实践中有关水质引起的视觉、味觉、心理感受以及身体实践等方面，均甚少谈及，实在也是一个不小的缺陷。

与南方相比较，北方地区尤其是黄土高原的生活用水及水质问题研究相对薄弱。就已有北方地区研究而言，主要集中在大都市如长安、北京、开封的城市用水，其中对水质问题间有论及。诚然，大都市的生活用水问题十分重要，但基层民众的生活用水及其水质问题同样值得关注。黄土高原多季节性河流，降水量少，土厚水深，用水相对困难。临近河水、溪流、泉水的居民可资以为饮，而远离河泉的居民，只能凿井而饮了，也就是说黄土高原地区的生活用水形式多以水井为主。有的地区难以凿井及泉，只好凿水池、挖水窖，集蓄天然降水用于生活。对于黄土高原水量性缺水以及与乡村社会秩序、权力结构等问题拙文已有探讨。[①]南北地理环境不同，导致生活用水环境的差异，也产生了不同的生活用水及水质问题。黄土高原饮用河水、凿池蓄水，二者与南方以江河水、塘泊水为水源相似，但不尽相同。用水形式以水井为主的黄土高原地区，一般水井上盖有井房，“免雨雪之沾涂，风尘之污秽”[②]。避免井水受到外在“所染”，因而水质问题更多表现为井水自身“所含”及其影响。

建立在西方科学实验与分析基础上的水质标准似乎已成为近现代社会生活变迁的一个反映，在西方、科学、现代话语笼罩下，历史时期，我们自身的一些与日常生活紧密相关的水质观念和实践往往被掩盖或忽略，甚至是习惯成自然。其实，揭示现代性话语背后已形成的生活实践，才能使我们更加充分而深刻地理解社会生活变迁的内蕴。基于上述认识，本章主要探讨四个问题。第一，黄土高原的生活用水地理环境特征及古人对黄土高原水质的相关论述，了解北方水质问题产生的环境因素。第二，勾画黄土高原的水质状况、用水困难情状。第三，黄土高原的水质带来的生产、生活困难、地方病及社会问题。第四，古人对黄土高原水质问题的认识，以及改善水质的经验和探索。

① 胡英泽：《水井与北方乡村社会——基于山西、陕西、河南省部分地区乡村水井的田野考察》，《近代史研究》2006 年第 2 期；胡英泽：《凿池而饮：北方地区的生活用水》，《中国历史地理论丛》2007 年第 2 期。

② 山西省稷山县吴嘱村嘉庆年间水井碑。

一、生活用水环境与水质问题

秦岭、淮河是南北地理分界线，在北方又可以太行山为分界，太行山以东为华北平原地区，太行山以西为黄土高原地区。河北、河南的小部，山西、甘肃、宁夏、陕西大部则位于黄土高原，黄土高原在古代被视为土厚水深之地，又较多斥卤，这种环境特征是黄土高原水质问题产生的根本原因。

长期以来，古人视土厚水深为北方地理环境的特征，认为居民在此种环境里少患疾病，体格较为健康。萧璠曾指出古人所说北方土厚水深，更多的是强调北方地势高亢，气候干燥，南方则是卑下湿热的环境差异。另外，土厚水深，土薄水浅是相对的，在土厚水深的北方也有土薄水浅之处，在土薄水浅的南方也可以看到土厚水深的地区。土厚、土薄与地势的高下有关，水深则是指地下水位的高低，土厚与水深之间也没必然的对应。那么，土厚水深，就仅仅指地势高亢，气候干燥，而不代表北方地区生活用水的环境特征吗？

我们认为，土厚水深反映了北方生活用水环境地理特征的主要方面。总体而言，华北平原和黄土高原同为土厚水深，但两者亦存在差异，后者尤甚。宋真宗曾问山东青州人王曾："卿乡里谚云：'井深槐树粗，街阔人义疏。'何也？"王曾对曰："井深槐树粗，土厚水深也，街阔人义疏，家给人足也。"[①]明人王士性所见洛阳水土深厚，而葬者至四五丈而不及泉，辘轳汲绠有长十丈者。[②]据李景汉民国年间的调查，河北定县654口水井，深度在15呎至25呎的水井有642口，占总数的98%。怀柔县东南八十里邵渠庄有赵惠井，村庄地处高邱，艰于汲饮，里人赵滦凿井惠民，井深达五十丈。[③]平原地区亦杂有山丘之地，土厚水深在华北平原虽有不同表现，但相对于黄土高原地区还是悬殊较大。

太行山区由于地质条件所限，凿井艰难，自北而南，略举数例。宣府城西南

---

① （元）于钦：《齐乘》卷五《风土》，文渊阁四库全书影印本，第491册，第32页。

② （明）王士性著，吕景琳点校：《广志绎》卷三《江北四省》，第38页。

③ （清）和珅：《大清一统志》卷五《顺天府》。

七里有深井，即因井深而得名。洪替井在长安岭堡，元陈孚诗："洪替山岧峣，势如舞双凤，大井千尺深，窈然见空洞。"[①]井有千尺，深达百丈！诗文的夸张描写可能不符实际，然而该井的深度远远超出普通水井。山西省灵丘县东南三十里有觉山井，环堵皆山而井居其中，深几三百尺。[②]黎城县以洪井村为中心，横亘百里，纵约两舍，均无井泉，居民凿池集蓄降水解决生活之需。[③]壶关县素有"干壶"之称，百里无井。[④]河北武安县西六十里，其地无井，居民千家，为解决生活用水，当地居民开凿有15亩之阔的圣水池，远引泉水。[⑤]以开凿红旗渠闻名的林县"居太行之麓，山石多，水泉少……余则掘地尽石，凿井无泉"。太行山区处于黄土高原最东缘，大部地区凿井汲饮不易，用水困难，主要原因是土薄石厚，难以凿井。

山西、陕西、甘肃、宁夏全部或部分地区位于黄土高原，地表为黄土所覆盖，黄土厚度达120米—150米，地下水埋藏较深，用土厚水深来概括当为贴切。宁夏"安定西数站，山高土厚，掘井不能及泉，因作窖于低洼处，凡天雨与人畜诸溺皆聚之，名曰'窖水'"[⑥]。巩昌驿站"在坡岭高处，乏水，土人多饮窖水，时取冰雪窖之"。安定县"东西驿站皆在山中，县城稍平坦，地亦乏水，山水多不可食"[⑦]。郦道元《水经注》曾载："《三秦记》曰'长安城北有平原，广数百里，民井汲巢居，井深五十丈。'"《元和郡县志》记载较为详尽，"毕原，原南北数十里，东西二三百里，无山川陂湖，井深五十丈，亦谓之毕陌"[⑧]。二书成于北魏、唐，对当时黄土高原地区土厚水深的水文环境、凿井汲艰的生活用水状况进行描述，同时也勾画了黄土大塬土厚水深，井深汲艰的用水习俗，给读者留下了深刻印象。文献所记的"平原"，应为地势平坦的黄土塬地貌，此种地貌及水文特征至清代依

---

① （明）李贤：《明一统志》卷五《永平府》，文渊阁四库全书影印本。
② （明）李贤：《明一统志》卷二十一《大同府》。
③ 山西省黎城县洪井村民国二十五年《洪井村修理大池碑记》。
④ 《创建龙王庙记》，道光《壶关县志》卷九《艺文志上·文类》，壶关县志编委会1983年标点铅印本，第601页。
⑤ （清）和珅：《大清一统志》卷一百五十六《彰德府》。
⑥ 佚名：《兰州风土记》第1页，《小方壶斋舆地丛书》第6帙（4），第262页。
⑦ （清）董恂：《度陇记》，《小方壶斋舆地丛书》第6帙（4），第278—279页。
⑧ （唐）李吉甫：《元和郡县志》卷一《关内道》。

然，据《咸宁县志》载，“白鹿原，高于龙首，凿井数百丈，汲引甚艰”[①]。

土厚水深，凿井艰难，饮水困难的情形在陕西各地志书中较为多见。永寿县城无井，远汲于涧。[②]清涧县治西有石井，为宋代种世衡所凿，县城处险无泉，凿地十五丈，遇石而继续开凿，终于得水。[③]陕西省渭河以北韩城、合阳、蒲城、白水、富平各县，靠近北山一带居民每苦地高乏水可饮，往往窨地聚雨水以供汲饮。白水县地势极高，取水最难[④]，县志特志“井泉”，据载，县城只有三井，一为东井，在城东门外；一为南井，在城西门外，明代知县韩睿所凿；一为廉家井，在城东南隅，民国时期已不能用。于是县城就剩下两口水井，而南井水甘，东井水苦，两井深约三百四五十尺，官民皆仰之。这种井深汲艰的困难，在州县治所尚有官方出面解决，在乡间居民就不那么容易解决了，“盖治城所在，故井深尚可凿，其乡间乏井，则无为之计者，推之韩、郃各县民，此等苦况，在在皆然，而自来无筹及者”[⑤]。大荔县西北三乡，土厚水深，汲引不易。[⑥]澄城县县城明代以前没有井泉，弘治、嘉靖年间，各有凿井之举，方使县城得以城内辘轳之声相闻。[⑦]渭水以北高原山坡之区，不能开井，其他地区开井稍难，然穿至数丈，未有不及泉者，北部的延安、榆林、绥德、鄜县四县位于地势较高的黄土高原区，则难以开凿水井。[⑧]陕北的洛川县乡村饮水，多以井水为主，以地处高原，多深溪断涧，故水源甚深，因此水井深度，多在30米—35米之间，然而水量不丰，每当雨量稀少之际，即不敷饮食使用，不得不取沟溪之水以资补助。[⑨]总而言之，渭河以北的地貌或是平缓的黄土塬，或是沟壑纵横的梁峁，或是耸立的土石山区，地下水埋藏较深，水量小且不稳定，这种土厚水深的用水环境是造成生活用水的普遍困难的基本原因。

---

① （清）和珅：《大清一统志》卷一百七十八《西安府》。

② （明）李贤：《明一统志》卷三十二《西安府上》。

③ （明）李贤：《明一统志》卷三十六《临洮府》。

④ 民国《续修陕西省通志稿》卷一百九十五《风俗一》。

⑤ 民国《续修陕西省通志稿》卷六十一《水利五》。

⑥ 民国《续修陕西省通志稿》卷一百九十五《风俗一》。

⑦ 乾隆《澄城县志》卷十八《艺文》。

⑧ 民国《续修陕西省通志稿》卷六十一《水利五》。

⑨ 民国《洛川县志》卷十八《卫生志》，民国二十三年铅印本。

山西省已位于黄土高原东缘，黄土埋藏已较浅，但局部地区的堆积厚度还相当可观，不易凿井汲水。北部的保德州城在宋代即有六井，后来堙废，据清代乾隆年间陆燿所见，城中无井，生活用水取汲于河。①地处峨嵋塬的万泉县“名万泉，其实水少，县境只有数井，民用不给，半取涧水，或储雨雪以供用，少旱则远汲他处，动逾一二十里，且井深百丈，浅者八九十丈，传称土厚水深，惟县境为最”②。临晋县境缺水，西北乡井深四五百尺，汲水恒需四人之力。③据载县北义堂薄儿村有烈妇井，深五十丈。民国年间县志描述，邑之西、北两乡及东乡之北偏，井深达七八百尺，汲水恒需四人力，南乡及东乡之南偏，井深八九十尺至百余尺，汲水稍易。可见该县水井深者七八十丈，所谓井浅汲易者，井深也达十丈左右。稷山县西南四十里的村庄，井深千尺，居民艰于瓶绠，只好凿池贮水以饮。④如此井深绠长、汲水困难的情形多见于志书。

明人王士性游历所见：“洛阳水土深厚，而葬者至四五丈而不及泉，辘轳汲绠有长十丈者。”⑤而关中地区“多高原横亘，大者跨数邑，小者亦数十里，是亦东南岗阜之类。但岗阜有起伏而原无起伏，惟是自高而下，牵连而来，倾跌而去，建瓴而落，拾级而登。葬以四五丈不及黄泉，井以数十丈方得水脉，故其人禀者博大劲直而无委曲之态。盖关中土厚水深，川中则土厚而水不深，乃水出高原之意”⑥。一定程度上反映了北方地貌及生活用水环境土厚水深的普遍特征。

土厚水深与水质良好是否有必然的对应关系呢？北宋杨亿据切身经历指出，“《春秋》传曰：‘土厚水深，居之不疾。’言其高燥。予往年守郡江表，地气卑湿，得痔漏下血之疾，垂二十年不愈，未尝有经日不发。景德中，从驾幸洛，前年从祀汾阴，往还皆无恙。今年退卧颍阴，滨崇山之麓，井水深数丈而绝甘，此疾遂已。都城土薄水浅，城南穿土尺余已沙濕，盖自武牢以西，接秦晋之地，皆

---

① （清）陆燿：《保德风土记》，《小方壶斋舆地丛书》第6帙（4），第251页。

② （清）和珅：《大清一统志》卷一百零一《蒲州府》。

③ 山西省民政厅编：《山西省民政刊要》（民国二十二年），《近代中国史料丛刊三编》（74），台北文海出版社1997年版，第275页。

④ 雍正《山西通志》卷三十三《水利》。

⑤ （明）王士性著，吕景琳点校：《广志绎》卷三《江北四省》，第38页。

⑥ （明）王士性著，吕景琳点校：《广志绎》卷三《江北四省》，第44页。

水土深厚，罕发痼疾”[①]。由此可见，土厚水深则井水甘洌，土薄水浅则引发疾病，二者之间有一定关联。王士性虽记载了洛阳、关中、山西“水泉深厚”[②]，但并未言及其水质。不过当他游历甘肃时发现“会宁鲜流水源泉，土厚脉沉，泥淖斥卤，即凿井极深亦不能寒冽，居民夏惟储雨水，冬惟窖雪水而饮”[③]。这说明土厚水深和井泉寒冽并非绝对相关。

其实，地处黄土高原，土厚水深的晋、陕两省同样有凿井极深亦不能寒冽之情形。山西临晋县南乡及东乡之南偏井深八九十尺至百余尺，因水质咸碱，居民生活用水多由他处输运而来。[④]陕西大荔县“西北三乡，土厚水深，汲引不易，又苦涩，不宜谷菜”[⑤]。在田野访谈中了解到，清代至民国时期，陕西省关中东部的朝邑县雷村方圆30里的区域，井深达五六十余丈，但井水苦不可饮。[⑥]白水县“地势极高，取水最难，城外东、北止有二井，北井水甘，东井水咸，不敷民食，皆取给于窖，城内饮畜、浣衣皆取给于河”[⑦]。说明在土厚水深的环境中并不一定能够采掘到水质良好的水源，萧璠的研究强调古人对北方土厚水深的认识，是指与南方卑湿低下相较，北方地势高亢，气候干燥。就地下水埋藏而言，北方有土薄水浅的地方，南方也有土厚水浅的地方。通过上述大量的文献证明，北方确有土薄水浅之区域，但相对南方，土厚水深、井深汲艰是北方生活用水环境普遍而突出的特征。更为重要的是，古人对北方土厚水深、水质优良二者的关联性认识较为模糊，其实土厚、水深、水质良好并不一定有必然的对应关系，深达十余丈、数十丈的井水也可能因水质欠佳而不堪饮食。

土厚水深是黄土高原生活用水环境的一大特征，黄土高原多咸卤之地则显现了其用水环境的另一突出特征。许慎《说文解字》曰：“卤，西方咸地也，从西

---

① （宋）岳珂著，吴企明点校：《桯史》，中华书局1981年版，第104页。

② （明）王士性著，吕景琳点校：《广志绎》卷三《江北四省》，第61页。

③ （明）王士性著，吕景琳点校：《广志绎》卷三《江北四省》，第50页。

④ 民国《临晋县志》卷四《生业略》。

⑤ 民国《续修陕西省通志稿》卷一百九十五《风俗一》。

⑥ 访谈对象：严民元，男，83岁，陕西省大荔县范家镇西寺子村第1居民小组。访谈时间：2006年7月17日。

⑦ 民国《续修陕西省通志稿》卷一百九十五《风俗一》。

省，象盐形，安定有卤县，东方谓之斥，西方谓之卤。”[①]西汉安定郡，地理范围在甘肃省东部，现在仍然盐碱地广布。“鹹，衔也，北方味也，从卤，咸声。”“盬，河东盬池袤五十一里，广七里，周百十六里，从盬省，古声。”看来，至少在汉代就已存在北方为咸卤之地的观念了。河南省“大名、澶渊、安阳、临洺、汲郡之地，颇杂斥卤”[②]。道光年间蒋湘所见，“自大梁至郑州，百四十里，地皆咸卤”[③]。山西中北部太原一带，据《广雅》载，“大卤，太原也”。《释名》曰：“地不生物曰卤。”[④]南部解州有盐池、女盐池二池，盐池长五十一里，广六里，周一百一十四里。女盐池在盐池西，东西二十五里，南北二十里。[⑤]“长安地斥卤，无甘泉。”[⑥]临潼县北有煮盐泽，泽多盐卤，周回二十里。[⑦]朝邑县西北有小盐池，唐时即有煮盐之举，清代仍可在旱时煮水成盐，但不常有。[⑧]富平县东二十里与蒲城县交界处有卤薄滩，冬夏不竭，可以煮盐，县西二十里又有西滩，旱时其土亦可煮盐。[⑨]陕西定边一带，古称盐州，以其北有盐池而得名，盐池有四所，一乌池，二白池，三细顶池，四瓦窑池。[⑩]葭州北八十里有盐沟，东拒黄河，西抵沙漠，地出盐泥。[⑪]庆阳府城北五百里有盐池，大盐池周围八十里，小盐池周围二十七里，俱产盐。花马池在府城北五百里，周围四十三里，与马槽、孛罗、滥泥、锅底等池相近。红柳池在府城北五百里，周围二十六里，石沟池在其西，莲花池在其东。[⑫]甘肃宁夏卫有二盐池，大盐池在卫城北四百里，小盐池在卫城东南二百七十里，盐皆不假人力，自然凝结，此二盐池当与庆阳府城北五百里二盐池所指相同。[⑬]甘肃环县

---

① （汉）许慎：《说文解字・十二上》，中华书局1963年影印版，第2、247页。

② 《宋史》卷八十七《地理志三》，中华书局1985年版。

③ （清）蒋湘：《后西征述》，《小方壶斋舆地丛书》，第6帙（4）。

④ （北魏）郦道元：《水经注》卷六《汾水》，华夏出版社2006年版，第111页。

⑤ （清）和珅：《大清一统志》卷一百一十七《解州》。

⑥ 《宋史》卷二百八十四《陈尧咨列传》。

⑦ （清）和珅：《大清一统志》卷一百七十八《西安府》。

⑧ （清）和珅：《大清一统志》卷一百八十九《同州府》。

⑨ （清）和珅：《大清一统志》卷一百七十八《西安府》。

⑩ （唐）李吉甫：《元和郡县志》卷四《关内道》。

⑪ （清）和珅：《大清一统志》卷一百八十七《榆林府》。

⑫ （明）李贤：《明一统志》卷三十六《临洮府》。

⑬ （明）李贤：《明一统志》卷三十七《宁夏府》。

以北的旱海，据宋人记载，“旱海七百里，斥卤枯泻，无溪涧川谷”[①]，从环州至灵州，路经旱海，水泉难得，即使有水，也咸苦不可食。

黄土高原多斥卤之地，地表土层或地下含水层盐以及其他成分较大，故井水咸苦，地表径流也咸苦不能食。河东盐池解县、安邑县的水味咸苦，运城四十里方圆内无甜水井，在尽享盐泽之利的同时，又饱受井水恶味的困苦。[②]河东盐运司设在安邑之路村，水质不佳常常令前来办事的外地官员印象深刻，“路村水恶，人甫五十已伛偻痿痹，官到一饮，泄雁连日”[③]。清人董恂游历山西时注意到闻喜、夏县、安邑、猗氏等县水味多咸，夏县、安邑尤甚，究其原因乃是接境盐池所致。[④]黄土高原其他地区大大小小盐池周围的水质状况应当相类。另外，那些地域广阔的斥卤之地，属于盐碱地，地下水盐碱成分含量大，当地居民凿井汲饮，多为咸苦之水。

黄土高原古代兴修的一些水利灌溉工程，其实在改良“斥卤”之壤的作用突出。例如郑国渠修成后，“用注填阏之水，溉泽卤之地四万余顷，收皆亩一钟”[⑤]。陕西东部“民原穿洛以溉重泉以东万余顷故卤地”[⑥]。这些水利工程的记载从另一角度反映了北方多斥卤之地的水文环境特征。

二、生活用水形式与水质特征

黄土高原水质问题大致可分为两类：一为各类水源的卫生防护，为集中讨论，这里仅从类型意义上略举河、溪、泉数列；一为水文地质环境中地下水所含成分问题，主要表现为井水咸苦。

---

① 乾隆《环县志》卷上《沿革·山川》，乾隆十七年刻本。

② 民国七年《山西省立第二中学校校园甜水井记》，见张学会主编：《河东水利石刻》，山西人民出版社2004年版，第140页。

③ 陈鲠：《甘井碑》，雍正《山西通志》卷十二《集文》。

④ （清）董恂：《度陇记》，《小方壶斋舆地丛书》第6帙（4），第272页。

⑤ 《史记》卷二十九《河渠书第七》，中华书局1982年版。

⑥ 《史记》卷二十九《河渠书第七》。

流经黄土高原的河流、涧水，黄土易受冲刷，每当雨季河水泛涨，泥沙俱下，污物汇流，水质状况更差。山西省辽县沿漳河一带居民虽邻近河水，享有灌溉之利，但河水并不适于饮食，“每逢夏季，洪水泛滥，清漳为污染，流遂浊，当役之时，欲俟澄清而食，谁复可待，强取而饮，有碍卫生，村人苦之”[①]。除自然环境因素外，一些地方居民的生活习俗，也使河溪之水易受污染，污秽物成为疾病之源泉。陕北洛川井深汲艰，缺水村庄常以沟溪之水济渴。然而乡村住宅无专设之厕所，牲畜粪便，则堆集于宅侧街旁，非至农田需用之时，一直堆放，而污水、秽土、雨雪等，均以此为归宿，蝇类生殖繁盛，一逢天雨则此中所蓄之秽物险菌，常被冲洗而流入沟溪饮水之中，乡民胃肠传染病患者较多。[②]

手工业产生的有害物质排入河渠溪水会破坏水源，污染水质，危害人畜生活用水。山西省襄陵县北太柴村与西景村为邻，北太柴村西郊有泉水，是下游农田灌溉，六畜饮用所借以为养的水源。自明代万历至清咸丰年间，泉水滋养造福各村。咸丰年间西景村有人在上游开设纸局，化灰毒于水渠之中，毒水下流，危及田禾生长及牲畜安全，两村在咸丰七年（1857）至同治十一年（1872）多年的争讼中，最终使西景村关闭了纸厂，水源遂复清洁。[③]

第二类水质问题最为普遍，也是本章研究的重点，即黄土高原的井水率多咸苦。

位于太行山东麓的河北省武安县城有水井十余眼，然味多咸苦宜于灌溉洗涤却不宜饮食，只有二井汲用较广。[④]深州旧治靖安，其地咸卤，井泉之水悉为恶卤。[⑤]据《宋史》记载，相、魏、磁、洺四州，地皆斥卤。[⑥]元代至元五年（1345）十月，洺磁路言“洺州城中，井泉咸苦，居民食用，多作疾，且死者众，请疏涤旧渠，置坝闸，引滏水分灌洺州城壕，以济民用”[⑦]。既是疏涤旧渠，说明并非新创，可见洺州城早有解决井泉咸苦，引滏水以通洺州城壕之举措。

① 山西省辽县（今左权县）中寨村民国二十四年《中寨村凿井记》。

② 民国《洛川县志》卷十八《卫生志》。

③ 山西省襄陵县北太柴村光绪元年水利碑。

④ 乾隆《武安县志》卷十六《艺文》，乾隆四年刻本。

⑤ （宋）沈括：《梦溪笔谈》，文渊阁四库全书影印本，第862册，第771页。

⑥ 《宋史》卷三百《王沿列传》。

⑦ 《元史》卷六十五《河渠志·黄河》，中华书局1976年版。

唐人的水品观念认为晋水最下，从山西各地的文献来看，自北而南，有大量的反映水质咸苦、汲用艰难的记载。山西北部的保德州城建在山岭，“城中井旧有四，一在西门内，一在大寺内，一在所衙前，一在西营。后西营井废，复凿孙家沟一井，草厂沟四井，水俱苦不可饮”①。所以居民只好从城外西南方的水质甘洌的水井取水，路途盘旋曲折，十分艰难。②明隆庆年间浑源州署“东阶右侧旧有井，水味苦，止足供漱浣用，饮食之需则不及也，且禁民间取”③。灵丘县“环邑皆山，概多溪流，故居民饮濯半资焉，其在郭，虽有泉，率卤下，不称口，中称适口而甘洌者，莫署内之泉”④。山阴县城“民旧苦卤饮，远及城南石井担水，日费二三文”。直至雍正年间，才引来河水绕城，单稚可汲，夏秋饮长流，冬春饮积冰，生活用水得以舒困。⑤朔州城中水皆苦不堪饮，只有四眼甜水井，“御井，州北古城内，南井，南门内，西井，西门内，东井，城东南隅。朔州井水胥苦涩，独四井水清味甘，居人饮之”⑥。三国时期，魏国牵招为雁门郡太守，“郡所治广武，井水咸苦，民皆担辇远汲流水，往返七里，招准望地势，因山陵之宜，凿原开渠，注水城内，民赖其益”⑦。

山西中部的太原“井苦不可饮”，唐贞观中，长史李勣开凿“晋渠”架汾引晋水入东城，以甘民食。⑧《元和郡县志》记载略详，“晋渠，在县西一里，西自晋阳县界流入，汾东地多盐卤，井不堪食，贞观十三年，长史英国公李勣乃于汾河之上，引决晋渠，历县经廓，又西流入汾水”⑨。

山西南部平阳城内“虽有井泉，味多咸苦，惟可浣濯，居民或远汲汾河之流，或车运郭外之水，其劳特甚”⑩。为解决井水碱苦导致的用水困难，当地吏民只好凿

---

① 乾隆《保德州志》卷一《因革》，乾隆五十年增刻本。
② 乾隆《保德州志》卷十一《艺文中》。
③ 乾隆《浑源州志》卷九《艺文》，乾隆二十八年刻本。
④ 康熙《灵丘县志》卷三《艺文》，康熙二十三年刻本。
⑤ 雍正《山西通志》卷三十一《水利》。
⑥ 雍正《山西通志》卷三十二《水利》。
⑦ 《三国志·魏书·满田牵郭传》，中华书局 1982 年版。
⑧ 《新唐书》卷三十九《地理三》，中华书局 1975 年版。
⑨ （唐）李吉甫：《元和郡县志》卷十六《河东道》。
⑩ 雍正《山西通志》卷三十《水利》。

池引水，其中以临汾县城东北隅的永利池为久。宋庆历三年（1043），即引东山卧虎岗黄芦泉水入城为莲花池，金时淤废。明洪武十三年（1380），又引汾河溧利渠水穴城入池，名曰永利，后又废。万历十八年（1590），改引涝水入池。[①] 清代平阳府城井泉依然味多咸苦，不任食用，凿池引水虽可缓解困难，一遇天旱则水涸池干，居民只得远汲于汾河，颇为劳费。[②] 翼城县“城郭之内，士庶繁多，井泉咸苦，泥而不食”[③]。1918年翼城县知事新凿洋井一眼，惜其水味苦咸，不适饮食，只可汲作洗涤之用。[④] 曲沃县知县署内日用甜苦等水，向系卖水之人供应，康熙年间县令到任后即发现钱，照民间价值易买，革去水夫供应。[⑤] 说明当地之井水部分为苦水，日常饮食所用之甜水需要花钱购买。

河东盐池自古为人所称道，但其周围水质亦长期为人诟病。安邑县东十二里有苦池滩，巫咸诸水汇于其中，其水咸苦，牛羊不食。[⑥] 淡泉在安邑县西南十六里盐池北岸，“池水胥咸，此独淡，建甘泉亭以济捞盐者之渴”[⑦]。前述对河东盐运司水质已有交代，兹不赘言。异地任职官员抱怨路村水质“未若吾州井泉贯通山脉，甘腴清冽，愈病析酲，饮之以寿，是可责也”[⑧]。清人董恂游历山西时，晋南各县水质咸苦令其印象颇深。民国时期运城四十里方圆内无甜水井，民国七年（1918）采用新技术，穿井至三十六丈深始见甜水。[⑨] 虞乡县县北一带，地系垆土，井水苦咸不能灌溉田地，且有碍居民身体健康，各村居民往往远至二三十里，载运甜水。[⑩] 也就是说，这一带二三十里之内的地区水味咸苦。

---

① （清）和珅：《大清一统志》卷九十九《平阳府》。
② （清）王锡纶：《怡青堂文集》卷六，民国铅印本，第11—12页。
③ 民国《翼城县志》卷三十七《艺文上》，民国十八年铅印本。
④ 民国《翼城县志》卷六《山川上》。
⑤ 《革除陋例碑》，康熙《曲沃县志》卷二十九《艺文》，康熙四十五年刻本，第63页。
⑥ （清）和珅：《大清一统志》卷一百一十七《解州》。
⑦ 雍正《山西通志》卷二十七《山川十一》。
⑧ 陈鲠：《甘井碑》，雍正《山西通志》卷十二《集文》。
⑨ 民国七年《山西省立第二中学校校园甜水井记》，见张学会主编：《河东水利石刻》，山西人民出版社2004年版，第140页。
⑩ 民国八年《虞乡八村打甜井碑记》，《虞乡县志》卷九《金石考下》，民国九年石印本。

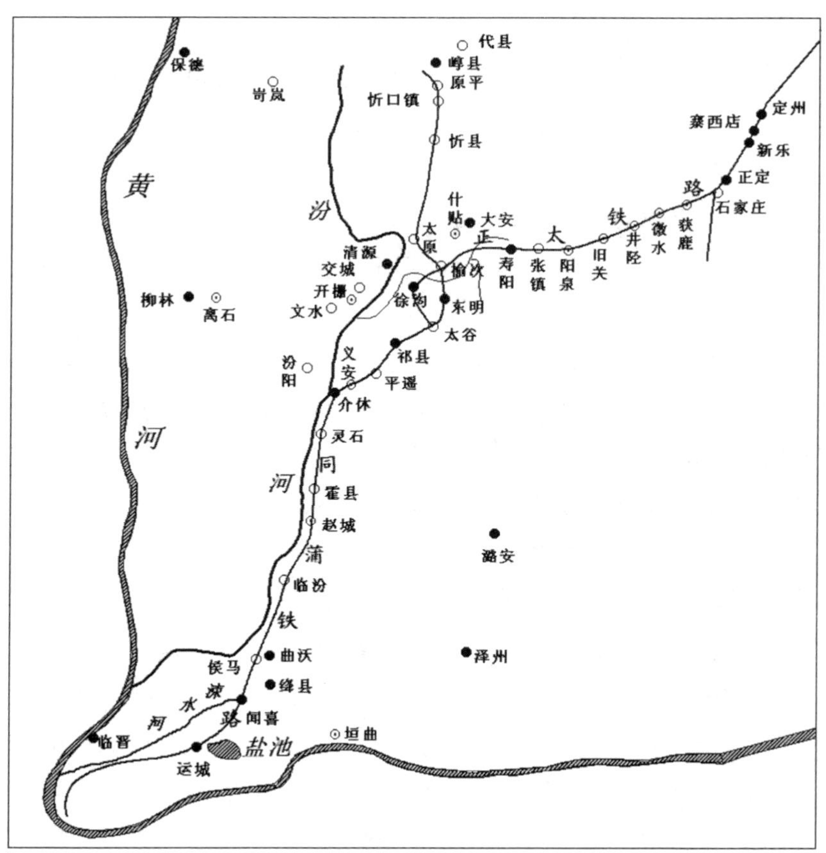

图 5.1　民国时期山西省井水水质状况空间分布示意图

说明：1. 底图采自华北产业科学研究所：《山西省农业事情调查报告书》(调查资料第八)，昭和十四年(1939)。

2. 图中符号⊙表示水质良好，○表示水质一般，●表示水质不良。

山西西南部的蒲州府所辖境内，水质大多较劣。蒲州城西临黄河，其地多属花碱，居民凿井往往碱苦不可饮，城四隅勺水无清冽者。[①] 永济县东南二里的广孝泉，旧名舜井，“东西相去四百余步，泉脉相通，城中井水皆咸，此水独甘，酿

① 光绪《永济县志》卷二十一《艺文》。

酒尤佳”[①]。临晋县和永济县接壤，不仅因“井深水碱，灌溉维艰”[②]影响了农业生产，而且面临井深汲艰以及水质低劣带来生活用水的双重困难，临晋县西、北两乡及东乡之北偏，井深达七八百尺，汲水恒需四人力，南乡及东乡之南偏，井深八九十尺至百余尺，汲水稍易，然水质咸碱，居民饮水多由他方输运而来。

山西东部的平定县城，分为上下二城，上城居民众多，但水井仅一眼。不仅水井少，“其水又味苦不适食，民间用水恒汲自城外。每遇风雨，则虑价昂而难致”[③]。

山西东南部阳城县，“城内之井不一而足，皆苦涩不能熟菽粒”。明崇祯八年（1635）县令李体仁捐俸开凿了清德井，水味甘甜，这才解决了县城井水苦不能食的民生问题。[④]

在近代科学化验分析的基础上，人们对于山西省的水质优劣基本上有了科学的认识。宣统末年，山西大学外籍教授瑞典人新常富利用学生放假回家的机会，搜集山西各地之水千余瓶，逐一分析化验，计有六百余种，得知各地水质何处最适宜饮用，何处最不适宜饮用，并印成《山西的水》一书。其中晋祠难老泉之水是最不适宜饮用的水，临汾城里的水质也属最差之列。民国年间的调查报告则显示，山西同蒲线一带，井水中硫酸盐含量较多，硝酸盐亦不少，水质颇劣。南同蒲线上，尤以汾阳支线及临汾、运城间水质最差，而太原及蒲州附近则稍良好，北同蒲线上以忻县及宁武附近水质最劣。[⑤]科学化验分析与前述所列文献记载的水质状况基本相符。

为配合侵略，日本一些学者对山西人文、地理有所考察，他们经调查发现山西饮水盐分多，井水对充当饮料及洗濯用水来说，极不适宜。山西是有名的恶水之地，不仅山西，华北一带，良水极少，大多数地方掘井而出的几乎都是不堪饮用的恶水，居民称之为苦水，掘出能够饮用的水，称之为甜水，水井也尊为甜水

① （清）和珅：《大清一统志》卷一百零一《蒲州府》。
② 民国《临晋县志》卷三《物产略》。
③ 山西省平定县上城民国元年《甘泉亭碑记》。
④ 乾隆《阳城县志》卷十四《艺文》，乾隆二十年刻本。
⑤ 应廉耕、陈道：《华北之农业（四）：以水为中心的华北农业》，北京大学出版部1948年版，第53页。

井，出甜水地方的地价，也提高为一般土地的十倍。在大体上是恶水的地方，也一定会有二三口甜水井，这样的地点必然祭祀龙王。日本学者认为和日本相比，井深汲艰与水质咸苦，成为华北居民日常生活的重大负担。[①]

关中地区自古以来以农田水利著称，“陕西无地不可兴举水利，故渠堰视他省尤多”。关中农田在享受灌溉之利的同时，居民生活却长期受到井水碱苦的困扰。长安城是几朝古都，生活用水问题历来受到统治者及当地官员重视，引注长安周围之河水入城来解决生活用水，其中重要原因就是长安城内水质不佳。汉代长安城由于城市污水渗入地下，污染井水，以致井水咸卤。隋代放弃汉长安城，另建大兴城，与地下水质有重要关联。开皇元年有人向文帝进言，“汉营此城，经今将八百岁，水皆咸卤，不甚宜人，愿为迁徙计”[②]。隋代城中有醴泉，隋文帝曾于此置醴泉监，取甘泉水以供御厨。[③]唐代长安城内井水咸苦，皇宫用水从咸宁县甘井驮运。宋代大中祥符七年（1014），陈尧咨任知府，鉴于西安城内“地斥卤，无甘泉”，乃相度地势，开凿水渠，把城东二里龙首渠的清甘之水引入城中，散流廛闬，以便民生之用。[④]今西安碑林保存有宋代熙宁七年（1074）《善感禅院新井记》一碑，其文云：“长安实汉唐之故都，当西方之冲要，衣冠豪右错居其间，连甍接桷，仅数万家，官府、佛寺、道观又将逾百，计其井不啻乎万也，然而舄卤之地，井泉惟咸，凡厥膳馐享饪，皆失其味，求其甘者，略无一二焉。”“有香城院直府庭之东南隅千步而近院处，诸梵宇之甲者，僧徒童行官客仆从，日不减其数百人，旧井十一空，水之所供，浴室、厨爨、浣濯、马厩秣饲之事，崇朝及暮，用汲无穷，厥味甚不甜美，久厌其食。”[⑤]明代西安府城水质状况并未有所改善，洪武十二年（1379），李文忠奏言：“陕西病咸卤，请穿渠城中，遥引龙首渠东注”，其请得允，且以石甃渠，穿流城中，便民汲饮。[⑥]远距离引水是一项费用浩繁、技术难度较大的工程，天顺八年

---

① 侯振彤译编：《山西学术探险记》，见山西省地方志编纂委员会办公室：《山西历史辑览》，1987 年，第 259—309 页。

② 《北史》卷八十九《庾季才列传》。亦见《隋书》卷七十八《艺术列传》，中华书局 1973 年版。

③ （宋）宋敏求：《长安志》卷十《唐京城四》，文渊阁四库全书影印本，第 587 册，第 9 页。

④ 《宋史》卷九十五《河渠五》。

⑤ 北宋熙宁七年《善感禅院新井记》，现存于西安碑林。

⑥ 《明史》卷八十八《河渠六》，中华书局 1974 年版。

(1464)，都御史项忠指出“西安城西，井泉咸苦，饮者辄病。龙首渠引水七十里，修筑不易，且利止东城，西南皁河去城一舍许，可凿，令引水与龙首渠会，则居民尽利”[①]。明代宰相石珤有《酌泉诗》，在感叹北京水质咸苦的时候，却以长安城的水质指代，“往往城中水，不如郊外甘，如何城市客，不肯住长安”[②]。可见，明人视井水咸苦为长安城或者说大都市的一个特征，给外地人留下不适于居住、生活的切身体会与深刻印象。清代“长安城内北方井水咸苦，故疏渠以便汲引，其屡修屡塞之故，相传康熙时开西瓮城井，水甘而深，足资汲饮”[③]。因为甘水难得，长安城日常生活消费“不怕米贵，而怕薪水贵也”[④]。由此可见，汉、唐、宋、明、清时期长安城内地下水质不宜汲食，间有开凿甘井之举，但不能广济众用。井水咸苦的原因一方面是地下水质本身咸苦所致，一方面是城市居民生活对地下水造成的污染所致。历代采取引水入城的措施，用以缓解因井水咸苦而造成的城市用水困难。

关中东部同州府井泉咸卤不可食。五代时期“同州水咸而无井，（刘）知俊叛梁，以渴不能守而走，故友谦与岐兵合围持久，欲以渴疲之，存节祷而择地，凿井八十，水皆甘可食，友谦卒不能下”[⑤]。明代“同州城内，故水泉碱苦，不可以养飧（晚饭），于是（知府钱茂律）乃祷于城河西隙地凿二井，果有甘泉涌出，人以为诚意所感，由是早夜汲运，公私皆获寒泉食之利”[⑥]。朝邑县西北三十里，有苦泉，其水咸苦，羊饮之肥。蒲城县南二十里有卤中之区，据《汉书》记载，汉宣帝微时，常困于莲勺卤中。卤中为一盐池，纵广十余里。蒲城县西北“水皆咸卤不可食”[⑦]，朝邑县安昌村“村故苦水，不可食”，乾隆年间在异人指点下竟凿井而获甘泉[⑧]。大荔县井水尤多碱卤，间一穿井，苦涩不堪入口，境内的洛、渭二河水质较甘，民多汲用。[⑨]

---

① 《明史》卷八十八《河渠六》。

② （清）谈迁：《北游录·纪闻上·甘水》，中华书局1960年版，第312页。

③ 民国《续修陕西省通志稿》卷五十七《水利一》。

④ 阙名：《燕京杂记》，《小方壶斋舆地丛书》第6帙（4），第15页。

⑤ 《新五代史》卷二十三《良臣传·牛存节》。

⑥ 光绪《同州府续志》卷十四《文征录上》。

⑦ 《甜水井碑记》，乾隆《蒲城县志》卷十三《艺文》，乾隆四十七年重修本。

⑧ 乾隆《朝邑县志》卷十《艺文》。

⑨ 《大荔县志水利论》，咸丰《同州府志·文征录》。

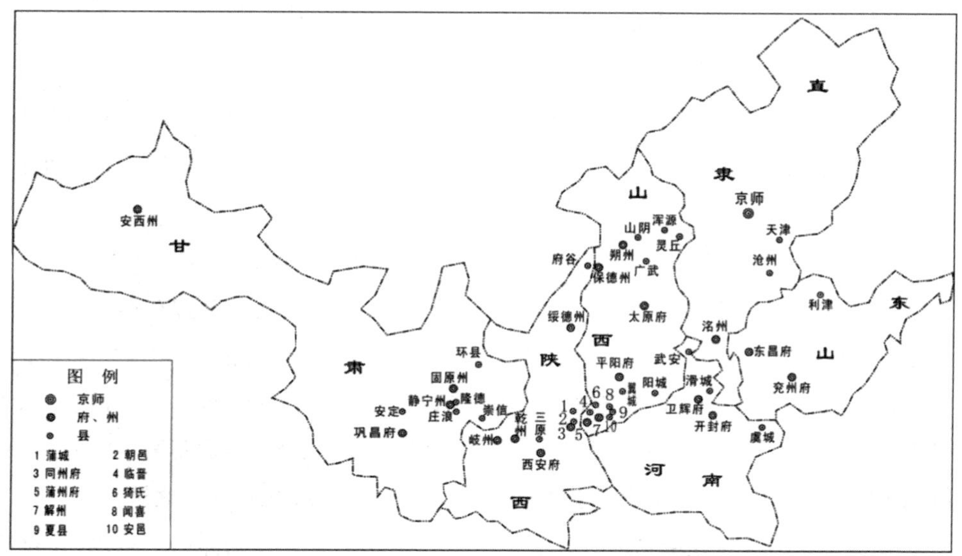

图 5.2　文献所见古代黄土高原及北方井水咸苦区域分布图

说明：资料来源为各地明清至民国地方志。

关中西部井泉也多咸苦。邠州地卤，井水难食，民病远汲，宋代邠州通判刘几"浚渠引水注城中，民大便利"①。乾州城水泉咸苦，"夫乾之为水，出城则甘，中多咸苦，惟城北隅稍甘焉"②。井水多咸的州城内唯独兴国寺前井水甘洌，但至雍正年间已废。③三原县城"南北二城，井水多碱苦，不可食，万家之烹饪浣涤咸取给于此河，故日汲无停，暑庸而汲者什伯计，盖水以生活，而贫者犹即以养也"④，居民从位于深涧的清水河中汲水，非常不便。乾州城"井水多咸"，"夫乾之为水，出城则甘，中多咸苦，惟城北隅稍甘焉，人缘艰于汲饮"。⑤"岐州水苦盐浊"⑥则

① 民国《邠州新志稿》卷十二《人物》，民国十八年抄本。
② 雍正《乾州新志》卷一《山川》，雍正五年刻本。
③ 雍正《乾州新志》卷一《山川》。
④ 光绪《三原县新志》卷一《地理志·山川》，光绪六年刻本。
⑤ 雍正《乾州新志》卷五《艺文上》。
⑥ （清）毕沅：《关中胜迹图志》卷十七《河东道四》，文渊阁四库全书影印本，第 588 册。

反映了凤翔、岐山一带的水质状况。北宋时期“灵武地斥卤无井”[①]。苏轼曾在凤翔任职，见于当地水质状况曾赋诗云：“吾家蜀江上，江水绿如蓝，迩来走尘土，意思殊不堪，况当岐山下，风物尤可惭，有山秃如赭，有水浊如泔。”水浊如泔，不堪饮食，让居住在北方的南方人的日常生活颇感不适，亦为其带来味觉、心理上的厌恶感。

陕北井水亦难得甘洌。清代府谷县志专列“井泉”，详细记载了全县30眼水井分布状况，五眼为苦水井，其中苦水峁井、苦水井井水甚苦而且有毒，人畜误饮即死，乾隆四十七年（1782）乡民用磐石封塞其源，永行禁止。[②]绥德州城中旧有二井，“民不给于水，且其味恶”，道光年间，知州汪士松择地凿井得甘泉，使得当地居民的生活用水大为改善，“酌而尝之味甘洌，试沦茗清而不滓。居民爨者取旧水则先煮豆后炊黍，试新水则黍豆一时俱糜”[③]。州城居民用水之苦自此舒缓。

甘肃省这一狭长地域总体来讲水质较差。“大陇左右，水皆咸苦不可饮，间有味甘可饮者，土人遂相率名之曰‘好水’或曰‘甜水’，正不可以一处拘也。”[④]安定县东南四十里有双泉，“一邑之水，惟此独甘”，足显当地水质咸苦，甘泉难得。不惟井水如此，河水亦苦，源出麻子川的东河虽北流绕城东北，但水味发苦，不济民用。[⑤]陇西县引渭水入城，分东西南北四池，前后浚引，以资汲取，万历年间开永利渠引科羊河水入府城，同时从县南门将栗水引入城，以给民用。[⑥]静宁州西三里之长源河，水味苦，俗名苦水河。[⑦]庄浪县九十里有苦水川，“自静宁州流入境，又北流入镇原县界，味苦不可饮”[⑧]。咸水河在平番县东一百五十里，水味甚咸。[⑨]广阳府环县北二百里有军事堡寨名为甜水堡，地理位置非常重要，因为此堡“有泉水甘，自洪德城以北四百里，无草木，人烟稀，水咸苦不可食，行旅至此，

---

① 《新唐书》卷一百七十三《裴度列传》，中华书局1975年版。
② 乾隆《府谷县志》卷二《井泉》。
③ 民国《续修陕西省通志稿》卷六十一《水利五》。
④ 乾隆《甘肃通志》卷五《山川》。
⑤ 乾隆《甘肃通志》卷五《山川》。
⑥ 乾隆《甘肃通志》卷五《山川》。
⑦ 乾隆《甘肃通志》卷五《山川》。
⑧ 乾隆《甘肃通志》卷五《山川》。
⑨ 乾隆《甘肃通志》卷六《山川》。

必汲水饮以疗渴”[①]。可见在水源缺乏、水质咸苦的地域，对稀缺的优质水源加以有效控制，具有重要的战略意义。此外，崇信县“城中水咸，汲汭稍远”，李武康王元谅在县西北郭凿一甘井，深一丈，径五尺，解决一城之生活之需。[②]固原州城井水苦咸，人病于饮，以致“不可啖醱（祭奠），汲河而爨，水价浮薪”[③]。明正德十年（1515）以城中井水咸苦，遂将州城西南四十里那湫水导入城中，以方便公私汲用。[④]隆德县西北有好水，“县西及固原之水皆味浊，而此独甘也”[⑤]。宁夏城中地碱水咸，明永乐年间总兵何福开渠引水入城，以资灌溉汲饮。[⑥]

甘肃省水泉咸苦，不仅本地居民不堪饮食，屡见于当地志书，也常为途经甘省之外乡人所诟病，对水泉咸苦多有记载。德国人福克曾路经甘陇，对沿途水质一事亦有所记，“间有二三处，水带咸苦，高处挖深至十五丈不见水”[⑦]。嘉峪关以西，“自西安州起，计戈壁八站，有泥屋数间，以宿行客……站口水既咸且苦，南方人饮则吐泻交作，如止宿人多，水不敷饮，今爵相派人增开井泉，挖至十五丈尚无滴水”[⑧]。康熙年间陈奕禧游历甘陇，所见“静宁州以西，山皆土峰，不见石，重岗起伏，层叠不断，至安定境，绝无树木，草亦憔悴，地多斥卤，泉味皆苦。天旱水涸，居民家于岗上，负甕下汲，远至数里，杂以行路、畜牧所过，细流浑浊，其味难堪……至金县清水驿，饮泉始甘”[⑨]。光绪三年（1877），苏（州）、松（州）、太（仓）道台冯光赴伊犁搬运其父灵骨，一路所见著成《西行日记》，当年8月17日，他离开兰州城，过镇远桥，西行三十余里，其地荒芜，“有旅店三五家，时已薄暮，遂止宿，井水咸苦”。清人孙兆溎曾游历甘肃，“入甘省，过平原府即穷八站，其地井水苦而咸，不能下咽，其多无井处，其人凿涧冰或收雨雪入窖，其窖系掘土成坑，行人至彼饮窖水，不过两三盏，即须数十文，而窖水

① 乾隆《甘肃通志》卷十《关梁》。
② 乾隆《甘肃通志》卷五《山川》。
③ 宣统《固原州志》卷八《艺文志·记》。
④ （清）和珅：《大清一统志》卷二百零一《平凉府》。
⑤ （清）陈奕禧：《皋兰载笔》，《小方壶斋舆地丛书》第6帙（4），第258页。
⑥ 乾隆《甘肃通志》卷十五《水利》。
⑦ 〔德〕福克：《西行琐录》，《小方壶斋舆地丛书》第6帙（4），第301页。
⑧ 〔德〕福克：《西行琐录》，《小方壶斋舆地丛书》第6帙（4），第303页。
⑨ （清）陈奕禧：《皋兰载笔》，《小方壶斋舆地丛书》第6帙（4），第259页。

碧绿混浊，略胜井水苦咸而已”。他搜集到甘肃省的谚语：“合水只喝水，两当不可当，莫言崇信苦，还有鞏昌漳，盖言四邑之苦也。”[①]从字面来看这里所言四邑之“苦”并不一定指井水苦咸，但结合相关文献可证，这里所说四邑之苦，多指井水咸苦带来的生活苦状。

三、水质与居民身体健康

土厚水深的北方不仅井深汲艰，用水困难，而且井水咸苦，水质不佳。井水咸苦，其实是当地水土含有过低或过高的某种成分所致。水是日常生活的基本饮料，饥食渴饮，日复一日，咸苦之水不仅影响日常生活的舒适度，长年累月，积渐所致，水中“所含”可能引发各类疾病，危害身体健康。

（一）不宜灌溉，谷菜难长

北方一些地区的水质低劣，井水含碱量过高，用地下水灌溉庄稼，轻者导致土地碱化、板结，重者则致农作物死亡。

山西南部虞乡县北区域，水味苦咸，浇即坏地。[②]对此，民间所存碑刻记载，“县北一带，地系垆土，井水苦咸，不能灌溉田地”[③]。临晋县“地处高原，旱年居其多数，加之井深水碱，灌溉惟艰，丰收之岁未易幸获耳”[④]。平阳府蒲县一带，“蒲之水俱不能灌溉”[⑤]，陕西关中地区的大荔县“东、西、北三乡土厚水深，汲引不易，又苦涩，不宜谷菜”[⑥]。甘肃环县北的旱海，广七百里，地下水所含盐碱成分高，无法灌溉农田。这些地区的地下水由于含有某些化学元素，对土壤及农作物

① （清）孙兆溎：《风土杂录》，《小方壶斋舆地丛书》第5帙。
② 民国《虞乡县新志》卷二《沟洫略》，民国九年石印本。
③ 民国八年《虞乡八村打甜井碑记》。
④ 民国《临晋县志》卷三《物产略》。
⑤ 乾隆《蒲县志》卷一《地理志》，乾隆十八年刻本。
⑥ 民国《续修陕西省通志稿》卷一百九十五《风俗》。

的生长形成危害，使得气候干旱、水源不丰的部分地区无法利用当地的地下水源。

（二）炊饭难熟，饮食失味

炊饭对于水质有一定要求，水质好坏影响煮饭熬粥的熟烂程度。明代徐光启曾指出，“水之良者，以煮物则易熟”[①]。清人黄云鹄所著《粥谱》载，煮粥之宜，“水宜洁、宜活、宜甘”，煮粥“忌苦水卤泉”。[②]文献记载，北方一些地区的井水水质不佳，导致居民日常炊饭不易熟烂。

陕北绥德州“城中旧有二井，民不给于水，且其味恶”，道光年间，知州汪士松择地凿井得甘泉，使得当地居民的生活用水大为改善，“酌而尝之味甘洌，试沦茗清而不滓。居民爨者取旧水则先煮豆后炊黍，试新水则黍豆一时俱糜”。[③]可见开凿新井以前，由于水质不好，豆子较米粒难熟，居民煮粥只好先下豆后下米，而水质改善后，豆米则不需分先后，可以同时下锅了。山西东南部的阳城县，城内有多眼水井，水味苦涩不能煮熟菽粒。明末县令李体仁开凿了清德井，炊饭难熟的生活用水困难方得解决。

炊饭难熟可能反映了局部地区水质硬度不够的问题，更为普遍的是，水质咸苦给居民饮水带来味觉上的不良感觉，同时水质低劣使烹饪丧失正常的味道，造成口感上的不佳。居民对于水味的感觉可分为甘、甜、淡、咸、苦、涩、恶，有的则是苦咸、咸涩、苦涩兼而有之。

水味的苦咸，会导致饭菜的失味，亦是一重要问题。隋炀帝专门从醴泉汲水用于厨饭，甚至远从甘泉县运水，解决生活用水问题。宋代长安城内，“其井不啻乎万也，然而舄卤之地，井泉惟咸，凡厥膳馐烹饪皆失其味，求其甘者，略无一二”。无论是日常的饭菜，还是滋味好的珍馐，一经咸水烹饪，则味道尽失，难怪居民产生“久厌其食”之感。[④]明代“同州城内，故水泉碱苦，不可以养飧”。

① （明）徐光启撰，石声汉校注：《农政全书校注》，上海古籍出版社1979年版，第517页。

② （清）黄云鹄：《粥谱》，《续修四库全书》，第1115册，第496页。

③ 民国《续修陕西省通志稿》卷六十一《水利五》。

④ 北宋熙宁七年《善感禅院新井记》。

飧意指晚饭，在这里就泛指一日三餐了。明代甘肃“固原州井苦咸，不可啖醊”[①]。井水苦咸不仅不能饮食，更为重要的是，用苦咸之水制作的祭品让神灵享用，会视为对神灵的不敬，所以俗世和神灵都受到水质问题的困扰。

（三）运水之艰，其劳特甚

居民为了生活，必然会寻求水质较好的水源以解决生活之需要。一般采取凿井形式，即在当地开凿淡水井、甜水井。北方一些地区，可能在较大范围内都存在地下水质低劣的状况，方圆几里、十几里、几十里可能都无法开凿出淡水井，居民只好远距离地输运淡水、甜水了。

以山西为例，三国时期，雁门郡所广武城内井水咸苦，民皆担辇远汲流水，往返七里。自宋金以来平阳城内井泉味多咸苦，只可用于浣濯，居民或远汲汾河之流，或车运郭外之水，其劳特甚。[②]山西虞乡县北一带，井水苦咸，各村居民往往远至二三十里，载运甜水。在传统统社会，远距离的运水依靠的是人担畜驮，在生活用水方面耗费了大量人力畜力，势必影响了人力畜力在社会生活其他方面的投入。

（四）地方疾病，有害健康

李时珍《本草纲目》专列“水部”一卷，足见其医疗思想对水之重视程度。李时珍认为饮水不仅对生命非常重要，不可或缺，而且所饮用水之水性、水味对身体健康状况有密切关系。“其体纯阴，其用纯阳，上则为雨露霜雪，下则为海河泉井，流、止、寒、温，气之所钟既异，甘、淡、咸、苦，味之所入不同，是以昔人分别九州水土以辨人之美恶寿夭，盖水为万化之源，土为万物之母，饮资于水，食资于土，饮食者人之命脉也，而营卫赖之，故曰，水去则营竭，谷去则卫

① 宣统《固原州志》卷八《艺文志·记》。

② 雍正《山西通志》卷三十《水利》。

亡。然则水之性味尤慎疾卫生者之所当潜心也。”[①]北方地区生活用水由于水质咸苦，其中含有过量或过少的元素，居民在饮食过程中摄入某些元素不足或过多，就会引发了各类地方病，影响人体健康。本文所讨论的因水质而引起的地方病主要有以下几类。

氟斑牙。由于饮水中含氟量超出正常水平，人体摄入以后，引发牙齿病变的慢性中毒性疾病。患者牙釉质正常结构遭到破坏，牙齿失去正常光泽，轻者牙齿表面出现黄黑色的斑点，重者牙齿变脆，易于磨损脱落，不仅影响咀嚼，妨碍消化，而且张嘴一口黄牙，影响美观。

氟斑牙记载最早见于三国时期。嵇康在《养生论》中谈到“颈处险而瘿，齿居晋而黄”。他认为晋人牙齿发黄的原因，是“凡所食之气，蒸性染身，莫不相应……薰之使黄而无使坚”[②]。据其解释，晋人齿黄是因为所食之物含有某种成分，对身体产生影响所致，但所讲之“食”较为笼统，没有明确指出其内容。到了宋代，晋人齿黄的原因有了答案，宋人陈正敏《遁斋闲览》中如此记载：“倪彦及宦太原，云土人喜枣，贵贱老少常置枣于怀袖间，等闲探取食之，缘食枣故齿黄，叔夜所谓‘齿居晋而黄’是也。吾子行曰：‘晋人喜食枣，若粤之啖槟榔，味甘伤脾故齿黄也。’”宋代的罗愿对此持同样的观点，他注意到晋人的生活习俗，“晋人尤好食枣，盖安邑千株枣比千户侯，其人寘之怀袖，食无时，久之齿皆黄，故《养生论》云‘齿居晋而黄’，谓枣故也”[③]。这其实是把枣泥之颜色与牙齿发黄联系起来考虑，认为晋人喜好食枣，年长日久，故而牙齿熏染发黄。不过，这样的解释是否科学呢？明代王士性依然延承了此认识，以为晋人“饭以枣，故其齿多黄”[④]。谢肇淛却对上述观点表示怀疑，在他看来“晋地多枣，故嗜者齿黄；然齐亦多枣，何独言晋也？……岭南人好啖槟榔，齿多焦黑，宁独晋乎？至于衍气多仁，陵气多贪，寒气多痹，谷气多寿，恐亦未尽然也”[⑤]。山东多产枣，人亦多食，为何山

① （明）李时珍：《本草纲目》卷五《水部》，文渊阁四库全书影印本，第 772 册。

② （三国魏）嵇康：《养生论》，《嵇中散集》卷三，《四部丛刊初编·集部》缩印本，第 132 册，上海商务印书馆 1936 年版，第 15 页。

③ （宋）罗愿：《尔雅翼》卷十，文渊阁四库全书影印本，第 222 册，第 343 页。

④ （明）王士性著，吕景琳点校：《广志绎》卷三《江北四省》，第 61 页。

⑤ （明）谢肇淛：《五杂俎》，台北伟文图书出版社有限公司，第 118 页。

西人食枣齿黄而山东人则非是呢？谢肇淛虽然对“齿居晋而黄”是由于食枣所致的观点表示了怀疑，但同样没有给予解释，那么，“齿居晋而黄”的原因究竟为何？

考古发掘表明，山西省阳高县古城乡许家窑村古人类化石中，发现有五颗人牙的珐琅质上，有黄褐色色素沉着和点状凹陷缺损，经贾兰坡教授证实为氟斑牙，可见“齿居晋而黄”由来已久。[①]

氟斑牙是饮水含氟量高导致的最常见的地方病，陕西省渭南地区曾对 12 个县作过一项氟斑牙调查，全区 12 个县患病率达 71.85%，古代氟斑牙发病的普遍性当与其相近。[②]

氟骨症。地方性氟中毒所致的骨骼改变，轻则关节疼痛，重则肢体变形。明代文献记载山西南部“路村水恶，人甫五十，已伛偻痿痹”[③]。腰背弯曲，身体萎缩，肢体疼痛或麻木，这和现代医学对氟骨症的病症的描述相符。就山西而言，山西南部临猗、运城、永济为氟中毒重病区[④]，这和历史文献记载的该地区水质低劣的状况吻合。

另外，由于饮水，在一些病区的牲畜，也会产生氟骨症，丧失役使能力。一些地区的牲畜，饮用当地苦咸水后，夜间失明，民间称之为“没夜眼”，走路东倒西撞，无法辨别方向。[⑤]

大骨节病。民间称为柳拐子病，病人早期感觉关节疼痛，活动不灵。手指末节下垂或手掌向手心方向轻度弯曲，四肢肌肉轻度萎缩。轻度病人指、肘、踝、膝各关节增粗，弯曲变形，四肢肌肉萎缩和关节运动障碍明显；中、重度病人身材矮小，躯干及四肢发育不全，呈短肢畸形，肌肉萎缩，非常明显，四肢无力，劳动能力丧失，终生残疾。

山西、陕西均有大骨节病患区，一些地区大骨节病和瘿病即甲状腺肿大呈并发症状，当地居民称为水土病。山西安泽一带流行“喝了岳阳的水，粗了脖子细

---

① 《山西通志·卫生医药志》，中华书局 1997 年版，第 433 页。
② 陕西省医学情报资料室编：《陕西医学资料》（防治地方性氟中毒专辑）1984 年第 2 期。
③ （明）陈鲠：《甘井碑》，雍正《山西通志》卷十二《集文》。
④ 李俊峰主编：《众志成城送瘟神 —— 山西省地方病防治纪实》，山西人民出版社 2000 年版，第 4 页。
⑤ 访谈对象：严民元，男，83 岁，陕西省大荔县范家镇西寺子村。访谈时间：2006 年 7 月 17 日。

了腿”、“一代粗，二代傻，三代四代断了芽”的民谚，即是两种病症并发的说明。雍正年间，山西安泽县一首民谣唱道：“山民全如鼠，伏处各土穴，相传为世守，即此是家业。黄发急朝餐，带泥煮山蕨。残躯结百鹑，苍颜逼古铁，疑是煤铸成，乃有气些些。”邑令赵时可所撰竹枝词反映当地居民“掘穴为居便作家，儿孙几辈长些些”①。近现代安泽县水土病情严重，结合现代医学大骨节病症分析，县志所述很可能是受大骨节病折磨的腿短、身长、头大的侏儒。“儿孙几辈长些些”则可能反映了水土病影响下，妇女少育、婴儿难成、人丁不旺的状况。患有大骨节病的人，自身生活有时都很难照料，参加生产劳动就更不可言，对当地劳动力造成严重损失。更为重要的是，一些妇女患上大骨节病后，盆骨变形，在分娩时发生难产，造成胎儿死亡或母子双亡。②

甲状腺肿大。民间俗称大脖子病、瘿瓜瓜。明代陈绛《辨物小志》对北方山区居民瘿病有记载：“太（泰）山境百数里，居人十，瘿九焉。己酉春，予行长青、太（泰）安道中，盖所见皆瓮、盎矣，问何以故，或曰山产葛而根牵条引，泉流经之，饮者辄瘿，其殆然耶？问治葛食之杀人，饮其流泉亦复瘿耶？然《吕氏春秋》‘轻水所多秃与瘿人’，《博物志》云‘山居之民多瘿，由于饮泉之下流’。今荆南诸山郡东多此疾，是不必葛也。《鸿烈》云‘险阻气多瘿’又云‘头处险而瘿’，亦非必饮泉故耶。丁巳，余行役河南，经太行山下，见居民率瘿。”③陈绛对瘿病是由于饮用山泉所致表示怀疑，有一定道理，现代医学认为，瘿病是由于缺碘引发甲状腺肿大所致，是一种水土病，不完全由饮水所致，但饮水却也是一不容忽略的重要因素。河南省灵宝县的明代成化年间一块寺庙碑刻则记载了由于水土引发瘿病，僧俗搬迁寺庙的故事，“僧众修行，见得此所水土不服，

---

① 民国《安泽县志》卷十六《艺文志下・诗》，民国二十一年铅印本。

② 《永寿县改水防治大骨节病情况报告》，第95页。另外，东北《长白山江岗志略》对当地的大骨节病病状、病因及防治办法均有所讨论，“岗后山核桃树最能伤人，枝叶花果根皮年久朽烂于山中，加以雨雪滋浸，其毒气随水流于沟渠，灌于江河，印于井泉，居山中者，年不过十五、六岁，男女之手足缩而短，指节生痛，腿亦如是。妇女中转筋病死者也不少”，“其受害者诚以半饮山水，半饮江水，而有井者无几。偶遇一井，深不足五尺，无怪乎受其害者多也”，“惟多凿深井，人即不至受害”。同样揭示了大骨节病对幼儿危害严重的发病特征。

③ （明）陈绛：《辨物小志》，见王云五主编：《丛书集成初编》本《毛诗草木鸟兽虫鱼疏及其他三种》二册，商务印书馆1936年版，第22页。

胫（颈）生瘿疾，心腹痈胀，难以安居。有此境师家窟脱（村）善人李整、北朱阳（村）贵秀、贾村里张斌，请命本县御题寺长老可金、定学移于峪口，启建重修”[①]。

《五杂俎》卷三“地部”述及“滕峄、南阳、易州之人，饮山水者，无不患瘿，惟自凿井饮则无患”。从地域来讲涉及山东、河南等一些山区，山水与瘿病有直接关系，不饮山水凿井而汲则可不患此病。陕西省中南部山区亦有因水患瘿的记载，“闻省南山内蓝田、商雒一带饮食山水，水寒有毒，项间多生瘿瘤，若食锅盐，可免此症，来贩者皆在渭南、临潼、华州一带等候滩民，用小车偷越渭河”[②]。现代医学认为，瘿病是由缺碘所致，而改善缺碘防治疾病的一个措施就是食用碘盐。上述记载来看，民间在实践过程中已认识到“锅盐”含有预防瘿的某种成分。陕西省富平、蒲城二县交界处有卤泊滩出产土盐即是所谓的“锅盐”，由于民间私贩，引起了盐销秩序的混乱。

痞病。谢肇淛曾目睹了山东沿海地区水质恶劣所导致此病的惨状，山东沿海诸州县，因其地多碱，故井泉咸苦，不仅使草木无法生长，居民饮之既久则患痞病。更为严重的是，当地婴儿因水而夭折者，十常五六。南方人居住此地尤不习其水土，动辄遭罹其祸而不可救药。

妇女不孕不育、婴儿早亡。山西省安泽县由于水质问题导致大量妇女难孕少育、不孕不育，成为困扰当地居民的社会问题。据民国调查报告显示，在病情较重的村庄，壮年妇女很少生育，有的从没有生养过，生下的小孩十之七八不能成活，死亡率高。[③]陕西省陇县的病情和山西安泽大体一致，“在那里居住的人，据说女人都不怀娃娃，怀娃娃的女人，上去吃那里的泉水日子久了，可以把胎化了，有时虽然胎不化，生下来的娃娃，不是柳拐子，便是侏儒症”[④]。在水土病区居民的观念中，当地饮水中含有某种成分，妇女饮用这些饮水后，或是难以怀孕，或是怀孕后水可以将腹中胎儿化掉。

重病区人口大量死亡。除受疾病困扰外，重病区人口死亡率极高，山西安泽

① 明成化十年《重修铁佛庵碑记》，见范天平编注：《豫西水碑钩沉》，第 340 页。

② 光绪《富平县志稿》卷四《盐法》，光绪十七年刊本。

③ 《全县水土情况调查——一九四八年六月的调查》，安泽县档案馆：卷宗号 195，第 8 页。

④ 《1956 年陇县卫生工作调查材料》，陕西省档案馆：卷宗号 244-526，第 108 页。

县议亭村，在1948年共四闾189户，一、二两个闾在20年内死绝47户，男女147口。三、四闾在十几年内死绝27户，快绝者17户，男女共138口。因此在全村找不到一户人口多而且健康的人，1928年以来该村因水质原因死亡的人口占全村人口近一半。[①]

综上所述，由于水质问题引起氟斑牙、大骨节病、瘿病、痞病、妇女难孕少育或不孕不育、婴儿早亡等问题，严重者甚至出现人亡户绝的现象，其中氟斑牙、大骨节病较为广泛，其他病症、现象则出现在重病区。水质问题引发的各类疾病，病情程度不同，地域分布不均，身体健康所受影响差别亦大，所以，人们对地方病病因的认识、重视程度及采取的应对措施并不完全相同。

氟斑牙是轻度氟中毒的表现，一嘴黄牙，虽有碍美观，不利咀嚼，但对身体健康的损害相对微小，患者能够正常的生产劳动，较少引起患者的重视，治疗措施很有限。人们对于病因的认识，较多集中在晋人喜食枣的生活习俗与齿黄之间的讨论，虽有人提出质疑，但尚未考虑到水质因素，所以在病因认识方面存在偏差。这些认识多反映了外地人对于北方地区生活习俗的直观印象，并不一定反映当地居民对于病因的了解和认识，但反映本地居民认识的思想我们又无法从文献获得。

那些对人体健康造成严重损害的大骨节病、瘿病、痞病、妇女的不孕不育、婴儿早亡、甚至人亡户绝的现象，给患者带来身体及心理的痛苦，他们对于病因及水质问题的关联认识相对深刻，并采取了一些应对措施。安泽县居民认为水土病有多种原因，但主要是水，水土地区的水面上常有油花，非病区的水味咸，水煮开以后，剩下的渣子发白；病区的水味淡，剩余的渣子发灰。病区的水要比非病区的水重。[②]为了避免患病，居民采取换水方式，农忙时在病区临时居住，农闲时即到下面来换水。大骨节病对于幼儿危害较大，所以不少家户将小孩寄养在水质较好的亲友家，等长大后再接回家。对于瘿病，我国医学著作早有食海藻可治疗的记载，一些居民亦采取了吃海带防病治病，一些地区的居认识到吃锅盐可

---

① 《全县水土情况调查——一九四八年六月的调查》（1948年6月），第8页。

② 《全县水土情况调查——一九四八年六月的调查》（1948年6月），第16页。

治疗瘿病，透露了若干疾病治疗的信息。有的居民则以求神拜佛作为治疗疾病的方法。

水质问题在引发地方疾病的同时，带来一系列社会问题。地方病摧残了大量劳动力，影响生产与生活。由于身体缺陷常导致婚姻困难，病区单身男性较多，而病区内部的婚姻又可能导致“一代粗，二代傻，三代四代断了芽”的惨状。病区的女性要出嫁外乡，非病区的女性不愿嫁入，造成婚姻困难。

造成人口流动，聚落萧索，社会不稳定。有学者指出，在影响人口分布的地理因素中，土地资源和水资源最为重要，水质对人口分布影响显著。① 在一些重病区，自然条件恶劣，水质不好，多形成“雁行人”，像山西安泽、陕西黄龙、陇县地处偏僻山区，适于耕作而不宜于居住，主要原因就是当地水土不好，容易患上水土病。除少数土著外，耕作者多是山东、河南人，收完庄稼就返回，不作长期居留，人口密度较小，影响当地经济社会发展。

四、古人的水质观念及改善水质的经验

我国古代的部分文献或详或略保存了有关水质的记载，直接或间接地论及北方的水质状况，内容有的较为笼统，有的则明确具体，借此可以了解古人对北方水质的认识及其所持的观念。经过初步梳理、归纳，文献所见水质内容可分为水质与居民性格、身体健康，疾病与医疗，水质鉴定，农业生产，手工业生产等方面，从水质角度它们可分别置放在日常生活史、疾病史、农史、手工业史等学术史脉络。为便于集中讨论问题，本研究侧重于水质与日常生活，水质与健康、疾病方面，其他方面待以后撰文再论。

先秦诸子通过对水的观察与体悟发现了生命的基本原则，这一原则不仅体现在自然世界也适用于人类社会，所以水成了抽象底部的一个本喻，它构成了社会

---

① 薛平拴：《陕西历史人口地理》，人民出版社 2001 年版。

与伦理价值体系的基石。[①]据沈树荣等人研究，先秦诸子除从名家、小说家典籍中没有找到与地学尤其是水和地下水的资料外，儒家、道家、阴阳家、法家、纵横家、墨家、杂家、农家均有所论及，所论大致可分为水的特性、水土病、环境对人体健康的影响等九类问题。[②]其中《管子》从地表水、地下水两方面较为集中地论述了水质问题，认为水与人的形貌、性格、品德、习俗密切关联。“万物莫不以生，唯知其托者能为之正具者，水是也。故曰水者何也？万物之本原也，诸生之宗室也，美恶贤不屑愚俊之所产也。”[③]《管子·水地篇》所述，基本概括了北方地表径流的特征。齐、晋、秦、燕、宋均属于北方，除宋以外，其他四国的水则是“於滞而杂”、“沉滞而杂”，而齐、晋之水则是“枯旱而运”，秦之水是“泔最而稽”，泔指水浑浊。这其实揭示了北方地区河流及其水质的特点，那就是平时河道常常枯旱，发水时泥沙俱下，水量减少后，泥沙淤积，水流不畅，杂物较多，浊度较高。南方地区的楚之水则“淖弱而清”，是其中最洁净的水了。管子以地、水论及人，在其理论体系中，“国”、“水”、“民”是其核心概念，各个国家因为自然条件的差异尤其是水质不同，形塑了独特品性的国民，水质决定民性，成为畛别地域空间的一个关键因素。

《管子》对地下水质同样有深刻认识。《管子·地员篇》对平原、丘陵、山地不同水文环境中地下水埋藏深浅、水质优劣、水质与人体健康、适宜生长的草木及种植的农作物等方面阐述了其独到见解。就平原地区而言，“息徒，五种无不宜……五七三十五尺而至于泉……其水仓，其民疆；赤垆，历，强肥，五种无不宜……四七二十八尺而至于泉……其水白而甘，其民寿；黄唐，无宜也，唯宜黍秫也……三七二十一尺而至于泉……其泉黄糗，其民流徙；斥埴，宜大菽与麦。其草宜萯雚，其木宜杞。见是土也，命之曰再施，二七十四尺而至于泉。呼音中羽。其泉咸。黑埴，宜稻麦……七尺而至于泉……其水黑苦”。此处所论皆为泛言，没有确切指出南北地域，其鲜明的观点是地下水埋藏越深，水质则愈为洁净甘美，不同水质对居民体质、健康影响甚大，水质低劣之所居民受饮食之苦，因

---

① 〔美〕艾兰著，张海晏译：《水之道与德之端——中国早期哲学思想的本喻》，上海人民出版社2002年版。

② 沈树荣：《诸子钩沉》，见沈树荣、王仰之、李鄂荣等：《水文地质史话·札记》，第95—132页。

③ 《管子》卷十四《水地第三十九》，文渊阁四库全书影印本，第729册，第156页。

而流徙不定。

汉代应劭在《风俗通义》中，对风俗进行了独到的阐释，“风者，天气有寒暖，地形有险易，水泉有美恶，草木有刚柔也。俗者，含血之类，象之而生，故言语歌讴异声，鼓舞动作殊形，或直或邪，或善或淫也”[①]。所谓“风”，包括气候、地形、水泉、植被等，相当于今人所讲的自然环境，所谓“俗”，则是一定自然环境中育化的人禀赋其环境特征，形成独特的文化。“水泉有美恶”是体现环境差异的要素之一，也是影响人的言语异声、歌舞殊形的重要因子。

如前所述，水的讨论体现了我国古代哲学思想的一个视角，主要思想是对自然之道的遵循，在对水的观察和理解中发现了运用于人类社会的原则，并把这些原则用来治理天下，给天下以秩序，这是一个带有普遍性的理论进路。《管子》以水论人的理论归宿仍然是圣人之治，把水视为治世的要枢。“是以圣人之化世也，其解在水，故水一则心正，水清则民心易，一则欲不污民心，易则行无邪，是以圣人之治于世也，不人告也，不户说也，其枢在水。”[②]化世与解水二者到底是怎样的关系，为何治世的关枢在水？依照唐代房玄龄的理解，“解人之邪正，尝水而知”，“欲转化于人，但则水之理”，清晰地表明了这样一种逻辑，即水质决定民性，通过品尝各地之水可以了解人民的性情，水质与民性的法则可为圣人运用，实现化民治世之目的。

古人对水环境和健康关系有深刻认识，指出水质差是一些疾病的致病原因。《吕氏春秋》载：“轻水多秃与瘿，重水所多尰与躄人，甘水所多好与美人，辛水所多疽与痤人，苦水所多尪与伛人。”[③]《吕氏春秋》把水味分成甘、辛、苦三类，甘水育化身体健康、面容姣好的人，辛水与苦水则引发疾病甚而导致形体异常，古人对水质与疾病的认识，当是基于日常生活具体实践经验的积累，对居民趋利避害，择水而饮应该具有一定的指导作用。

水和人体健康关系密切，有的水因本身“所含”，具有一定的医疗作用。《本草纲目》专列“水部”，详论水的多种用途，“天下之水，用之灭火则同，濡槁则

① （汉）应劭：《风俗通义》序，文渊阁四库全书影印本，第862册，第351页。

② 《管子》卷十四《水地第三十九》，文渊阁四库全书影印本，第729册，第156页。

③ 《吕氏春秋》卷三《尽数》，文渊阁四库全书影印本，第848册，第296页。

同；至于性从地变，质与物迁，未尝同也。……南阳之潭渐于菊，其人多寿；辽东之涧通于参，其人多发。晋之山产矾石，泉可愈疽，戎之麓伏硫黄，汤可浴疠。扬子宜□，淮菜宜醪；沧卤能盐，阿井能胶。澡垢以污，茂田以苦。瘿消于藻带之波，痰破于半夏之洳。冰水咽而霍乱息，流水饮而癃通。雪水洗目而赤退，咸水濯肌而疮干。菜之为齑，铁之为浆，曲之为酒上，蘖之为醋，千派万种，言之不可尽”。水质对咸菜的腌制，酒、醋的酿造等日常饮食方面也有较大影响，有的水质不宜饮食，却可能适于某些对水质有特殊要求的工艺制作。更为重要的是，不同的水性具有多方面的医疗作用。“晋之山产矾石，泉可愈疽”，山西境内水质普遍欠佳，不宜饮用，导致“齿居晋而黄”，但水中所含可有效治疗皮肤病。

在长期的用水实践中，古人积累了品评、鉴定水质的知识，形成了较为完善的理论体系。唐代，我国的水质观念及实践因为茶饮风尚而达到新的水平，一种新的社会生活方式的出现，因其独特的内涵可能导致日常生活资料品质的重估，日常生活饮水即如此。当饮茶逐渐构成生活的一部分，对水质的要求也越来越高。

陆羽的《茶经》并没有提出水品概念，但事实上却开启了水品理论的先河。所谓水品，依照我们的理解，蕴含了这样几层意义。其一为水的品系，即水的类别，如泉水、江水、井水等可视为水的品系。在一个品系内部，又可细分若干种，以泉水为例，可分为山上之泉，山中之泉，山下之泉。其二为水的品质、品性，即各类水质的美恶。其三为水的品秩，为各类水排列次序。其四为对水的品味、品藻。概括而言就是人们对品性不同的各类水进行品味和评藻，评定高低，分别等次，即品水定水品。日常生活茶饮引发了水质要求，诱生了以水品为核心概念的评价体系，在一定程度上把水质问题当作了一种议题，这种以水质为主核的框架对中国文化产生了重要的影响，成为士人乃至最高统治者评藻的风尚。其中著名的有陆羽、刘伯刍、张又新、陆廷灿、谢肇淛、乾隆皇帝等人，他们基于自身理解，对水品各表其说，试图对陆羽、张又新的水品框架进行调适甚至瓦解，形成了水品自身的发展演变脉络。

在陆羽的水品观念中，“其水用山水上，江水中，井水下。其山水拣乳泉石池慢流者上，其瀑涌湍漱勿食之，久食令人有颈疾。又多别流于山谷者，澄浸不泻，自火天至霜郊以前或潜龙蓄毒于其间，饮者可决之以流其恶，使新泉涓涓然酌之。

其江水，取去人远者。其井水，取汲多者”[①]。陆羽的水品思想中，井水水质最下，凿井而饮是北方主要的生活用水形式，若以茶饮而论，北方水质最差。

唐代张又新继陆羽之后，对天下之水加以评品，提出自己的水品体系，使陆羽的水品理论由宽泛概略转向具体细化。不过张又新的思想，用他自己的话来讲是记载了刘伯刍、陆羽的水品观点，受人质疑。刘伯刍论水分为七等，其中淮水位居第七。[②]淮河已位于南北地理分界线的最南端，淮水水质最下，那么淮河以北的河流其水质就可想而知了。张又新通过李季卿与陆羽问答“所经历处之水优劣”，引出陆羽的水品，就总体而论“楚水第一，晋水最下”，并细致罗列了天下甘泉佳水次第。[③]天下水品的排列是基于品尝之后的精判，水品其实是以水质为标准的评价体系，经过士人评藻次第而人为地赋予了权威色彩，具有象征和符号的意义，水质优劣，能否入品，隐含着地域环境的优劣，从而牵引出水所孕育的人，又暗合了以水品论人性的思想进路。令人深思的是，这天下二十种好水，除第二十类为雪水外，其余的甘泉佳水则全部位于南方地区，北方地区的江河井泉无一入品。这与水品评判者的地域局限有关，但更重要的原因是在唐人的观念中，已形成北方地区总体水质不佳的认识，而山西则是北方水质最差的地域了。

继张又新《煎茶水记》有关水品的讨论之后，关于水品的讨论延续下来，表现为两个面向，其一是对这一权威体系的认可、接受及其维护，其二则为对体系的检讨和质疑，这两个面向推进了水品理论的细化和完善。陆游一定程度上认可和维护水品思想。[④]欧阳修则依据陆羽水品之原则，对张又新《煎茶水记》的合理性从逻辑上加以怀疑并予以瓦解颠覆。[⑤]明代谢肇制、清代陆廷灿、乾隆皇帝等人对水品理论的地域限制表示怀疑，同时根据实践列举出基于自我经验的天下好水，他们的水品思想体现了一个共同的趋势，就是几处北方地区的河、泉、井水入选甘水佳泉之列。谢氏之《五杂俎》言“所品之外，天下又果无泉可以胜此者耶？

---

① （唐）陆羽：《茶经》卷上《五之煮》，文渊阁四库全书影印本，第844册，第618—619页。

② （唐）张又新：《煎茶水记》，文渊阁四库全书影印本，第844册，第809页。

③ （唐）张又新：《煎茶水记》，文渊阁四库全书影印本，第844册，第810页。

④ （宋）陆游：《入蜀记》卷一，文渊阁四库全书影印本，第460册，第880页；《入蜀记》卷二，第460册，第900页。

⑤ 乾隆《江南通志》，文渊阁四库全书影印本，第507册，第472—473页。

吾以为二子之论，但据生平耳目之所及者而品第之耳。……今以一人之闻见意识，遂欲遍天下之水，何异井蛙管豹之见也！”不过谢肇淛在批判之后，还是用词谨慎地列举了他所品味的好水，山东济南之趵突泉，临淄之孝妇泉，青州之范公泉这些北方地区的水泉入选其列。①清人陆廷灿《续茶经》依据自己的经历、感觉，并综合他人的论述，认为陆羽、刘伯刍、张又新等人论水，囿于所见，水品所列之水仅限于较小地域，缺乏代表性，水品的次第也不尽合理。②乾隆皇帝对茶饮与水品情有独钟，他评藻水品的标准是称量水的轻重，据此标准，他认为京师玉泉第一，他在《玉泉山天下第一泉记》中言：“则凡出于山下而有洌者，诚无过京师之玉泉，故定为天下第一泉。”京师之水为天下第一，北方地区的甘泉佳水位居前三，七品之中有四处为北方之水，其中京师占有两处，除这些井、泉、河水质绝佳的因素外，包含了一层权力的隐喻。

唐代陆羽、张又新提出水品思想后，或得赞同，或受质疑，水质评价的地域不仅仅局限于南方，而扩展到北方，无论如何扩展，北方水质较好的井泉也仅仅局限于华北平原的京师与山东，而山西、陕西、河北、河南、甘肃、宁夏等广大的北方地区尤其是黄土高原地区的水质自唐至清代，一直没有因水质佳而列入水品次第，这从侧面说明了北方地区尤其是黄土高原地区水质问题的历史性长期性。

从先秦诸子有关水质的认识到唐代茶饮风尚对水质的品藻，在用水实践中形成了一套系统的、有概念的水质评价体系，不同地域、不同饮水形式在体系当中具有各自的等级、层次，并且因为上层、文士的实践、品评，这一水质体系在长时期内能够得到充分的关注、发展和完善，它反映了文士的高雅、细腻、品位、身份。典籍中笼统而抽象的记载，经过文字的流传，一些人会习得水质知识，普通民众也会在茶饮中讲求水质。需要强调的是，古代典籍所载水质问题和下层民众丰富的生活用水实践还有一定距离。

古人积累了辨识水质美恶的经验。徐光启《农政全书》详细记述了寻找水源、凿井之法以及如何辨识水质。其一为察土识泉，“凡掘井及泉，视水所从来而辨其

① （明）谢肇淛：《五杂俎》卷三《地部一》，台北伟文图书出版社 1977 年版，第 68—69 页。
② （清）陆廷灿：《续茶经》卷下《之一》，文渊阁四库全书影印本，第 844 册，第 718 页。

土色。若赤埴土地，其水味恶。若散沙土地，水味消淡。若黑坟土地，其水良。若沙中带细石子者，其水最良”。其二利用不同方法试水美恶，从而辨水高下。煮试即“取清水，置净器煮熟，倾入白磁器中，候澄清，下有沙土者，此水质恶也。水之良者无滓，又水之良者，以煮物则易熟”。日试即把“清水置白磁器中，向日下令日光正射水，视日光中若有尘埃，细缊如游气者，此水质恶也。水质良者，其清澈底”。直接品尝水的味道则是味试，徐光启认为，“水，元行也，元行无味，无味者真水。凡味皆从外合之，故试水以淡为主，味佳者次之，味恶为下”。称量水的轻重则为称试，“有各种水，欲辨美恶，以一器更酌而称之，轻者为上”。用白色的纸或绢帛之类，蘸水而干，察其无迹者水质为上。此种试水之法为纸帛试。[①] 综合其说，清澈、味淡、质轻、中无杂质、煮物易熟的水质为美，反之，则水质为恶。依徐氏所论，北方地区井泉概多咸苦，炊爨难熟屡有记载，甚而因水土致病，当属水恶之地了。

水质影响日常生活、身体健康，北方居民在用水实践中，积累了一些改善水质、提高用水质量的经验。有的井水因为水中所含会对人畜造成致命危害，所以当地居民将水源封禁，以防误饮，府谷县乾隆四十七年（1782）永行禁止两眼苦水井即属此类。在水环境许可的条件下，开凿甘井、发掘适于饮用的较为优质的水源，为改良水质的首选，地方志的《山川》、《水利》、《艺文》或有记载，由于方志为官员所修，其中所记偏重于各级治所，开凿甘井多为地方官员惠民之举。在井水咸苦之区，能够井甘泉洌，常被当地绅民视为神异，甚至一些水井水质甘苦的转化与官员到任、去职的时间节奏保持一致，反映了当地有官员个人道德与自然水质之间存在某种神秘感应的认识。

淘井不仅能保持水源清洁卫生、水量充足，有时还能起到改善水质的作用。《易经》、《管子》均有淘井之说，可见先民早已认识到淘井对于改善水质的重要性。史志中也有通过淘井将苦井变为甘泉的记载，“商邑儒学故有井苦，人不食，教谕何璞为桔槔以出其卤，而尽加淘渫焉，而泉涓涓，水复至，井复盈，复出之而泉亦复来，日渐甘，如是者累月乃始食，凡以羞神明、享宾客悉需于是，而日

---

① （明）徐光启撰，石声汉校注：《农政全书校注》卷二十《水利》，上海古籍出版社1979年版。

汲益众"[①]。

在井底置放一些物质，也能达到改善水质的功效。《农政全书》反映了水井底部物质结构可以发挥改善水质的功效，"作井底用木为下，砖次之，石次之，铅为上。既作底，更加细石子厚一二尺，能令水清而味美。若大井者，于中置金鱼或鲫鱼数头，能令水味美，鱼食水虫及土垢故"。《本草纲目》从医病角度有相近之论，"凡井以黑铅为底，能清水散结，人饮之无疾，入丹砂镇之，令人多寿"。令人不解的是，根据现代标准铅为有害物质，置放于井水会导致饮水含铅过量，危及身体健康，而古人却认为用铅作井底水质最好，有研究者已经对此提出过质疑。[②]具体到北方水井以铅为井底难以详了，民国年间的调查报告则显示，在水土病区的居民，在井底放置青石、炭块，以达到改善水质、预防水土病的目的。

在井水咸苦的地域，有的采取人担畜驮从外地远距离输运好水的方式以解决生活用水之需。受人力畜力及往返路程制约，仅局限在一定的空间范围内，超出范围则会使用水成本太高，人力畜力在生活用水方面投入过多会对农业生产等方面造成影响，况且，有的地域方圆几十里甚至百里井泉咸苦，无法远距离获取甘美之水。所以，在一些井水咸苦的聚落，凿水池、挖旱井，集蓄天然降水成为解决生活用水、改善用水质量的重要途径。其实，有两种情形导致人们采用集蓄天然降水的方式来解决生活用水，一种情形是那些远离河溪，难以从地表径流获得生活水源，又因地质条件限制，无法凿井获得地下水的缺水地区，为了解决用水困难，只好选择了集蓄天然降水；另一种情形是虽然有地表径流或地下水，但水质低劣，不宜食用，所以也只好凿水池，挖旱井，以解决生活用水。

凿池塘、挖旱井集蓄天然降水，夏雨冬雪，地表的植物叶茎、人畜粪便、生活垃圾等污秽之物，随着水流汇入水池、旱井，生活用水极不卫生。此外，水池因面积较大，无法对水体覆盖保护，蓄水之后，人的浣洗、牛、马、羊、猪等牲畜的侵入、风尘挟裹的杂物、夏季水体滋生的蚊虫等都会对水体造成进一步的污染，因此，保护用水卫生显得尤为重要。一些村庄规定在水道旁、水池边不得堆

① 刘昌：《儒学甘泉碑记》，民国《商水县志》卷十四《丽藻志》，民国七年刻本。

② 沈树荣：《环境水文地质史料拾零》，见沈树荣、王仰之、李鄂荣等：《水文地质史话·札记》，第184页。

放粪堆，严禁在水池中游泳、洗衣，不许牛羊等牲畜在池边饮水，定期对水池进行清理，既扩大储水量又有助于水质卫生。这些措施在当地环境中最大限度地维护了用水卫生。

旱井、水窖相对水池，则比较密封，设施条件较好，但由于旱井、水窖多在院落或道路旁低洼处，周围有猪、羊圈，厕所，鸡窝和粪堆等污染源。一下大雨，枯枝落叶、鸡猪羊粪都倾入旱井、水窖。为保证用水安全卫生，乡民在用水实践中，积累了一定的用水经验。在集蓄降水方面，下暴雨不收水，下淋子雨（连阴雨）收水，下大雨不收前头水（初流水），以降低窖水的污染程度。[①]旱井、水窖收水以后，不能马上食用，多在收水后数周至数月后才饮用，乡民谓之“发过”了才吃，是由水中的微生物所产生的发酵作用将许多有害的有机物分解。[②]水窖收水“发过”以后可以食用，一般窖内在一定时期内不再收水，以免新旧两水混杂，破坏长时期“发过”的可饮用的水。陕西省澄城县一些村庄的禁约明确规定，“自春至五月底，窖内收水，罚名戏一台”[③]。“自春至五月月尽，窖内不许收水，有人犯者，罚戏一台。”[④]在北方地区二三月至五月，正是使用窖水紧张之时，如果此时收水，新水会将整个水窖可食用的水污染，给乡民的生活增添更大困难，因而对此严加限制，并对违规者进行惩罚。一般家户拥有一至两个水窖，轮流使用，以解决收水时期的用水困难。这些用水习俗反映了居民应对环境的精神，尽可能地增强水的自我净化能力，使窖水宜于饮食。

在北方水土病重病区，环境条件所限，可能上述改善水质的努力皆无济于事，在农业生产、日常生活的矛盾中，病区居民积累了一些用水经验，如山西安泽、陕西黄龙等地区居民的“跑水”、“换水土”，把孩子寄养在非水土区的亲戚家，等到长大成人再接回家的办法防治水土病。耕作者流动不定，春来秋去，以防水土病。无法改善水质、饮用安全的水泉，采取这种消极的办法也是无可奈何的选择。

---

① 《永寿县改水防治大骨节病防治报告》。

② 《陕西省永寿县御驾宫、马坊、仪井三公社大骨节病病因调查报告》，陕西省档案馆：卷宗号 152-3354-41。

③ 陕西省澄城县善化乡马村道光元年《合村公议禁条》。

④ 陕西省滩城县善化乡居安村道光十六年《合村乡约公直同议禁条碑》。

小　结

我国古代北方的水质问题实质上是一个生态环境问题，土厚水深反映了古人对北方水环境特征的认识。各类史料说明，土厚水深并不等同于土厚水甘，这在地域较广的黄土高原尤为明显。地表土层及地下含水层的物理化学性质、水源卫生保护是影响水质的两大因素，现代研究表明，黄土多含碳酸盐，呈碱性。另外，黄土含氟量较高，几乎整个黄土区都或多或少受到氟的危害。这样在土厚水深的生活用水环境里，凿井而饮获取地下水源是解决生活用水的普遍形式，井水咸苦，水中“所含”成为北方水质问题的主要方面，而水中所含元素过低或高于人体所需，则会影响人体的健康，甚而形成各类地方病，这类地方病可以说是人类生态系统中由于生活用水环节的缺陷而引起的病症。[①]

经过搜集、梳理，关于北方水质的历史文献储存社会生活的信息较为概略，寥寥数语，不过水质咸苦并非孤立的、个别的现象，所以这些数量不少、但基本相同的材料表明了大体上同样的情况。那么文中列举的材料就显得有意义了，通过各地水井咸苦记载的数量观察，反映了古代北方生活用水状貌及其水质问题的重点所在，揭示了古代北方社会生活的一个重要面向。这与南方历史文献的记载形成了明显的反差，令人印象深刻。勾勒古代北方水质状况诚然是一项重要而基础的工作，不过在此基础上我们试图探讨的是，水质这样一个和日常生活密切相关、具有区域性、微观性的问题是否在历史时期对哪些更为宏观的问题产生了重大影响？什么人关注北方的水质？他们对水质抱有什么样的态度和观念？

历史时期，北方地区长期作为中国的政治中心，北京、长安、开封曾是几朝古都，它们可能具有作为都城的诸多有利条件（开封则相对较差），然而从生活用水环境来看却不得不长期受到水泉咸苦的制约。隋初离弃汉代长安城旧址而新建大兴城，乃是水皆咸卤，不甚宜人所致；元代弃中都而新建大都，“土泉疏恶”则

---

① 刘东生：《黄土与环境》，科学出版社 1985 年版，第 376 页。

为关键因素，可见适宜饮食的水质对古代都城城址的确定、迁移产生了重要影响。历史时期为解决井水咸卤虽有迁城之举，然而终究受大的水环境制约，加之人为的污染，使得井水咸苦成为上述北方几个古都社会生活的突出特征。城中或附近的优质水源遂专供皇室日常之需，开渠引水入城是解决城内居民生活用水的重要形式。各类史料传递了这样一种认识：京师为天下之汇，四方辐辏，富庶繁华，人物咸集，然而每天面对难以下咽的咸苦井水，难怪要发出“如何城市客，不肯住长安”的感叹了，在人们的观念中城市成了水质不佳的代名词。

水质的优劣不仅影响了大都市的营建，同时制约着省、府、州、县各级治所的经营和规模。在用水实践中，古人已经认识到水质引发的深层社会问题，“井之道上行而在汲乎众，汲乎众则众所归也，众所归者，泉寒而味甘也，泉寒而味甘，则井道之广也，易曰：井洌寒泉食，是得其甘而众所归者也，即咸而不食，则失井之道也，井道既失，众所不来也”[①]。水质好了，则民众聚集；水质咸苦，则不易聚人，导致城市聚落的萧条。雍正《乾州新志》记载：“乾之为水，出城则甘，中多咸苦，惟城北隅稍甘焉，人缘艰于汲饮，城益寂寞。”生动反映了生活用水优劣和城市聚落兴衰的关联。有官员则从守与战的角度，讨论生活用水及水质问题，“夫建城邑，必曰可守，而可守之道，在便民，民不便将何以聚民？不聚将何以守王城？……民非水不生，其不便民也若是”[②]。揭示了聚落、民生、水质、地方官员职责的关联。

本书搜集史料多见于各类志书记载，各级政府官员出于自身生活所需以及治所营建的考虑，在改善治所水质状况方面扮演了重要角色，惠及当地居民。不少水味甘洌的水井位置就在官府内部或者附近，开凿水井多冠以官员之姓而名为“某公井”，伴随着官员的上任与去职，井水的甘苦凑巧与其保持着时间上的对应，民众便以为天人之际似乎存在某种神秘的感应。志书所录文字传达了这样一种观念：水质咸苦是一个长期困扰、不易解决的日常生活问题，而有的官员之所以能够凿出甘井，改善饮水质量是由于凭借自身的美好道德与清廉仁爱，甘泉成为官

---

① 北宋熙宁七年《善感禅院新井记》。

② 民国《续修陕西省通志稿》卷六十一《水利五》。

员美德的一个隐喻。

我国古代北方特别是黄土高原的水质问题，实质是不同时代、不同地域、各个阶层的身体实践与心理经验，它是视觉、口感、心理多重感受的综合，借由文字描述而保留，这为我们了解黄土高原的水质提供了可能。然而想要全面理解北方水质又存在较大困难，文字的书写多和上层、精英相连，其书写仅仅反映了他们的态度；所幸他们的笔下也或多或少记录了普通民众的日常生活，使我们得以了解有关民众的水质实践及其观念。

面对同样的水质问题，各个阶层的关注点不同。各级官员对水质更多的是出于治所营建、聚民守战的角度。文人雅士煮茶品水，讲求的是一种风雅，生活质量，甚而是一种表明社会地位的象征。文人雅士在茶饮中发展出一套较为系统的水品等级体系，具有一定的权力色彩和地域隐喻，不同时代的文士乃至最高统治者加入品水之列，其间水品体系经历了延承、瓦解、重构的过程，北方水泉列入水品体系，显示了南北地域精英在水质观念方面的冲突和张力。普通民众对于水质的感受更多表现为井水咸苦、饭菜失味，以及炊饭难熟、先下豆后下米的日常生活经验，还有远汲他乡的劳费与艰辛。

面对黄土高原的水质问题，不同地域的人感受也颇为不同。黄土高原水质一方面是当地人长期生活的感受和体味，可谓一种内部的自我感觉；另一方面，那些在黄土高原任职的南方籍官员，自南而北、自东而西游历的南方文士，由于不习水土，在亲身的用水体验中，咸苦的水质给他们留下了深刻印象，在和南方水质的比较中形成对黄土高原水质的认识与观念，可谓一种外部印象，在黄土高原的南方人基于水质也形成了一种自我身份的区别与认同。生活在黄土高原的南方人对水质的感觉从外部强化了有关黄土高原水质的观念。近世以来，一些生活、游历在黄土高原的外国人，在身体实践中对黄土高原水质有一定生活体验，可视为有关黄土高原水质认识的另一视角。

我国古代对水质及身体健康的认识达到了相当水平，这些知识可以使居民在日常用水实践中趋利避害，对改善黄土高原水质也形成一种社会期待，然而“人们只能满足于就近取水”，远距离输水以改变水质的形式只能在限定地域，因而咸苦的井水、绿浊的窖水、混杂的池水长期成为北方生活用水的形式，不仅令黄土高原居民厌恶，渴望清洁甘冽的饮水，也让流寓黄土高原的南方人水土不习。水质作为一个社会生活问题，经由典籍的流传、文士煮茶品水的风雅、乡民豆米熟烂先后的经验、宦游北方的南方人的感受、来自异国他乡的身体实践，共同编织了一个黄土高原井水咸苦的图景。井水咸苦这样一个地方性、区域性的生态环境中的身体实践，经由文字流布，逐渐演变为自我感觉和外部印象中有关黄土高原的一个独特的文化观念。

第六章　安泽县的生活用水与地方病医治

什么是地方病？关于这个问题，我们可以先从医疗社会史说起。

疾病医疗社会史的研究可以说是大陆史学界近年兴起的一个新领域。长期以来，医疗史是医生写史，在史学界处于相对缺失和边缘的地位。然而，生老病死这些与每个人的生命都密切相关的事物，不可能不对历史上的生命以及历史进程产生重要的影响。作为一个新领域，疾病医疗史不仅在拓展研究视野、丰富历史面向和促进历史研究本身的深入开展等方面多有助益，而且对新的研究理念与方法的引介与实践、新史料的开掘与运用等起到积极的推动作用。在中西医争论、中医的处境等话题为人所热议、在“非典”、禽流感等流行性疾病危及人群并引发人们对于医疗卫生制度的思考的背景下，疾病医疗史的研究在现实层面上也独具意义。①

在这样一个学术背景下，长期不为研究者所关注的地方病，尤其是与生活用水有关的地方病对于医疗社会史有着怎样的意义？不难发现，目前有关地方病的研究，主要集中在医学、环境地质学领域，从社会史角度对现代意义上的地方病的研究尚未开展，不过在一些医疗社会史的论文中却运用了地方病的概念，在此需要厘清。台湾学者萧璠在研究南方水质与地方病时曾指出，1950 年中国医学界所称指的地方病类型，到 50 年代末已有不同内容，且使用亦较严谨，他的文章所涉及的疟疾、血吸虫病、黑热病、钩虫病等地方病已经不在其列。有日本学者在运用地方病概念时和萧璠相同。② 曹树基在探讨民国年间国家与地方的公共卫生时

---

① 张华：《社会文化视野下的疾病医疗史研究》，《中华读书报》2006 年 11 月 27 日。

② 萧璠：《汉宋间文献所见古代中国南方的地理环境与地方病及其影响》，见李建民主编：《生命与医疗》，中国大百科全书出版社 2005 年版。

曾指出，1928 年流行于山西临县、兴县的鼠疫和 1918 年山西肺鼠疫相较是一种地方病，这里所指的地方病是在强调国家与地方在疾病防治过程中权力的分立、交织、转化，强调地方与国家的边界，中央政府参与的防治则是国家层面上的，否则就是地方化的防治，疾病也就是地方病。[①] 我们所运用的地方病概念，是指“在某些特定地区经常发生的一些生物地球化学性疾病”，包括地方性甲状腺肿、地方性氟中毒、大骨节病、克山病、布鲁氏菌病等。[②] 本章主要围绕安泽的大骨节病展开讨论，大骨节病病因和生活用水关系密切。

本研究的地理范围以安泽县为中心。安泽县名及行政建置历经变化，明清时为岳阳县，隶平阳府，民国三年（1914）岳阳复名安泽，民国二十九年（1940）析安泽县西部置岳阳县，民国三十年（1941）在临（汾）屯（留）路南置冀氏县。民国三十一年（1942）省岳阳入安泽。民国三十五年（1946）并冀氏入安泽。中华人民共和国成立后，安泽县先后分属临汾、晋南专署 。1971 年安泽县划西部 7 个公社置古县，屯留县良马公社划属安泽县。[③] 经过分并合析形成今天安泽县的辖境。本文所用民国年间资料包括现在的安泽和古县，20 世纪 70 年代的研究则不包括古县。

在安泽县档案馆我们查阅到了 1948 年的水土调查情况，这是一份较为全面系统的资料，随后发现了比较详细的 20 世纪 60 年代至 20 世纪 70 年代的安泽县防治大骨节病的各类调查报告及会议材料，正好与我们在山西省档案馆发现的 20 世纪 50 年代至 20 世纪 60 年代的安泽县防治大骨节病的多份调查报告可以互为参照，在时间上有了衔接。在安泽县查阅资料的间歇，我们还对离县城较近的村庄进行了短暂的访谈，如今的安泽也有大骨节病患者，但已经很难寻觅了，这和所接触的安泽县大骨节病流行的资料形成了强烈反差，是革命年代的夸大了的宣传？还是大骨节病的防治切实根除了困扰安泽群众的病痛？带着这些疑问我们开始梳理着收集而来的繁杂资料，试图从中寻找答案。

这段时间正好包含在中国社会历史上的集体化时期，行龙教授认为集体化时期是一个最为特殊的历史时段，集体化时期的逻辑起点可以追溯到华北根据地出

① 曹树基：《国家与地方的公共卫生 ——以 1918 年山西肺鼠疫流行为中心》，《中国社会科学》2006 年第 1 期。

② 钱信忠主编：《医学小百科 · 地方病》，天津科学技术出版社 1992 年版，第 1 页。

③ 安泽县志编纂委员会：《安泽县志》，山西人民出版社 1997 年版，第 7 页。

现的互助组以及当时对未来农村要向集体化方向发展的提倡。[①]我们认为，这种概念界定，更强调农村生产、生活集体化的历史过程。[②]由于资料的特殊性，我们决定在这一大的历史背景下，通过水土病的医治，从地方史的局部脉络中解读国家政治行为的取向。从疾病医疗的角度考察这段历史，也许无法关怀一些更为复杂深刻的社会问题，但也避免了传统政治史对中国社会所做的“极权主义”式的简单化理解。与以往对“大跃进”、人民公社化运动以及“文化大革命”的暴力叙事不同，与国家对农村单方向的肆意渗透不同，资料为我们编织的是一幅现代政治、地方经验、传统发生互动的复杂图景，在这里有可值得借鉴的安泽经验，对现代农村医疗体制的改革无疑具有重要的现实意义。

本章的写作建立在这些调查报告的基础上，认为地方病不仅是一个生态问题、社会问题，更是一个政治问题，中国共产党防治地方病的过程是卫生领域的较为成功的一次实践，它在某种程度上成了论证新政权合法性的有力资源，因为它的正当性是从解决各种实际问题的能力中获得的，是从群众中来，到群众中去的现代传统的伟大实践。

一、一方水土一方人

（一）文献所见水环境与健康的关系

古人很早就意识到环境因素与人的习性、健康、疾病、智力等之间存在密切

① 行龙教授认为，所谓集体化时代，即是从抗日时期，根据地建立互助组到农村人民公社解体之间的特殊历史时期。之所以将上限如此界定，是因为从上层的视角出发，新中国成立后的国家政治经济体制和各种政策措施无不来源于共产党在广大农村根据地实践经验和理论探索；从下层来看，乡村社会的结构和“顽强的农村文化网络”又何尝不是因为劳动力组织形式和农业生产方式的改变而出现巨大变化。对下限的划定，那就是众所周知的集体经济所有制解体，农村实行包产到户的联产承包责任制。见行龙：《走向田野与社会》，生活·读书·新知三联书店 2007 年版，第 445 页。

② 胡英泽：《集体化时代农村档案与当代中国史研究——侧重于资料运用的探讨》，《中共党史研究》2010 年第 1 期。

关联和重要影响，其中水、土、气等是自然环境能够对身体产生直接影响的因素。如《淮南子》所说："土地各以其类生，是故山气多男，泽气多女，障气多喑，风气多声，林气多癃，木气多伛，岸下气多肿，石气多力，险阻气多瘿，暑气多夭，寒气多寿，谷气多痹，丘气多狂，衍气多仁，陵气多贪。轻土多利，重土多迟，清水音小，浊水音大，湍水人轻，迟水人重，中土多圣人，皆象其气，皆应其类。"

在水、土、气等因素中，古人常把水、土合并起来考虑，如在区别南北地理差异时，土厚水深、土薄水浅即形象地反映了自身的地理特征，在区域流动中而患病则往往是因为病者离开已经习惯的环境而不能适应当地的水土，称之为不服水土，水土不习。水、土其实密不可分，相互依存，虽然古人对二者各有所论，但从水环境角度来看，土质不同可视为水环境的差异，所以水、土在一定程度上可以简约为水的问题。

水是生命之源，在古人看来，不同的水质经过生活实践能够孕育个体的性情，甚而影响人的智力、健康。《管子》中对此多有论及："夫齐之水，道躁而复，故其民贪粗而好勇。楚之水，淖弱而清，故其民轻果而贼。越之水，浊得而洎，故其民愚疾而垢。秦之水，泔聚而稽，淤滞而杂，故其民贪戾，罔而好事。齐、晋之水，枯旱而运，淤滞而杂，故其民谄谀葆诈，巧佞而好利……"在古人看来，水环境是导致各地居民性情差异的根本原因，居民性情的区域性差异则是水质差异的外在表现。

水质导致疾病及其与人体健康的关系，在《吕氏春秋》中有更为具体的论述："轻水所多秃与瘿人，重水所多尰与躄人，甘水所多好与美人，辛水所多疽与痤人，苦水所多尪与伛人。"水的轻、重、甘、辛、苦体现了人们在生活实践中对水质不同方面的感觉和认识，从现代水质的观点来看，水中所含物质过量或少量是导致其轻重不同的原因，而一些人体所需元素的过量或不足会带来味觉上的甘、辛、苦，并引发各类疾病，影响人的生命健康。

认识到水质与健康的关系，古人对于如何识别、引用好水等有着较为系统的见解。唐朝李吉甫所著《元和郡县志》记载："菊水出县东石涧山，其旁多菊，水极馨。谷中三十余家不复穿井，仰饮此水，皆寿百余岁。"陆羽《茶经》专设"水品”一章，对全国各地水质进行品评，且对江、河、泉、井等各类水源进行分析，得出江水最上，井水最下，楚水最上，晋水最下的结论。随着茶饮习俗的扩展的延续，对于水质的品藻成为士人的风雅，流传至清代。古人对于改善水质，预防和减少疾病也积累了一定经验。明朝李时珍所著《本草纲目》一书中指出：“凡井以黑铅为底，能清水散洁，人饮之无疾，入丹砂镇之，令人多寿。”

李时珍《本草纲目》专列“水部”一卷，足见其医疗思想中对水之重视程度。李时珍认为饮水不仅对生命非常重要，不可或缺，而且所饮用水之水性、水味与身体健康状况有密切关系。“其体纯阴，其用纯阳，上则为雨露霜雪，下则为海河泉井，流、止、寒、温，气之所钟既异，甘、淡、咸、苦，味之所入不同，是以昔人分别九州水土以辨人之美恶寿夭，盖水为万化之源，土为万物之母，饮资于水，食资于土，饮食者人之命脉也，而营卫赖之，故曰，水去则营竭，谷去则卫亡。然则水之性味尤慎疾卫生者之所当潜心也。”[①]

具体到北方地区，生活用水环境与南方差异较大。萧璠的研究曾对南方土薄水浅、北方土厚水深的划分加以研究，指出北方也有土薄水浅的地方，南方也有土厚水深的区域，此论妥当。但其仍然延续了北方土厚水深即水质优良的观点，其实不然。相对而言南方水网密布，降雨量大，居民多饮用江河之水，少凿井而饮。北方地势高亢，降雨量小，地表径流少且多季节性，故居民多凿井而饮。南北地理环境、用水环境的区别，形成生活用水形式的差异，从而导致因生活用水而引发不同的疾病。南方地区所面临的更多的病原经过流水扩散、传染引发的爆发性疫病，如疟疾、血吸虫病、恙虫病、丝虫病等疾病。北方则更多的是饮水中某种元素过量或缺少导致的水土病，也就是我们今天所说的地方病。

山西地区水质低劣并引发各类疾病在古代文献中多有所载，在水质与民生部分，我们已经在前面对由水质引发的疾病进行了详细介绍，此处不赘。

综上所述，由于水质问题引起氟斑牙、大骨节病、瘿病、妇女难孕少育或不孕不育、婴儿早亡，严重者甚至出现人亡户绝的现象，其中氟斑牙、大骨节病较为广泛，其他病症、现象则出现在重病区。人们对于疾病和水质关系的认识有的

① （明）李时珍：《本草纲目》卷五《水部》，文渊阁四库全书影印本，第772册，第556页。

非常清晰，认为水质与疾病密切关联；有的则较模糊，“齿居晋而黄”其实为牙齿轻度氟中毒的表现，人们对其病因的认识，较多集中在晋人喜食枣的生活习俗与齿黄之间的讨论，虽有人提出质疑，但尚未考虑到水质因素，所以在病因认识方面存在偏差。

那些对人体健康造成严重损害如大骨节病、瘿病、妇女的不孕不育、婴儿早亡、甚至人亡户绝的现象，给患者带来身体及心理的痛苦，他们对于病因及水质问题的关联认识相对深刻，并采取了一些应对措施。

（二）安泽的生态社会背景

1. 生态背景

生命的起源、生物的进化、人类的历史都是同其赖以生存的环境——地球以及天体的起源、演变和发展分不开的。人类同自然环境之间存在着一定的本质联系，人是自然历史发展到一定阶段的必然产物。人类赖于自然而存在，利用自然而生活，改造自然而发展。居住在地球上的人类，有的人群健康无恙，有的人群则患各种类型的地方性疾病。其原因是不同的地区有着不同的自然环境，不同的自然环境受着不同的自然因素所支配，不同的自然因素对人体的生长、发育则有不同的影响。固然，人类有很强的适应能力和改造自然的能力。但是，当自然的发展、演变所带来的影响因素超过人类的适应能力，同时人类又未掌握自然变化的规律和无改造自然的能力时，便会罹患各种地方性疾病。人体的生长、发育、新陈代谢，是靠外环境中的物质来维持的。因此，要查明地方病的发生与发展，搞清致病因素，根除病患，就必须研究与人类生活密切相关的物质世界，其中包括自然环境。

安泽县地处山西省南部，临汾市东北，位于太岳山东南麓。全境四周环山，南北长 91 公里，东西宽 43 公里，总面积约 1967 平方公里。

从地貌来看，安泽县多土石山区，呈现东西两翼高高隆起，中间川谷相对下降的特征。东侧受太行山山字型构造控制，有安太山、盘秀山、安子山等。西部有从古县北平至永乐突起的霍山分支的草峪岭、东乌岭，北高南翘，形如马鞍。

全境主要由山区组成，占县境的93%，其余为川谷地带，占全境的7%。

根据方位、地势、高差及土壤类型，山区可分为中山区、低山区两类。中山区又称土石山区，多分布在县境东西边缘的深山峡谷，山间土层瘠薄，岩层大片裸露，坡度在30—40°之间，山体多由紫红色、黄绿色、紫灰色砂页岩及黄土组成，植被在40%—60%之间，范围约占全境总面积的35%。低山区又称丘陵区，主要在沁河、汾河二水分水的山岭地带，沁河东的跑马岭、三不管岭和枇山周围，植被以草为多，山体主要由各色砂页岩组成，上覆黄土，从地貌上又可分为黄土残塬、梁峁两类。丘陵区占全境的58%左右。

川谷区主要分在河谷地带，沁河两岸及其主要支流的一级阶地，属此类地区，受河流、山洪淤积影响，地面平坦，壤质较肥，地下水位高，为主要农耕区，约占全境的7%。

安泽属温带大陆性气候，一年四季分明，春季干燥多风，升温缓慢；夏季短期炎热，雨量集中；秋季温和凉爽，多阴雨天；冬季西北风凛冽，雨雪偏少。全县年平均气温为9.3℃，1月份最冷，平均气温为-6.2℃；7月份最热，平均气温为22.9℃，昼夜温差一般在11—15℃之间。一般在10月中旬气温可降至0℃或以下，4月中旬回升到0℃以上，年无霜期约为175天。

受地形影响，安泽县形成有差别的区域性小气候。南部马壁、石槽一带偏暖，年平均气温较中部高2—2.5℃，无霜期可达190天。北部唐城、罗云、良马一带偏寒，年平均气温低于中部1—2℃，无霜期约为160天。西北部三交高山地，气候寒冷，年平均气温比中部偏低2—3℃，无霜期约为150天左右。

年平均降水量为586毫米，年季变化大，年内分配差异较大，56%的降水集中在7、8、9三个月内。受区域小气候影响，县内降水存在一定差异。

沁河为县内最大河流，自北而南贯穿全境，流经35个村庄，境内全长95公里，东西两侧有23条支流，主要有蔺河、李垣河、义唐河、王村河、段峪河、安上河、郭都河、泗河、兰河、石槽河等。境内植被较好，因而沁河泥沙含量小。此外，受地质结构影响，沁河以东各支流清水长流，而沁河以西诸支流旱年多干枯断流。

当地居民对安泽县地理环境特征以及地形、气温、降雨等显现出的区域性差异有所认识。《安泽县志》对地理环境如此描述：“安泽山多地狭，阴寒较重，凡节候视历日稍差，如躔（天体的运行）娵訾之次。礼称东风解冻，蛰虫始振，邑则惊蛰后得之，播种稍迟，多被霜萎第，即一邑论，早晚寒暖已自不同。县南诸村视县东、西诸村早暖一二日，县东、西诸村视县北诸村又早暖一二日，惟北平一带则暖少而寒多，东、西、南三乡常苦旱，北乡有时则苦雨，地气与地势使然也。”①

在这样的环境下，居民主要以农耕为业，受气候条件限制，种植作物以玉米为主，其次为谷子，小麦占少数。当地居民总结出经验，四月天气阴寒则麦有黄疸、黑疸之病，俗云“黄疸半收，黑疸全丢”。安泽四月则天气偏多寒，因而不太适宜小麦生长。

生活用水环境。民谣唱道“喝了岳阳的水，粗了脖子细了腿”，反映了他们对当地生活用水环境和身体疾病之间关系的认识。用水环境是一个复杂的系统，包括地质构造、水源类型、给水形式等因素，在有关地方病病因的部分将详细论述，这里仅提出问题，兹不赘述。

2. 社会背景

雍正十二年（1734）岳阳知县赵温在为《岳阳县志》作序时，因岳阳县农耕环境恶劣、经济凋敝、文风不振而大为慨叹：“岳阳，僻邑也，千岩万壑，地瘠民稀……岳所隶周围乏八百里，山巅既乏沃壤，水涯又多石田，岁一未稔即至流离。山行二三十里始得一村，村不过四五家。境内除邑设市场外余无他市。生斯土者或终身不知贸易事，以故民多贫苦。”这段文字给读者深刻的印象是，它和通常所接触的县志序言不同，没有附着多少溢美之词。随其写实的笔端，当地山丘纵横，人口稀少，村居零落，市场萧条，一经受灾居民则流离他乡的自然条件、社会状况及其特征了然如睹。

地主占有大量土地并出租。在自然和社会灾害影响下，大量土地抛荒，本地及外籍商贾纷纷领荒，形成“租行”这一经济形式。明代岳阳各色田地共计2450顷余，受明末清初战乱影响，居民寥寥，熟地荒芜，鞠为茂草，顺治五年（1648）

① 民国《安泽县志》卷二《舆地·气候》。

既已蠲免无主荒地 1058 顷，约占田地面积一半。此后至雍正年间土地面积恢复到 2191 余顷。道光年间，仍有 15 万亩土地荒弃。光绪年间，北方地区发生大的旱灾，安泽亦无幸免，大祲之后，田地荒芜，户口凋零。同治、光绪年间，岳阳东乡一带商业兴起，客民居多，县内人口较清初增加了一倍，不少流民入山开荒种地，县府决定设立查荒局，将查出的无主田地招人领垦。其中有两个条件，一为负担粮银，二要讨得铺保。商贾既有能力完粮，又可相互担保，于是纷纷揭榜领荒。民国十年（1921），政府再查荒、招领。两次招领，使大约有 14 万亩耕地归商贾经营。这样就形成了安泽县一个特殊经济形式租行，就是由外籍商贾或有钱人来安泽领荒，经营土地，征收租粮。安泽县较为有名的地主为“四大户八大家”，最多者一年收租 7000 石，除本县地主外，浮山、沁水、临汾、洪洞、沁源等县外籍地主在安泽占有大量土地，走马收租。①

畜牧业较为发达。安泽县北有霍山，东南有安太山脉，分支密布，沁河和蔺河穿杂其间，山岳重叠，河水交流，山腰虽陡，但山顶大部平坦，从草覆盖较密，沟壑清流不断，天然牧坡到处都有，具备了发展畜牧的优良条件，而且群众已往就有繁殖饲养习惯。由于环境的优越，畜牧基础较好。1958 年有牛 19622 头，驴 3684 头，骡 731 头，马 613 头，共有大牲畜 24650 头，每户平均 1.04 头（23547 户）。有绵羊 22467 只，山羊 58757 只，共计 81224 只，每人平均接近 1 只（87905 人）。有猪 26049 口，每户平均 1 口以上。全县面积 4278510 亩，耕地面积 382000 亩，占总面积 8.93%，村庄河流道路占 18.15%，其余 3119889.49 亩，占 72.92% 为宜林宜牧的荒山草坡。例外的是，对范寨、和川两乡的牲畜进行调查显示，从外貌观察，不论牛、驴、骡、马均未发现有类似大骨节病的症状，是适宜畜牧的地区。②

自然条件虽差，却为贫民渡灾的福地。一些官员认为安泽僻在深山，地瘠民贫，居民流离，不适于生存。相反，不少贫苦农民却把安泽看成“养穷人的好地方”。一方面安泽地广人稀，多为山区，气候阴寒，不利于农作物的生长，但另一

---

① 安泽县志编纂委员会：《安泽县志》，第 87—90 页。

② 《安泽县大骨节病地区对牲畜生长发育的影响调查报告》（1959 年），山西县档案馆：卷宗号 C89-5-95，第 44 页。

方面，这为广种薄收的粗放式经营提供了条件，也为在山区垦荒无偿耕种提供了便利。当然大地主招领大面积的土地需要出租也吸引了大量的客民租种土地。老百姓常说安泽耕种的简单便利及可观收益，“刨个坑就能收”、“见苗三分长”虽然透露出溢美之词，但常人不愿居住的地方在贫苦人民心目中却成为生存的福地。然而他们大多是“刨个山坡坡，吃个黄窝窝，虽说饿不死，日子也难过”。生活状况并不好。

人口多为客民，流动性较大。安泽人口多为领荒、租地的客民，或者是逃荒而来的外籍人口，人口流动性大。山东、河北、河南以及省内其他县的客民流入安泽，除过灾荒求存因素之外，我们也应当考虑清代中叶以来人口数量增长的大背景下，人地关系矛盾造成的压力，生产生活条件较为优越的地区已基本开发利用。为了缓解人口生存压力，部分居民寻找能够借以生存的农业资源，一些尚未开发的山区虽然条件较差但仍然具有一定的吸引力，自然形成了人口流动和资源的开发，并对当地的生态社会产生了重要影响，像19世纪长江流域丘陵地带的开发就具有一定代表性。[①] 清中叶以来安泽县人口数量、耕地面积较之清初有一定恢复甚至增长，土著人口自身繁衍是一部分，然而主要是外地迁入者占多数。据考察，安泽县居民大多为外地迁入，同治、光绪年间晋中平遥县不少人来和川、府城、冀氏及临近村庄经商务农。光绪二十六年（1900）至民国三年（1914）先后有数百户山东人在和川、府城、良马一带定居。民国八年（1919）至民国十二年（1923）主要是河南人迁入，以民国九年（1920）为例，当年迁入2260人，其中河南籍占1747人，此后六年迁入1419人，三分之二为豫北人。此外还存在大量没有户籍的人。[②]

同治、光绪年间晋中平遥不少人来安泽经商务农。清末民初，河南、山东、河北的客民大量迁入安泽，这和商贾招领大量荒地的时间相对应，客民多在此租种地主的土地或者自己开荒种地。农业合作化前，客民在安泽、原籍两头安家，春来耕种，秋收后回原籍。有的逃荒灾民来安泽居住几年，灾荒过后则返回原籍，

---

① 〔美〕何炳棣著，葛剑雄译：《明初以降人口及其相关问题 1368—1958》，生活·读书·新知三联书店2000年版。

② 安泽县志编纂委员会：《安泽县志》，第71页。

乡谣唱道："安泽深山土地广，河南灾民来逃荒，不建房，不买缸，支个炉灶编个筐，住上三年或五载，临走一脚蹬个光。"[①] 逃荒渡灾、垦荒收益固然是人口流动的因素，但水土病对客民身体健康的危害造成的心理恐惧也是重要的原因。

安泽是一个适于生产却不适于生活的地方。饮水和食物是日常生活最基础的物质资料，农业耕作是解决食物的重要途径，生产者必须依附土地，受农作物种植、经营、收获的时限性、周期性节奏的制约，在从事生产的同时也就必然在日常生活中受到当地水土条件的影响，可能患上水土病。但是，对于部分人尤其是寻求土地资源以摆脱灾害、人口压力等因素带来的生存困境，在生产、生活条件不能俱美的情况下，他们也了解安泽水土之恶，畏惧水土病，然而生存压力迫使他们不得不先考虑食物问题，耕作收获之后，为躲防水土病他们便返回原籍，春来秋去，成为"雁行人"。这种适于生产而不适于生活的自然条件，导致在安泽的客民中形成了"在安泽怕安泽，离开安泽想安泽"既留恋安泽又不愿定居安泽的矛盾心理，这是导致人口流动的重要原因。

预防水土病，也是人口流动的一个原因。群众常说"吃了岳阳的水，粗了脖子细了腿"，他们知道安泽的水不好，吃了容易得水土病，但去安泽种地是为了糊口，有的村子没有定居三辈的人家，都是河南、河北、山东、平遥等地移来的灾民，如果久住不归，就有减少、绝户的危险。在安泽和原籍间的流动事实形成了换水土的民间经验，达到预防水土病的效果。

掘穴为家，居住条件简陋。安泽县不少地区为黄土覆盖，由于黄土的直立性适于窑洞居住，居民因地利之便形成穴居习俗。绝大部分居民系从山东、河南、河北等省或临近各县在清末民初迁来之逃荒户，一方面没有经济能力建房，开挖窑洞成本较低，另一方面受当地居民习俗影响，故多居窑洞。另外他们有的是两头安家，有的是暂时居住，没有长期定居的打算，因而一般住房简陋，绝大部分住在窑洞里，居室狭小，阴暗潮湿，个别还存在人畜同居现象。群众常说："少买缸，多编筐，临走一脚蹬个光。"与此形成鲜明对照的是，城关、下治、热留、北平一带外来户极少，尤其是城关、北平的大部分村庄本地户约占 90% 以上，居民住

① 安泽民间文学三套集成编辑委员会：《安泽民间文学三套集成》（内部资料），1989 年，第 37 页。

房绝大部分为瓦房、瓦楼房，窑洞很少，居室阔畅亮爽，卫生习惯较好。[①] 从居民分布来看，土著多分布在条件较好的平川地区，客民则多分布在山区丘陵地带。

地广人稀，村庄疏落。清代县志记载村落分布及其规模，“山行二三十里始得一村，村不过四五家”。“山前山后杳无村，十室空名九不存，一自长官绥辑后，今日添就两三门。”[②] 这种状况至20世纪五六十年代并未得到根本改变，如水土病严重的范寨乡，全乡360户，51个自然村，1—5户的30村，6—15户的16村，16—25户的4村，25户以上的1村。[③] 村落分布极为零碎，是一个地广人稀、居住分散的山区。[④]

安泽县社会状况受到其生态环境的影响，历史时期安泽即地广人稀，户口寥寥，一般人不愿在此居住，清末民初受自然、社会灾害影响，客民大量涌入当地逃灾度荒或垦荒获利，然而此地条件适于生产而不适于生活，故而人口流动性较大，定居者少。

3. 医疗背景

前述生态、社会背景表明，安泽县的自然条件在生产、生活两方面体现的优劣和偏颇，在社会状况方面同样也有明显的表征，“养穷人的好地方”是最好的概括。当地自然条件的优势吸引了大量的客民前来，为其生存提供了有利条件，同时这也为当地自然环境，尤其是生活用水环境对人体进行侵蚀和危害，提供了必要的施加影响的人群，农业生产的季节性、周期性以及对耕作距离的限定性，把居民的日常生活在一定时期内牢牢束缚在一定范围的地域空间，即使认识到自然环境可能导致水土病，但仍然短时期摆脱不了环境的限制，被动的承受外部环境给身体带来的危害。贫穷与疾病像一对孪生姐妹，贫苦人集中的地方同时也是水土病多发的地区。从民国年间的调查报告来看，水土病主要有大骨节病、甲状腺肿大等。

① 《安泽县地方病调查报告（1962—1963）》（1965年3月27日），安泽县档案馆：卷宗号12，第17页。

② 赵时可：《拟岳民谣八章》，民国《安泽县志》卷十六《艺文志下·诗》。

③ 《安泽县大骨节病地区对牲畜生长发育的影响调查报告》（1959年），第45页。

④ 《安泽县地方病调查报告（1962—1963）》（1965年3月27日），第17页。

医学界对该病的发现和认识。在国外，对此病发现最早的是苏联学者尤连斯基。他于1849年在苏联远东亚洲东部乌洛夫河流发现了大骨节病，并称为乌洛夫病或卡辛—贝克病。他认为，病区多沼泽，水中多含铁，饮用这种水是得病的原因。在苏联，生物地球化学说一直受人重视，认为是缺钙和锶与钙比值失调所致。1961年，苏联学者霍勃切夫指出，大骨节病区水中钡、锶多，钙少。在1924至1925年间，苏联学者达鲍洛弗尔斯基等人，用可饮用泉水、有机污染泉水和病区河水进行家兔和白鼠试验，结果试验组死亡率很高，骨骼生长停滞，内脏器官起了显著病变，但未形成大骨节病模型。

1918年，日本人岗野在朝鲜北部山区发现了大骨节病。1933年，平松在日本本州山口县发现了这种病。特别是1960年以来，日本不断发生此病，从东北部的北海道，到西南部的九州都有发现。病区多处于山间盆地、河谷洼地、海岸和湖岸，以及海湾堆积地形之中。有的地区森林茂密，杂草丛生，沼泽发育。北海道等地有泥炭层分布。饮用水的pH值、矿化度、硬度均低，铁和有机物含量高。日本一些研究者一直认为大骨节病与饮用水水质有关。1935—1942年间，多数人倾向于水中的无机元素是病因；稗田、井上等人认为是慢性铁中毒；久保认为是氟多而致病。与此同时，泷泽指出，大骨节病与饮用水水质有关，其发病率与高锰酸钾消耗量平行，认为将水中有机物除去即能预防这种病。大约从1960年以来，泷泽等人用北海道病区的饮用浓缩水、泥炭层水和植物半分解残体的抽提液进行了多次动物试验，均获得阳性结果。从而泷泽认为是有机中毒。①

1934年我国医师张风书在图长干线旅行时发现大骨节病，后由伪南满医大教授高森氏研究，认为大骨节病和苏联人发现的卡辛—贝克病是同一种病，引起许多医药卫生人员的注意。

安泽县关于大骨节病的记载亦零星散见于地方文献。大骨节病系水土病，发病不易觉察，不同于流行疫病，所以地方文献有关的记载多为情状形的描述，有些文字只是间接透露出一定信息，对于是否为大骨节病还需要适度推测。地方志对于安泽生产生活状况多有描述，一首民谣唱道："山民全如鼠，伏处各土穴。相

① 黑龙江省地质局第一水文地质队编：《地方病环境水文地质》，地质出版社1982年版，第21页。

传为世守，即此是家业。黄发急朝餐，带泥煮山蕨。残躯结百鹑，苍颜逼古铁。疑是煤铸成，乃有气些些。”阴暗的窑洞、残疾的身体、破敝的衣服、疾病折磨下仅存的气息和现代对大骨节病调查情况非常一致。[①] 雍正年间邑令赵时可曾拟民谣记述安泽民情，“掘穴为居便作家，儿孙几辈长些些。邻封漫道连云好，百岁同归地下赊”[②]。除记述岳阳县民居住习俗外，其中“儿孙几辈长些些”可理解为水土病影响下，居民人丁不旺，人口数量稀落，另外似可理解为居民体形不高，儿孙几辈均患水土病。又《岳阳叹》载“荒山夹残涧，三五破窑垒。里里皆鹄形，生人化枯鬼”。上述记载虽未具体指出水土病，但从描述的词句来看，大骨节病的特征应很明确，《安泽县志》的记载既属此类，县志重修于康熙年间，以此推断，大骨节病在安泽流行大约有300年的历史。

沁水县与安泽县相近，也有水土病。元末明初，巡按山西的徐贲曾路经沁水县，以诗纪行，对沁水县的风土、瘿病进行了生动描述：

沁水县

一水随山根，宛转流出迥。
滩声绕县门，孤城数家静。
风土殊可怪，十人五生瘿。
土屋响牛铎，壁满残日影。
行迟欲问宿，连户皆莫肯。
亭长独见留，半榻亦多幸。
呼童此晚炊，粝饭谷带颖。
野簌不可得，敢望肉与饼。
途行乃至此，俭业当自省。[③]

“风土殊可怪，十人五生瘿”，可见当时瘿病流行，而且很严重。徐贲是吴中

① 彭而述：《晋民谣》，民国《安泽县志》卷十六《艺文志下·诗》。
② 赵时可：《拟岳民谣八章》，民国《安泽县志》卷十六《艺文志下·诗》。
③ 嘉庆《沁水县志》卷十一《艺文·诗》，嘉庆元年刻本，第7页。

人，生平未见过山居者的瘿病，当然很是诧异了。

安泽县大骨节病医学上的发现及治疗始于民国年间。抗日战争爆发后，安泽一度成为八路军司令部所在地，双方在兵戈相见的岁月都对地方病开展了一定的调查、研究和治疗。1942年日军随军医学士服部敏在安泽患区调查研究并撰写论文。[①] 同年10月，中共北方局书记刘少奇化名胡服来太岳区指导工作，在安泽期间关心民生疾苦，发现了地方病对百姓造成的严重危害并指示设法防治地方病。[②] 根据刘少奇的指示当地政府立即想办法防治水土病，1948年6月18日，《新华日报》发表了太岳行署主任牛佩琮写的《太岳行署关于防治水土病的一封信》，文中分析了水土病的成因，同时编发了一条关于模范医生李克让研究治疗水土病办法的报道。[③] 1948年6月，安泽县医生李克让翻山越岭沿双头、上县、花车附近的三条河流的村庄对全县水土病情况进行调查，并写出调查报告，其中对水土病的分布、病情、病因详加分析，并提出了初步以打旱井预防疾病的办法。[④] 1948年8月，太岳行署邀请西北农学院乐天宇院长来安泽考察寻求防治大骨节病的办法，一行23人，深入69个行政村，访患者，查水源，观察生活环境、衣食住行及起居作息习惯，提出改良用水，多吃蔬菜、海盐、海带，讲究卫生，小病早治疗等办法。[⑤] 从资料来看存在一些疑点，即李克让、乐天宇二人先后分别调查还是李克让参与乐天宇的调查撰写调查报告，我们已经不能详了。重要的是这些病情调查报告从实践中得来，为以后大骨节病的认识和治疗提供了珍贵的本土性医疗知识和经验。

医疗水平比较落后。首先是医务人员严重短缺，方圆几十里仅有一二名郎中，到1949年末，全县行医人员计114人，其中94名中医，20名卫生员，每千人平均医生数1.32个。第二，缺乏现代意义上的医院及必要设施。1946年11月安泽

---

① 民国时期文献保护中心、中国社会科学院近代史研究所编：《民国文献类编·医药卫生卷》，国家图书馆出版社2015年版，第54—55页。

② 尚宪笃讲述，宋素琴整理：《少奇同志在安泽的故事》，见《安泽民间文学三套集成》（内部资料），1989年，第219—222页。亦见安泽县志编纂委员会：《安泽县志》，第476页。

③ 转自《山西通志·卫生医药志》，第437—438页，需要说明的是根据其所载日期并未查询到相关资料，可能是报纸名称有误。

④ 《山西省浮山县安泽县大骨节病调查综合报告》（1957年12月），山西省档案馆：卷宗号C89-5-61。

⑤ 安泽县志编纂委员会：《安泽县志》，第387页。

县武委会医疗所与冀氏的和平药店合并，建立永和药店，为照顾群众就医增添医务人员。1948 年 10 月改称人民医疗所，共有医生四人。[①]

在这样的医疗条件下，居民对水土病的医治基本上表现为个体行为，也表现为简单的医患关系。居民的预防和治疗是根据民间对水土病病因的认识和积累的生活经验开展的。当地居民认为饮水是造成水土病的主因，发现表面漂着油花的水不能喝，流过红砂岩的水不能喝，空山水不能喝。水土病"欺软怕硬"在年龄结构上表现为"财坏老财坏少"[②]，故而将小孩放在不水土的地区等养大了再接回来，称为换水土。一些客民在原籍和客籍间流动居住，其中也有防水土病的作用。另外，民间积累了一定的治疗偏方，如多食海藻、海带等。

当然民间对于水土病的认识也存在一定偏差，如有的人认为水土病无法治愈，有的人认为没有患水土病的人是因为他们家的祖坟位置好，等等。这是值得我们注意的一个面向。

二、水土病在安泽县的流行

安泽县水土病据历史记载已有 300 余年，然而关于病情的确切记述则显得十分零碎，全面而详尽的情况则始于 1948 年 6 月安泽县的病情调查后撰写的《全县水土情况调查》、《安泽水土初步调查》，两个调查成于同一时间，名称不同，但内容基本一致。调查涉及安泽县水土病的各个方面，包括发生水土村庄的位置、水土村庄的户数、人口数量、吃水来源、生活习俗、水土的种类、水土的程度、水土的时期、水土的感觉、治疗水土的方法等要点，是反映和揭示安泽县地方病情况最为全面的材料，也是本研究的基础。[③]

---

① 安泽县志编纂委员会：《安泽县志》，第 382—383 页。

② "财坏"在安泽当地方言意指患上水土病。

③ 《安泽水土初步调查记》（1948 年 6 月），安泽县档案馆，卷宗号 188；《全县水土情况调查——一九四八年六月的调查》。

（一）水土病的空间分布

1948年安泽全县共97个村（其中一区14、二区14、三区11、四区17、五区15、六区13、七区13个村庄），有水土病情的村庄多达69个，整个一、二、三、四区每个村子都有水土病患者，其余五、六区有个别村，六区两个村，七区五个村也有水土人[①]，只不过水土的程度与数目的大小不同而已。从流域来看，一、二、五区属于沁河流域，三、四、六、七区属汾河流域，从今天的行政区划来看，一、二、五区在安泽县境，三、四、六、七区在古县境内。

水土病严重的典型村庄有李园、辛庄村、槐沟、大黄村、上县、议宁、双头、议亭8个村庄，双头、议亭在县北沁河西岸，其他几个村集中在沁河西岸的马寨河、李元河、蔺河等沁河支流沿岸，分属一区、二区。

李园位于李元河北岸，全村共11户人家，四分之一的人呈大骨节病症，5户20余口人脖子发粗，呼吸困难，甲状腺肿大病症明显。

辛庄在马寨河的北岸，无大骨节病患者，有少数粗脖子病，然而有七八个青壮年妇女都开怀不多，生下孩子也难以长成。

槐沟村在辛庄西约半里，全庄6户十几口人，全部为水土人。

大黄村居住在大黄沟内，全村一百余户人家，没有一家超过60年的老户，1948年前一二十年内死绝四户，移走了的四十余户。

上县村共279户，537人，约有二分之一的是水土人，有的脖子长圪瘩，有的脖子发粗，这一类人的呼吸艰难；有的四肢关节起首作痛，渐渐发粗，聚成一颗疙瘩，关节以外有细短歪斜和弯弓等形状，举步维艰，一些人患病后户绝人亡；这村青壮年妇女大都不生养，纵然是生个小孩，也很少成人，所以这村找不到一户有十几口健康男女的人家。

议宁村水土人约占一半，典型患者李德元兄弟二人，都是头大身长腿短，行路一走三摆，每日能走一二里，受水土病影响1947年秋前全村共290户男女822

---

① 当地称水土病患者为水土人，有无水土病称为水土、不水土。

人，1948 年春天共迁走了 83 户 210 人。

双头村共四个闾，其中二、三、四闾居民水土较重，约占总人口的 55%。第一闾有 43 户，男女 132 人，粗脖子的有 30 余人，占总人口的四分之一。青壮年妇女 19 个，没开怀的有 5 个，开怀的养的也很稀，有四五年生养一个的，有七八年生养一个的。

该村水土典型人名叫李有青，年龄 48 岁，其弟李会青年 42 岁。从襄垣逃来时，有父母兄妹一家 7 口人，十几年来因疾病而水土，因水土而不离疾病，现在死的只留下他兄弟二人。李有青头大、身长、腿短直，共长约三尺，一摇三摆，行走不过二三里。其弟李会青高矮与有青仿佛，但腿短细而歪斜，走路时腿一左一右形如辫蒜状，日行不过一二里，一步能跳五六寸，必须退一二寸才能走第二步，每走三摇，咬牙咧嘴，痛苦万状，兄弟二人生活很难维持，形成绝户之势。

议亭全村共四闾，189 户，618 人，二十年来这村里的人一到水土年龄有一场病就水土了，水土的人大都行走困难，懒怕劳动，日常起居概不讲究，一遇时疾流行再加医药缺乏，造成全家死绝的有不少。一、二两个闾在二十年内死绝 47 户，男女 147 口；三、四闾在十几年内死绝 27 户，快绝者 7 户，共男女 138 口，因此在全村找不到一户人口多的而且健康的人家，二十年来村中死亡人口占全村人口 46% 强。一、二闾青壮年妇女 29 个，有 12 个妇女生育的很稀，五六年生一次，而且有 2 个妇女没有生养过，一、二两闾少生养的妇女占产妇的 41% 强。最近二三年内两个闾共生产小孩 19 个，死了的 13 个，活着的 6 个，6 个小孩却是面黄肌瘦，经常有病，大人时常挂心，对于孩子长大很少信心。

水土病情在行政区划上的表现，其实反映了各地区环境的差异，若要从生产、生活环境来看，水土病严重的村庄分布于山沟丘陵，耕种田地为山岭坡地，而水土患病率低的村庄，则居于平川，耕种田地多为河滩平地。

（二）水土病的病因认识

安泽县流传一句民谣，“喝了岳阳的水，粗了脖子细了腿”，这反映了生活用水是导致水土病的民间经验和病因认识，这种认识在很大程度上具有地方经验的意义，同时显现了对水、土和疾病关系认识的传统观念。调查人员在调查过程中重点考察了各个村庄生活用水的状况，对各类饮用水源以及水土病状况的对应关系进行了初步分析，并得出了一些基本经验。

首先是对形成水土病自然因素的认识，主要围绕河水及其地质状况和水土病的关系。调查人员跋山涉水对境内沁河、秦壁河、兰河、泗河、王河、王村河、蔺河、李元河、劳河、义唐河、古县河、赵寨河、高城（石壁）河、桑林河、凌云河、交口河等16条河流水文条件以及沿河村庄（主村）的水土病情进行了考察，经过考察，调查人员总结出一个直接的印象，那就是地质为青石的地方，河水流过，居民饮用后不患水土病，第五区、第六区河流所经之地为青色石质，水土病不普遍。形成明显反差的是，第一、二、三、四区河流沿岸不是青石而是红色砂岩，每个村都有水土病情，只不过是轻重程度不同而已。

水土病情严重的议亭、双头等村庄就位于沁河西岸。沁河由沁源县进入县境后自北而南依次流经的主村有东里、郭寨、议亭、罗云、双头、北崖底、洪驿、岭南、石渠、飞龙、高壁、风池、兰村、白村、冀氏、南孔滩等。沁河两岸多为红砂石，河内没有青石。不过居于县北上游的议亭、双头、罗云3个村庄水土病严重，其余各村也有水土病患者，但病情较少，相较山沟里的病情要轻些，这就是说水流所经地的石质和水土病有紧密的对应关系。秦壁河、兰河、泗河、王河、王村河、李元河所经之地多为红砂石，沿河村庄水土病情较为普遍。

全县28个不水土的村庄主要集中在涧河、桑林河、凌云河沿岸，这几条河流河床皆为青石，古县河则为白砂石，流经各村则没有水土病情，例如涧河流经北平、圪堆、金堆、相力、古阳、白素、辛庄、城关、湾里、张庄、五马、偏涧等村庄，均没有发现水土病患者。

具体到一条河流，一条山沟，越往里的村庄水土病情严重，而沟口村庄的患者则较少。如秦壁河首尾两个村庄为崖底、马壁，崖底处于山沟最深处，水土病情重，而马壁位于下游快要汇入沁河，病情则要轻得多。王村河沿河村庄水土病情也是自上而下，由里到外，逐步减轻。

河床条件差异对水土病的影响，促使考察人员对水质的其他要素进行了分析。

明代徐光启曾总结测试水质优劣的办法，如称轻重、品水味、观残渣等。[①]安泽县1948年的水土调查在观察河床地质条件差异和水土病的关系外，重点对病区和非病区的水质进行了传统的分析和归纳。据初步调查非水土病区的水，如辛庄、唐城等村，水味发咸，经煮熟后，剩下颜色发白的渣子。水土病区的水如议宁、议亭、上梯等村，味淡经煮后剩余的渣子，颜色发灰，其分量为九两四钱，比不水土的水要重一钱五分。另外在水土地区，水面上常泛有油花，居民认为漂油花的水吃后易患病。

在自然原因之外，还有一些不能解释的现象，于是人们从社会方面寻求答案，主要分为生产、生活习俗两方面。

生产习俗。安泽县由于地广人稀，耕地大部分零散于山坡，劳动力缺乏，运输不便及居民的耕作习惯，谷物割倒后多就地暴晒月余，再往回运。粮食收获后均放在荆条筐内或席囤内，粮食易于潮湿发霉。

生活习俗。主要是清洁卫生、疾病、日常生活与水土病关系。调查人员常常为一些现象所困惑，他们发现在同一个村庄，有不同的饮用水源，村民有吃井水的，有吃沟水的，不论饮用哪种水总是有的患水土病，有的则身体健康。第五区高城村就是这样的情形，王裕秀、赵培文是村中大户人家，没有一个家庭成员患水土病，而村庄穷户则多患水土病。有人认为赵、王两家的坟茔好，是他们没有患病的原因，这只能反映当地人的认识，并不是病因的根本。

于是，医务人员对高城村富户与穷家的饮食、衣服、居所、卫生习惯、定居或流动、治病态度等社会生活状况进行了调查，他们发现村中五户富贵人家在饮食方面按时有规律，花样多；在衣着方面根据天气变化及时更替，单衣棉衣相杂；有窑有房，冬暖夏凉，居住条件好；在卫生方面，衣服勤洗勤换，居室庭院经常洒扫；小孩多和亲戚来往走动，长大后不是求学就是经商，流动性较大；在疾病治疗方面，患病以后及时医治。

对比之下的穷苦人家在各个方面表现出较大差异。饭菜单一，吃饭时间不规律，衣服经常换不过季；多居窑洞，破塌、潮湿、污秽；衣服不洗不换，胡吃乱

---

① （明）徐光启撰，石声汉校注：《农政全书校注》卷二十《水利》，上海古籍出版社1979年版。

喝，不讲生冷；长期居住一个地方，四门不出，流动性小；有病不治，听其自愈，故而多病。

水土病在穷富家户病情的显现可视为疾病的阶级性表现与社会性反映，由于其经济社会地位的不同，富裕家户在衣、食、住等方面享有较为优越的条件，同时保持了较好的卫生习惯，从营养学、防病的角度来看他们具有较强的抗病能力。家庭成员因为经商、求学形成人口的流动性，客观上实现了换水土从而达到防病的效果。在同样的医疗背景下，经济状况的差异导致贫穷家户缺少医病的经济能力，对待医病的态度也较为消极。

水土病患者体现出一定的土客结构。流入安泽县的客民主要是山东、河南、河北人，客民多三五户成一庄，散居各丘陵之间，多居于土窑洞内，洞内阴暗潮湿，卫生状况不好，日常生活多以玉米为主食。客民成为水土病高发群。

水土病与患者年龄之关系。当地居民认为水土病是“财坏老财坏少”、“欺软怕硬”，病区的男女从八九岁到二十岁上下是患病率高的年龄段，是水土病侵蚀的对象，一旦患病则难以治疗，终生受病痛折磨。另外体质较弱、有其他疾病者也容易成为水土病患者。

我们简单归纳了时人对水土病自然、社会两方面的认识，最后，我们需要指出部分居民对病因的其他解释，如有人认为水土病和祖坟位置好坏有大的关系，有人认为患水土病是天意，治愈不好。

（三）水土病的社会影响

水土病是一种特殊的疾病，个体患病以后，骨骼畸形，肌肉萎缩，身材矮小，步履蹒跚，关节疼痛，有的甚至成为“身材不够三尺高，迈步不过三寸远，体重不过三十公斤，肩挑难超三十斤，日行不过三公里”的残疾人，因而此类疾病的社会影响在普遍性之外显现出一定的特殊性。

身体形态的改变。从外观上来看，水土病患者，有的身体畸形、身材短小、头大身长腿短，有的脖子粗大，连衣领也系不住。身体残疾也带来精神上的不振、心理上的自卑和生活态度的悲观。一些疾病会对身体造成严重的损害，但无损于身体外观，如适度的身体比例、健全的四肢、正常的面孔等，像心脏病和流感之类的疾病不管是否有无生命之虞，它们都不损害或扭曲脸部，小儿麻痹症只对身体造成影响但无损面孔。苏珊·桑塔格曾强调了身体外观对疾病隐喻的影响，认为面孔的独特地位“对判断身体的美感与身体的损伤来说具有决定性作用”，面孔有时能和身体分裂，影响了“礼仪、时髦、性方面的评价以及美感的方方面面——几乎涉及我们有关得体的所有观念”。[①]

安泽水土病是一种特殊病症，患者头大、身长、腿短，有的脖子上还挂着“瘿瓜瓜”，有的骨节严重变形，这和苏珊·桑塔格强调的脸部疤痕、溃烂不同。地方病不仅对身体内部，同时对包括面孔在内的外部形成惨重的损害，孩童的身材支撑着成人的面孔犹如田间低杆结出一棵硕大高粱分外醒目，生命应有的均衡的比例、尺度被破坏了，身体外观比例失常、形态扭曲成为令患者不体面的突出标记。

生产能力减弱或丧失。粗脖子病主要是腺肿压迫气道而引起的呼吸困难，经常容易气喘，劳动后很易疲劳。如乌木乡有男女全劳力 246 人，因病变成半劳力者就有 52 人。患者张有太过去是一个劳动能手，因患病后丧失劳力一半，有的家庭全部丧失劳动力。

女性生育能力严重受损。有的女性水土病患者骨盆变形，容易造成婴儿难产。受水土病影响，妇女月经不调，妇女生育能力降低，如前所述，议亭村一、二间青壮年妇女 29 个，有 12 个妇女生养孩子很稀少，有 2 个妇女从未生养过，1946—1948 年两间共生了 19 个小孩，死了 13 个，活着的 6 个其中 3 个有病，病态十足。

婚姻、家庭方面的影响。水土病患者连自身生活也难以自理，个人婚姻的解决就更加困难了。病区的姑娘要到非病区找对象，非病区的姑娘不去病区。

人口死亡。前面介绍水土病情时已经描述过一些村庄户绝人亡的惨状，这里仍以议亭村为个案，对 1938—1948 年人亡户绝情况进行列表，以有助于我们对其危害有一基本了解。姓名为死绝户主的姓名，人口为死绝人数。

---

① 〔美〕苏珊·桑塔格著，程巍译：《疾病的隐喻》，上海译文出版社 2003 年版，第 114 页。

表 6.1　山西省安泽县议亭村家户 1938—1948 年因水土病死亡人数统计表

姓名	人数	姓名	人数	姓名	人数
田秀清	3	刘双喜	3	郑来福	2
刘利立	3	王布兰	2	张连生	6
黑小母	2	魏旦	2	李富	3
霍丁海	1	吕金花	4	柴希福	5
柴二多	3	王廷茂	4	成四则	6
郭二小	4	刘春法	6	张善则	1
马玉海	2	韩四海	3	王海	3
高林信	2	刘大阁	1	邹长柱	3
冯文义	3	张世琐	2	张居牛	4
胡二科	2	田廷中	2	王水成	4
王全富	6	黄三小	1	张三则	1
黄其全	4	范生管	3	聂文升	7
陈狗小	2	黑明星	2	任连方	3
黑汗	4	邓桂枝	3	杜老三	4
任之瑞	1	周小福	4	刘福林	2
席太贵	2	范如杰	1	张金声	5
任田	5	苏老	2	许老尔	3
张永林	6	王亲儿	4	苏小林	4
刘保守	4	胡金柱	4	胡春和	4
王根子	6	王福明	3	王连喜	10
王章栓	5	老张	4	王年虎	3
狗不肯	2	蔺香	5	梁心则	2
韩公理	2	老郭	5	杨堂全	4
冯香	5	姜明堂	5	张明顺	4
皮五宜	3	赵光合	4	张法	9

资料来源：《安泽水土初步调查记》、《全县水土情况调查》，1948 年 6 月，安泽县档案馆：卷宗号 195。

劳动能力丧失、生育能力受损、婚姻难成、户绝人亡的社会病状，说明在地方病摧残下，患者身体在遭受病痛外，他们应该承担的社会角色也被侵蚀、瓦解，使身体的疾病成为一种社会的疾病。

人口流动。前面已就人口、资源、环境关系形成安泽人口流动的特征有所交代。地域间人口的周期性、季节性流动在我国其他地区也曾存在，如山西北部居民因在山西、内蒙古交界地带垦殖形成的人口流动即为一例，农闲居于家乡，农耕暂为客民，春去秋归。安泽县山东、河南、河北及安泽邻县的人口流动，部分原因和上述人口流动相似，然而造成安泽县人口流动不容忽视的一个重要原因是水土病对外籍人口有更大的威胁，以及他们对水土病的心理恐惧。例如合作化以前安泽县上寨乡有 79% 的客籍居民多为两头安家，冬去春来，流动性很大，其主因就是怕水土，躲水土。因为水土病的危害，加大了人口流动趋势，动摇了部分人长期定居的思想。[①] 人口的流动在一定程度使地方病成为一种空间的疾病。

（四）水土病的治疗

基于对水土病因的认识，居民采取了一些应对办法，如注意对饮用水源的选择和辨识，采取人口流动换水土的办法进行预防，然而受具体条件及思想观念限制，这些措施并不具有较大的普遍性，因而防治措施显得十分有限。

医治状况同样也是非常有限。从水土调查后对水土病防治的建议来看，主要还是对生活用水的关注，如晒水过滤、打旱井等；在生活习惯上不要喝冷水，多吃豆芽，不睡热炕，多吃海带、海盐；多劳动，有病早看；破除迷信和水土病做斗争；妇女要注意自身卫生，同时学会带孩子的办法。

1948 年的安泽县水土调查为我们展示了一幅凄惨的图景，地方病深深地折磨着当地居民，在感性的同情了解之后，我们可以得出如下几点初步的认识：水土病体现了人与自然环境的关系，病区与非病区的空间分布基本呈现出平川与山区明显区分，平川与山区分别是土著和客民生产、生活的范围，因而水土病从患者

① 《关于安泽县水土病（柳拐子病）的调查报告》（1957 年），山西省档案馆：卷宗号 C89-5-51，第 5 页。

身份来看具有明显的土客结构，水土病患者还体现出了一定的阶级差异性，后来群众称之为“阶级压迫症”，从对资源的占有和开发，从阶级经济状况来看这一点是易于理解的。从1948年的水土调查我们可以了解到，在有组织、有针对性的以政治动员为形式的现代性治疗前，当地居民对于水土病有比较系统的认识，其水平具有特定的时代性，是传统的、地方性的经验，可视为地方性知识。在中华人民共和国成立之前，当地革命政权虽然关心民生疾苦，注意水土病的调查和防治，但受医疗资源限制，其防治显得非常有限，所以水土病的防治基本上处于个体治疗的状态，水土病成为困扰地方社会的一大问题。

三、群众运动下的水土病防治（上）

在前面对水土病及其相关因素和有关水土病认识的探讨中，我们的注意力都集中在水土病本身，这样的关注十分必要，但水土病并不是单纯的自然环境与疾病的关系，苏珊·桑塔格说：“以前是医生们发动对疾病的战争，现在是全社会发动这场战争。把战争转化为对大众进行意识形态动员的时机，这的确使得战争观念变成了一个有用的隐喻，可用于一切形式的、其目标是打败‘敌人’的那些改善运动。”[①] 国家对水土病的防治过程是一个乡村医疗改革的过程，在这个过程中，它所应用的社会动员、人民战争等动员策略让医疗与政治走得前所未有的亲近，医疗成了论证政权合法性的有力资源。爱国卫生运动、“大跃进”、人民公社化运动、“文化大革命”运动……在安泽，水土病的防治与其配套运转，相互响应，以一个活的姿态，内涵与外延显示着它们的特征与实质，使我们从新的含义上理解了现代政治。但是另一方面，这个过程也不是一味被塑造的过程，它还潜藏着已有的作为乡土传统的影子，有自己独立的“人格”。但是需要说明的是，这两个性格并不矛盾，它是政治的现实，也是社会的现实，更是共产党政权在解决实际问题中创获新经验的一种实践。

① 〔美〕苏珊·桑塔格著，程巍译：《疾病的隐喻》，第88页。

安泽水土病防治的最大特点，是与各种政治运动的相互呼应。据资料展示，“大跃进”和“文化大革命”时期是两个重要阶段。每个阶段有每个阶段的特征。本文拟就这两个阶段进行论述。

众所周知，1958 年的“大跃进”，给中国许多地区带来的是灾难性的后果：谎言、浮夸、饥饿和死亡成为那个时代的特征。在安泽对于地方病的防治，却利用了“大跃进”的各种组织和动员形式，为我们编织了一幅别致的图景。从实际出发，从群众经验出发进行调查研究。在医疗领域浮夸和冒进没有成为主流，在高度统一的时代，我们隐约看到一个具有多元价值的社会的存在。[①]

（一）集体生产、集体生活、集体治疗——集体行动的逻辑

1958 年随着“大跃进”、人民公社化运动轰轰烈烈地的开展，安泽也开始了大规模的地方病普查普治工作。患上大骨节病后，患者骨骼畸形，肌肉萎缩，身材矮小，步履蹒跚，关节疼痛，直接影响着农业生产。不少病人下地劳动前，扶着坑沿走，沿着墙壁蹓，一蹩蹩到大门口，才能扛着工具下地走。劳动时是“上地一大片，干活很有限，太阳没落山，就得往回返”。1958 年正值全国大炼钢铁的高潮，太原钢厂向范寨乡要三个人支援工业建设，经过该乡遴选，选出 5 人，但合格者仅 2 人。1956 年至 1958 年范寨乡服兵役者仅 1 人，在那个年代，个体生病这样的小事，却和农业生产、工业建设、国防建设紧密联系起来了。[②]

地方社会的稳定与发展对地方病防治提出了要求。1956 年山西省防疫站调查显示，全县大骨节病患者为 9534 人，占总人数的 14% 还多，有些乡高达 60%。府城、和川、范寨三个乡共有患者 1995 人，占三乡总人口 9662 人的 20.65%。其中最高为范寨乡，有患者 553 人，占该乡人口 1002 人的 54.89%，严重地影响着生产劳动力。三个乡的居民，绝大多数是山东、河南、河北等地，因旧社会

① 参见曹树基：《人鼠大战：1950 年代的内蒙古草原——以哲里木盟为中心》，见《“近代中国的城市·乡村·民间文化”——首届中国近代社会史国际学术研讨会会议论文集》，2005 年 8 月。

② 《安泽县范寨、和川、府城三乡大骨节病调查总结》（1958 年 9 月 25 日），山西省档案馆：卷宗号 C89-5-71，第 82 页。

灾荒，地主压迫，无法生活来安泽山区开荒安家落户的，本地人在调查的地区中极为少见，这一点是其他地区难以见到的情况。居住极为分散，3—5 人成一庄，90% 住于山坡窑洞内，四面环山拥抱，日照时间较短，居室阴暗潮湿，通风采光极不良好，卫生条件也差。调查时苍蝇甚多，因常年不洗澡，脸身皆蒙有一层黑皮。平常主食为玉茭、谷子，副食有山药蛋、南瓜、豆角等，肉食很少。由于大骨节的威胁，居民多无长远居住扎根思想，农业合作化前绝大多数有两头安家情况，春来耕种，秋收后离去，农业合作化后，处处有土地，处处能劳动，更促进了流动迁徙的思想，返还原籍及迁走者日益增多，1956—1957 年即有 6000 人迁走，遗留 5000 亩荒芜土地无人耕种。虽然这里土地肥沃，物产丰富，群众称是养穷人的好地方，“刨个坡坡，吃几个窝窝”。但是长期以来，因受着疾病的危害，他们思想不稳定，家庭设备极其简陋，流传着“少买缸，多编筐，临走一脚蹬个光”的民谣，一有机会有办法就要搬离安泽，这对安泽地方社会的稳定和发展影响甚大。[①]

安泽县地方病的防治是一系列制度安排的结果。早在 1933 年毛泽东就指出：“疾病是苏区中一大仇敌，因为它减弱我们的革命力量。”1934 年指出：“许多人生疮害病，想个什么办法呢？一切这些群众生活上的问题，都应该把它提到自己的议事日程上。应该讨论，应该决定，应该实行，应该检查。”1952 年毛泽东发出了“动员起来，讲究卫生，减少疾病，提高健康水平”的号召。1956 年毛泽东主持制定的《全国农业发展纲要》，明确提出从 1956 年起，在十二年内，在一切可能的地方，基本上消灭鼠疫等危害人民最严重的疾病，积极防治甲状腺肿、大骨节病、克山病等。1958 年，毛泽东进一步号召“开展以除四害为中心的爱国卫生运动”，同年还发表了《送瘟神》一诗。1965 年 6 月 26 日毛泽东发出了“把医疗卫生工作的重点放到农村去”的指示。1970 年毛泽东又批准并发布了关于防治地方病工作的三个文件。毛泽东的一系列重要指示，是做好防治地方病工作的指导方针，也是安泽县地方病防治的制度性背景。

在传统社会里，“生病”的意义较为简单，如果从文化的观点上来解释的话，

① 《安泽县范寨、和川、府城三乡大骨节病调查总结》（1958 年 9 月 25 日），第 82 页。

生病是社会认可的个人无法恰当地履行其日常生活角色，并企图改善此一情况的一连串过程。也就是说，除非经过文化内的一套生病观念的认可，否则一个人即使生病也丝毫不具有社会意义而只具有个体意义。[①] 但随着农业生产集体化的实行，现代医疗制度的建立，使得患者医疗行为的个体特征纳入到国家医治的框架，在生产实践中被赋予了集体行动的逻辑，使得此一时期水土病的医治、普查具有了迥异于过去的全新图景。

集体生产与集体治疗相结合，边生产边治疗。1953 年安泽县共有 81 个乡，3845 个自然村，25608 户，90830 人，1953 年建社到 1955 年冬季，全县共有 174 个高级社，入社农户有 23174 户，占全县总农户的 96.2%。[②] 1958 年共建立 7 个人民公社，162 个管理区，722 个生产队。随着人民公社制度的建立，农民的生产、生活方式发生了变化，进入了不同于传统小农的新时代。

大骨节病对劳动力的摧残无疑是影响农业发展目标的最大障碍。由于大骨节病主要侵害骨关节、肌肉和神经系统，造成了发育和机能障碍，不少人由全劳力变为半劳力，负重不过三五十斤，日行不过一二十里，也有不少因病完全丧失劳力，成为残废，对农业生产造成很大损失。磨沟村有 174 人，患此病者就有 151 人，以平均每个病人丧失五成劳力计，一年劳动十个月，就得损失 22300 个劳动日。为了保护现有的半劳力，使得生产与治疗两不误，古县公社草峪管理区设立了康乐院，由生产队长兼任院长，将所有患者集中起来，实行集体生产，集体生活，集体治疗，这就统一安排了生产和治疗时间，便于观察病情，克服山区辽阔医务人员跑不过来的困难，更集体学习了防治大骨节病的知识。

对于这些先进经验，1959 年安泽县委立即召开现场会议进行推广。为适应集体化生产的要求，因地制宜地制定了各种治疗方案。其一，集中患者建立生产康乐院，使病人集体生产，集体治疗，集体生活。其二，统一时间集体治疗，治疗完后病人回原地劳动。其三，以病人建立生产队，集体生产，集体治疗，分散吃

---

① 张珣：《疾病与文化：台湾民间医疗人类学研究论集》，台北稻乡出版社 2004 年版，第 4 页，转引自杨念群：《再造“病人”——中西医冲突下的空间政治（1832—1985）》，中国人民大学出版社 2006 年版，第 427 页。

② 《关于安泽县水土病（柳拐子病）的调查报告》（1957 年），第 5 页。

饭和睡觉（患者原吃饭地点）。其四，规定治疗时间，防治员巡回深入到户，医生分片指导。其五，在管区范围内的协作区，医生下到田，那里生产忙就到那里防治。其六，按病人居住远近组织治疗点，分片包干治疗。群众反映说："治疗结合生产，根除万年疾患，干部群众喜欢。"[①]在水土病的治疗过程中，府城公社神南管理区也一直采用边生产边治疗，集体劳动集体治疗的办法。但是一个医生同时治疗几十个病人必然要影响生产，党支部通过研究确定，早、中、晚分三段治疗（早上治疗一度病人，中午治疗二度病人，晚上治疗三度病人）。并经过月报会议，民主讨论选定了热心为大家治疗的三个人，学习治疗方法，分头给大家治疗，这样又快又不误工。治疗完后，大家照常下地或参加其他劳动，除做饭、赶车等工作外，常参加劳动的共 42 人，一个月时间内共积肥 158900 担，合劳动日 1500 余个，大大地超过了社里的定额，此外还修了水渠 3 条，计劳动工 50 个。从生产率上看，大大改变了过去劳动效率很低的状况，而且基本上恢复了正常状况，患者也基本达到了四肢活动灵活，行路劳动不疼痛的程度。[②]

普查和生产、治疗相结合。做到"一上村，二到田，三抽空，四方便，五结合"。一上村，是指医务人员上村逐户普查；二到田，是指到田间、工地和劳动场所检查，做到人人见；三抽空，是指早上、中午、黑夜检查劳力人，不占劳动时间；四方便，是指青年人在工地查，老人小孩在家里查，学生在学校里查，路上碰见随时查；五结合，是指结合普查宣传毛泽东思想，宣传防治地方病的重大意义。结合普查普及群众卫生知识，讲解防治地方病的方法，达到家喻户晓，人人皆知。结合普查积极开展地方病防治工作，治疗现患，解除疾苦。结合普查开展卫生突击，改变卫生面貌。结合普查开展巡回医疗，送医送药上门，方便群众，便利生产。他们是宣传队、地方病调查队、巡回医疗队、卫生突击队。医务人员坚持了带毛选组织群众学习，宣传毛泽东思想，带普查表进行地方病普查，带常

① 《中共安泽县委关于防治大骨节病的初步总结》（1959 年 4 月 15 日），山西省档案馆：卷宗号 C89-5-95，第 20 页。

② 《我们是怎样开展"水土病"防治工作的》（1959 年 4 月 17 日），山西省档案馆：卷宗号 C89-5-97，第 54 页。

用药品开展巡回医疗，带卫生宣传品，提高群众卫生知识，组织开展卫生工作。①如和川公社的普查人员组织群众学毛选，提高了群众认识，积极查水源，找原因，向群众进行宣传教育，动员群众新打旱井，改换了不合乎卫生条件的场所，同时，结合普查诊治病人 570 人。此举给农业生产节约了来往请医生、取药物的 120 个劳动日，很受群众欢喜。罗云公社的普查人员每到一村，就张贴宣传品，组织群众开展卫生活动，大大改观了卫生面貌。永乐公社的普查人员每到一处，都能和群众密切结合，抽空给群众担水、扫院子、参加秋收劳动。②

国家对地方病的医治，是以政治制度的设计为前提的，是实现党的总体目标的一条途径。但从地方病的医治过程来看，它不是一个肆意渗透的过程，而是和群众的利益相一致的一种互动。如集体治疗，就是使医治地方病的行为与农民的日常生产、生活相衔接，使农民相信这种行为与自己的生活有不可分割的实用关系，使通过医疗所表达的政治与民众的普通生活建立可感知的关联性。我们还能感受到，在安泽地方病医治过程中，医疗人员担水、扫院、参加劳动等行为，其实试图化解或多或少的隔膜和抵触，使医患关系建立在一种乡土般的“人情关系网络”中，从而有利于医治工作的开展。

群众性地方病医治活动具有类似仪式的功能。涂尔干认为，宗教仪式是表达集体实在的集体表现，宗教和仪式必定要激发、维持或重塑群体中的某些心理状态。中国农村集体化时期的农业劳作虽然并不是宗教活动，但常常是以政治运动的方式运作的，与政治仪式多相通之处，更可理解为仪式化的运动经济。同时，这种政治的、集体的、仪式化的活动把对水土病的医疗从家庭私域纳入村社集体。生产劳动和生活的集体化过程促成了医疗的集体化，使治病在这种集体仪式的渲染下，有时候不再是痛苦不堪的事，使患者心理上得到了前所未有的慰藉。

① 《安泽县地方病调查总结》（1966 年 11 月），安泽县档案馆：卷宗号 30，第 12 页。

② 《安泽县地方病调查总结》（1966 年 11 月），第 13 页。

（二）群防群治——走群众路线

疾病隐喻。晚清以来，中国人的身体乃至由这些身体组成的国家都被视为病态的。西方人相信，亚洲人不像欧洲人（或白人）那样会对疾病感到痛苦和悲痛，把疾病与穷人或社会中的异类在想象中联系起来，也强化了疾病与异域通常是原始地区之间想象的关联。[①]经过文化实践对疾病的建构，在近代以来，生病就不再是单纯的个人的事，它被放入了一个关系到国家命运的大命题中，是一个人作为国民的身份是否合格的一个标准，同时，也成为现代体制生产的组成要素。这都说明在现代中国，医疗卫生不再是一个"个体动员对象"，而是一个群体参与的过程。

群众动员。对中国革命成功经验的解释模式中，"群众路线"被认为是中国共产党在长期战争状态下的一大制度创新，成为党的根本工作路线战争时期的"群众路线"运用了一套相当完善有效的动员。其最主要的功效就是在短期内迅速明确对象，然后以情感动员的模式铺衍成大规模的群众运动。[②]裴宜理就认为，共产党和国民党在社会动员方面的最大差异表现在共产党显然比国民党更善于实施大量的情感工作。治疗地方病的过程中这种情感动员也被反复地运用着，从而在安泽掀起了群防群治大骨节病的群众运动，使医疗不断地社会化。

1958年冬季，省里派来防治组到第五村治疗水土病，第二天神南村的人也知道了，大家高兴得不得了，很多人提出请防治组医生来治疗，党支部根据群众要求，决定想办法为大家治病，首先召开了党支部大会，确定支书张来发和管理区副主任卫振美负责领导防治大骨节病工作，随后县上派了医生来村负责治疗，并由防治组作指导，用防治组的双乌丸及扎针、火罐等办法进行治疗。

然而，工作一开始就碰到了困难。群众思想不一致，有的人怕治不好，白花钱误工；有的医生叫上几次也找不到几个病人来治疗；有的说，多年的病还能治

---

① 〔美〕苏珊·桑塔格著，程巍译：《疾病的隐喻》，第121页。

② 杨念群：《再造"病人"——中西医冲突下的空间政治（1832—1985）》，第353页。

好，要治就叫左连太试试看（左连太是有20余年水土病史的重病人，当年已经50岁了）；有的说，眼不治不瞎，腿不治不瘸；也有的虽然去治，却抱着试的态度。针对群众主要是怕治不好的思想顾虑，党支部做了研究，决定进行宣传，开诉苦会，忆旧社会的苦，比新社会的甜；忆新中国成立前单干逃荒的苦，比新社会集体富裕的甜。让群众感觉到共产党是为了关心人民疾苦，从而动员群众积极医治，使之转化为一种自觉的行为。同时用真人真事进行宣传，选一部分较重的患者，用业余时间进行治疗，管理区副主任卫振美决定先给自己和几名严重病人治疗，自己学会了扎针和拔火罐后，进行自治互治。左连太在治疗过程中也收到了显著的效果，这样第一批得到治疗的人都成了积极的宣传员和治疗工作中的骨干，尤其是左连太到处现身说法，以自己的体会逢人便说："过去我睡觉还得孩子给脱衣服，现在完全不用了，过去不能弯腰，不能干活，现在什么我也能干了，不信你看。"副主任卫振美不但自己给自己治好了，还动员别人，并利用闲时给不易动员的妇女患者进行治疗。经过典型示范，活人教育，干部带头，深入发动等工作，大家都感到了党的关怀，看到了治疗的效果，所以很快地形成了治疗大骨节病的高潮。[①]

群防群治有效地突破了医疗资源缺乏的限制。安泽地区辽阔，医务人员少，技术低，经验又不足，针对这种情况县委决定采取重点防治和全面推广相结合，中西医结合，治疗现有病人和预防发病相结合的防治措施。在防治过程中，县委又提出了"把技术交给群众，开展群众自防、自治、互治运动"的口号，在省、专区防治研究组协助下，组织全县医务人员传授技术，集中训练，分散指导，师傅带徒弟，边治、边教、边学等方法，培训了防治人员636人，这就解决了山区面积大、医务人员不足的困难。如学徒张玉娥（三度病人）积极钻研技术，在二十天内学会了治疗大骨节病的全部穴位，又学会治疗伤风感冒、牙痛、肚痛等80余穴。实践证明，专业防治和群众运动相结合起来，就是多快好省消灭大骨节病的重要保证。群众说："治了地方病，训出好医生，若要再生病，不用到县城，

① 《我们是怎样开展"水土病"防治工作的》（1959年4月17日），山西省档案馆：卷宗号C89-5-97，第52—53页。

儿病母能治，家家有医生。”

同时，全县医务人员通过鸣放辩论，对防治大骨节病有了明确认识，破除了迷信思想，树立了敢想、敢干的风格，他们的口号是：“腿跑断，山转遍，一年计划半年完。”广大群众经过算账对比，实物展览，开座谈会，用治愈的病人，进行真人实事的说服等方式，大张旗鼓地进行了宣传教育，克服了三怕（治不好，耽误生产，扎针痛）的思想，开展了“人劝人，户劝户，妻子劝丈夫，主动请医治病”的高潮，使冷冷清清的防治活动变成了轰轰烈烈的群众运动。①

既然是群众运动就不能把普通民众作为治疗和防疫的对象，而要实现最广泛的社会动员，对地方病的防治就不能单纯理解为一种纯粹的医疗行为，而要重新把它定位成社会变革的一个组成部分。这些社会变革的主体也不能仅仅被理解为单纯的治疗对象，而是参与社会变革的一分子。在这样的认知前提下，卫生运动的发起和组织就不能仅仅由纯粹的卫生部门完成。其他的行政部门亦应在这场社会运动中发挥导向和监控作用。②1956 年当《全国农业发展纲要》明确规定了除害灭病的任务后，更引起县委进一步重视。县委书记、副县长为防治地方病的指挥部正副主任，县委文教部长、宣传部长、粮食局长、农建局长、交通局长、卫生科长等九人为委员。指挥部设有六人组成的一个办公室，和一个 516 人的防治大队。各公社均以书记、主任为首组成防治指挥组，各管理区设有防治组。③

行政权力对医务人员的导向和监督，也是使这场运动能够得以顺利开展的有力保障。对医务人员的政治要求，使普通民众感到这不是一场较为纯粹的医疗活动，而是一场社会运动，这样才不会使人们的热情减退。一份材料中这样写道：“1958 年医务人员的思想虽然经过全民整风有所提高，但仍有个别人还未得到彻底地改造，因而在普查运动中，拉后腿、怕误工、不赚钱，如全殿联诊所共有 6

① 《中共安泽县委关于防治大骨节病的初步总结》（1959 年 4 月 15 日），山西省档案馆：卷宗号 C89-5-95，第 19—22 页。

② 杨念群：《再造“病人”——中西医冲突下的空间政治（1832—1985）》，第 348 页。

③ 《中共安泽县委关于防治大骨节病的初步总结》（1959 年 4 月 15 日），第 16 页。

个医生，为了自己的营业仅抽出一人，为了有力的支援普查，县委决定在卫生院学习的医生全部停课返乡普查，但该所竟然为了发财，不顾全民健康，所以把回去的医生也让上起班来，看病出诊，结果在调查最后还让伍默普查组前来支援。更严重的是贺家庄三张保健站医生张温，经普查人员检查张温的孩子为疑似黑热病，经再三动员让他化验检查，但张温始终不去，说不是黑热病，又说去检查怕吓着他的孩子，可是他自己又让别人给小孩割痞，为了在普查中不漏一人最后还是动员前来检查。”① 这种对医务人员的检讨，对一般的民众也产生了一定的威慑。它暗喻着共产党制定政策要弄清群众自己理解的利益所在，但同时群众的眼前利益也必须与党的长远革命的根本利益相符合。

防治地方病和群众性的爱国卫生运动相结合。在“除四害”，讲卫生运动开展的基础上，于1959年春节前后县委发动群众开展了15次大突击运动。共消灭了麻雀6676只，老鼠5162只，挖蛹灭蝇38.14斤。结合生产积肥清除了垃圾、脏土，对592个厕所，72个畜圈，308个鸡窝和129个污水坑进行了改良处置。同时，对居住条件，街院卫生和食堂，托儿所、幼儿园等处的卫生工作，积极地加强了管理，建立了卫生制度，训练了炊事员、保育员，改进了烹调方法，注意了营养，使社员吃好，休息好，吃的干净卫生，从而减少了发病的诱因。为了预防发病，又组织农业、粮食、商业、卫生等部门协同作战，从非病区换调优良种籽73470斤，深翻土地19219亩，对1134座粮仓的粮食进行贮藏方法的指导，定期通风，翻晒，防止了污染。② 这时的爱国卫生运动已经变成了能影响和支配民众日常生活状态的一种周期性运动，以爱国卫生运动配合地方病的防治运动，爱国卫生的内容从改善营养到更换粮食品种，都体现了对于地方病的防治。这种在运动中强化运动的方式，使两种运动都具有了合法性。

① 《临汾市地方病防治委员会关于1958年地方病调查防治工作总结》（1958年4月21日）山西省档案馆：卷宗号C89-5-69，第28页。

② 《中共安泽县委关于防治大骨节病的初步总结》（1959年4月15日），第18页。

（三）从个体到群体——中医的社会化实践

传统中医的类别以行医方式来分，有坐堂当寓公的名医（一般只开方不卖药），与开铺处方的堂医，还有以摆摊为经营方式的摊医，与游走四方的游医。一静一动，相互呼应，合理地勾画出中国社会自然形成的医疗网络。不管以什么行为方式出现，这些医生都呈现出“个体”和“分散”的状态，很少集体行动。与现代城市医疗空间——医院相比，中医诊所更多地浸透着家庭的感觉，是个很私人的空间，而游走的草医也是为了方便和适应广大农村的日常生活的需要。

在城市上空，由于对现代科学主义的崇信，西医对中医的诋毁在不断酝酿着、郁结着，犹如火山喷发一样，1929年西医余云岫提出“废止中医案”，国民政府对此亦持默许之态度。这场存废之争表面上是中西医理的分歧争议，但最终改变了中医在整个传统医疗体系中的位置，最终变成了中国政治家们应对近代危机的一个突破口。与此形成反差的是，散布在广大乡村的中医们依然忙忙碌碌。“家庭诊所的一体化构造，师徒单线的私密性授传，经验主义方式的诊疗模式和草根般的药物配制程序，在中国社会中已经存活了几千年，处处都仿佛阻碍着西医向中国乡村社会渗透进发的步伐。”①

乡间中医的此种状态在20世纪50年代开始接受挑战。随着农业合作化运动的展开，呈个体状态农民生活逐步纳入到集体化过程中。在中国人的身体健康问题越来越服从于国家整体规训的境况下，中医的个体分散状态很难适应集体防疫的需要。而公共卫生的理念要得到推行，就要使医疗资源由个体化形态向群体规模转移。医学在中国拥有现代意义上的制度安排，实际上可以看作现代国家渗透进基层社会的一个重要环节。②

① 杨念群：《再造“病人”——中西医冲突下的空间政治（1832—1985）》，第252页。

② 杨念群：《再造“病人”——中西医冲突下的空间政治（1832—1985）》，第259页。

图 6.1　安泽县中医大夫给患者诊断水土病

说明：图片采自中国共产党晋南地方委员会、山西省晋南专员公署编：《晋南区十年巨变》(内部资料)，1959 年，第 156 页。

1958 年 9 月，山西省卫生厅地方病防治研究组来到安泽县，对这些中医们来说，参与这项集体防疫无异于一种全新的体验。他们的思想被政治规训为一种为民众服务的意识形态。但在治疗的初始，人们也迫切希望治好，但对这些外来的医生疑信参半，很难把他们与遥远的国家政治实践相连接。防治组原拟对患者先服汤药，次改丸剂，令患者按日接受门诊治疗。但正遇着全民炼钢，又兼秋收深翻，致使医疗工作一度无法进行。接着医务工作者转变了工作方法，不仅考虑与农民的生产节奏相结合，同时从心理上向农民靠近，在人情关系的网络中演绎传统的医患关系。不只单纯考虑治疗要求，而是结合生产，放弃汤药，一开始便配成丸剂。有关体格检查、病历记载，充分采取了病人在那里，他们就到那里，不但送药上门，而且送药到地。有时病人分散在几个地点劳动，往返在 20 里以上。有时农民患了其他病，就进行看病，这样相处如一家人。密切了群众，开展了工作，结合了生产，使病人深受感动，让到家喝水。在这种“群众路线”的实践作用中，人们对这些医务工作者产生了身份认同。人们对党和毛泽东的感谢溢于言表，同时增加了劳动生产的更大干劲。[①]

① 《中药“双乌丸”对大骨节病治疗效果观察报告》(1959 年 4 月 8 日)，山西省档案馆：卷宗号 C89-5-95，第 55 页。

社会医学理念的意义在于如何更广泛地把民众日常生活有效地纳入民族国家进行社会动员的体制之内，以克服近代以来社会所面临的各种社会危机。中医个体医治能力即使再比西医有效，也无法在制度层面上与卫生行政规范下的政治行动所能达到的效果相抗衡。[①]在这一理念的支配下，中医由于行政能力的阙如，在与西医的抗衡中一直处于弱势地位。1949 年以后，政府虽然沿袭了西医至上的原则，但不完全排除中医，而是努力把中医整合进现代医疗体系，通过新的政治理念改变中医个体分散的状态。这是一种更加顾及乡村化实践的选择。大量呈个体分散的中医占据着广大乡村的治疗空间，人们对中医的崇信，不仅仅是考虑它的经济成本，也是深层的文化背景在起作用，是一种不能轻易抛弃的传统。黄宗智说，这是十分值得赞赏的实践经历，也是包含着反对简单的现代西方科学主义的逻辑的经验。[②]

在大骨节病的具体施治过程中，充分发挥了传统医学的诊疗方式，并在此基础上研制了中药双乌丸，而且在实践中证明是很有疗效的。当时在苏联，对大骨节病的治疗基本上是用矿泉疗法和理疗，包括蜡疗、全身或局部日光浴、透热疗法、石英灯照射等。药物治疗不外应用维生素，疼痛剧烈者，可用水杨酸制剂；严重关节畸形及关节内有游离体者，用手术治疗。[③]以上各种治疗方法，有的需要特殊设备，有的是治标不治本的临时性治疗方法，很不适合当时我国农村的经济状态与人们的生活习惯。大骨节病的自觉症状是，患者一遇寒冷气候和风雨变天，则疼痛加剧，季节交换之际亦加重，冬重夏轻，劳动更甚，晨间起床或劳动休息后则行动更受障碍，自觉下肢寒冷袭骨，如加暖微汗，便觉轻快柔和，脉象正常或沉缓，其他心、肺、肝、脾，血压、体温、舌苔，饮食、大小便，均无异常，智力亦好，生育无妨，显然神经和消化系统及其他脏器不受侵害。[④]

基于以上认识，结合中医的理论体系，在整体观念和辨证施治之原则下进行

---

① 杨念群：《再造“病人”——中西医冲突下的空间政治（1832—1985）》，第 262 页。

② 〔美〕黄宗智：《悖论社会与现代传统》，《读书》2005 年第 1 期。

③ 《大骨节病 211 例分析》（1959 年 4 月），山西省档案馆：卷宗号 C89-5-95，第 61 页。

④ 《中药“双乌丸”对大骨节病治疗效果观察报告》（1959 年 4 月 8 日），山西省档案馆：卷宗号 C89-5-95，第 56 页。

分析，则本病不论其为某种致病因子，证属阴凝寒滞，以致气血不活，筋骨不利，侵害了骨骼的发育成长，形成关节痛疼和运动障碍，因此中医认为本病相当于《金匮》所说的历节病，不合乎《金匮》所指的血痹、湿痹。而《内经》所指的痹症，是广义的，可以包括此病。《内经》痹分痛痹、风痹、周痹、著痹、行痹，则本病近似痛痹，不类其他。《素问·痺论》："风、寒、湿，三气杂至，合而为痹。"又"痹或痛或不痛，或不仁，或寒，或热，或燥或湿，其故何也？痛者寒气多也，有寒故痛也"。在这个原则的思想指导下，依据仲景治历节痛，不可屈伸的乌头汤的基础，加减组成为双乌丸。双乌丸的配方：川乌六钱、草乌六钱、全蝎八钱、生黄蓍一两六钱、当归二两、桂枝一两二钱、乳香一两六钱、没药一两六钱、麻黄四钱。①

1958 年 12 月，在省卫生厅张厅长的一份报告中，就用"多、快、好、省"的要求解读了双乌丸的疗效。药费成人每日八分，儿童四分，以 30 天计算，一月药费成人二元四角，儿童一元二角。如要大量制作，按批发价，当更省钱，同时病人吃药治疗，不妨碍劳动时间，这是合乎省的条件。用少数医务人员，便可同时进行治疗很多病人，是合乎多的条件。若干年的顽固水土病，一般能在 30 天基本痊愈，是合乎快的条件。以现在的疗效的来看，痊愈和减轻疼痛的已达 91%，基本上是合乎好的条件。②

在西医的眼里，中医只有治疗，而没有预防，因而很难参加到大规模的防疫运动中。但是在安泽的水土病防治中，中医就为双乌丸的预防和治疗效果作了一番自卫。服药预防或治疗的目的，就在于通过服药，调动和帮助机体的防御机能，使它成为矛盾的主要方面，促进矛盾统一，使机体恢复平衡，向健康和痊愈方面转化，所以预防和治疗是不偏废的，这说明毛泽东的《矛盾论》对研究分析大骨节病的医学科学的指导性。运用政治术语赋予中医的预防以正当性，这样的表述在当时中医中非常普遍。而在实际的医疗中，双乌丸对健康儿童的预防效果也确实显著，通过试验证实，服药组无一例新发，而对照组原健康 45 例，新发 16 例，

① 《中药"双乌丸"对大骨节病治疗效果观察报告》（1959 年 4 月 8 日），第 56 页。

② 《大骨节病中药治疗效果初步报告》（1958 年 12 月 29 日），山西省档案馆：卷宗号 C8-5-70，第 29 页。

发病率占35.56%。[①]

在20世纪50年代，安泽县对于大骨节病的医治是由中医来完成的。是在农村经济体制和社会结构趋于集体化的大背景下发生的。这就意味着中医将被纳入到一个群体医疗的范围内，原有的个体行医方式将在水土病医治的群众运动中得到改造。实践证明，这种新型意识支配下的中医，对水土病的医治是有效的。

四、群众运动下的水土病防治（下）

随着政治的激进化演进，在“文化大革命”这一被认为极左的运动中，安泽的地方病医治进入了实质性阶段。在这一貌似最政治化的运动中，仍然隐含着革命早期使用的对于基层社会的具体体验和观察实践。

（一）改水运动——地方经验及其实践

大骨节病病因主要有三种说法，一为苏联专家的粮食真菌中毒说，一为营养说，一为水中钙锶比例失衡说，另外也有认为是生活卫生习惯所致。这些病因分析可视为西医理论及其实践，经过安泽地方病预防和医治的实践过程验证，上述有关病因认识的观点或者不成立，或者只是部分地解释了病因，在上述认识指导下的地方病预防和医治，也并未取得非常明显的效果。在20世纪50年代至20世纪70年代的地方病防治过程中，经过反复的认识，走出了一条从群众实践出发，从中医传统出发，从地方经验出发，向群众学习的防病治病之路。

粮食真菌中毒说认为，病区居民以玉米为主食，玉米感染镰刀菌最多，病区谷深、沟狭、阴暗、少风的自然条件，对镰刀菌的生长繁殖、形成毒素创造了有利条件，同时降低了营养价值，对疾病又起了诱因作用。调查人员在安泽县病区

① 《中药“双乌丸”预防大骨节病效果观察报告》（1961年6月25日），山西省档案馆：卷宗号C89-18-3，第39—40页。

的玉米里发现并提取了镰刀菌，然而同时发现了不对应的现象，如在安泽县岳阳公社调查了病区村庄及健康村，居民生活习惯、营养条件、主食组成都没有什么差异，而且病村岭东凹位于下哲才（健康村）的东山坡上，仅隔河相对，距离一里路。岭东凹饮用附近之泉水，水上有灰白色发亮似油脂类物质，群众所谓之油花。下哲才饮用另一泉水无油花，全村 42 户 153 人中没有当地发病之大骨节病患者；而岭东凹群众反映，住此村饮此水，无人不得水土病。自然条件自是相差无异，所不同者为水源不同。真菌感染玉米界限不可能如此绝对分明。另外有些病区并不以玉米为主食，病因难以解释。

营养说其实与粮食真菌说有一定联系，两者所指主要针对玉米，兼及其他食品。原来认为患区营养较非患区差。农业合作化尤其是人民公社实现食堂制后患区与非患区居民有的在一个食堂吃饭，有的虽不在同一个食堂但粮食供应相同，然而患区仍有新的发病者。在 1956 年、1957 年、1958 年安泽县各村庄粮供应中，玉米占到总量的 75% 以上，从营养观点上看有偏食现象，蔬菜少，豆类食品少，营养条件差，但患区和健康区粮食供应基本相同，所以从营养角度不能解释病因，营养不良或缺乏可能只是引发大骨节病的一个诱因。一段时期的“换粮”实验，可视为上述病因认识下的防治措施，可想而知，其效果并不理想。

关于水中钙锶比例问题，从水质检验小组在安泽县各地（包括健康及病区）采样分析结果看，病区及健康区钙锶含量看不出有什么差异。在各地的调查中，也发现病区饮用什么水的都有，安泽岳阳公社的洪沟村以旱井为饮用水源，16 户 50 人中，患者 16 人，当地人反映，饮河水发病轻，饮旱井水发病重，因此，过去提出之旱井水可以预防大骨节病的说法，基本上可以否定的。不过研究人员认为对于水是致病因素的研究仍然不能放弃。他们注意到安泽岳阳公社之岭东凹、下哲才二村，除水不同外，其余条件完全相同。水质试验小组结合水文地质调查，发现病区地质多为红砂岩及页岩，似乎觉得水的问题亦有道理，但可能不是钙锶的比例问题，而是某种物质的作用。

群众始终认为生活用水是导致水土病的原因，这对专业人员对大骨节病病因认识的困惑和矛盾提供了重要启示，通过调查了解和询问群众，初步的摸到了一些规律，地方病病因认识经历了对水质的实践—认识—实践的过程，而群众的日常生活经验则在最后取得了专业知识的认可，群众经验和专业知识发生了良性互动。

群众俗名水土病，大骨节病确实和水与土有密切的关系。从病区的水环境来看，发病重的地区黄土层较少较薄，红砂岩分布较厚，群众多称红砂料角（泥炭石），发病越重的地区其色泽越深，发病轻和不发病的水多发源于青石岩层，流量大，冬天不冻，外观透明，吃起来发甜，含碘性大。从饮水源和发病的关系看，调查结果是泉水、溪水，特别是淋山水（浅层）发病最重，大河水、井水发病较轻或不发病；同一条河流，上游较下游发病重。

有的群众根据生活经验采取了一些措施，改换饮用水源。一些村庄不吃淋山水流，改饮泉水。岳阳公社病区的狼牙沟有两个泉水，一个在沟上吃了就发病，另一个在四层青岩石的沟底，吃了就不发病。一些村庄则打旱井，集蓄天然降水。岳阳公社大骨节病区的吴家源（5 户，17 口人），1956 年打旱井一眼，供全村全年饮水，直到 1963 年无新发病例，1964 年由于天然水缺乏，旱井又失修，全村又改变饮用小沟水，此后就有两个儿童发病。该社的狼牙沟村饮用旱井水的群众有少数发病，但患病是比较轻度的，且病程进展也很缓慢。冀氏公社宋家岭吃旱井水情况是，由于蓄水少，饮量大，每年还得 3—4 个月吃沟水，本地也有新发病人，但比单纯饮用沟水发病就大大降低，由此可见，旱井水预防效果虽有进一步观察的必要，但旱井水的预防效果可以肯定的，至少有减少发病和减轻病症的作用，是一种预防大骨节病行之有效的方法。

一些难以解释的现象令专业人员困惑。他们曾经认为饮用沁河水不会发病，但在调查中发现罗云公社的双头村以前吃沁河水发病重，改饮井水后就发病轻了，该社的北庄以前饮用井水发病重，改饮沁河水就发病轻了。和川公社的南湾饮用沁河水也有发病，他们的看法是饮用沁河水段的水流速度减慢，设想可能与致病物质的积留有关。

综合专业调查、群众认识，医务人员在近 20 年的实践中最后认为大骨节病的发生确实和水与土有直接的关系，土为根本，水为媒介，致病因子由土通过水而致使人体发病，群众称之为水土病名副其实。

广泛的群众动员、蔑视专业技术成为“大跃进”的策略，具有鲜明的时代特征，同时也是“大跃进”受挫的原因所在。[①] 在“文化大革命”期间，对“资产阶级学术权威”的斗争和限制，对专业知识的否定和非专业的强调，对苏联“修正主义”的批判，都汇聚在轰轰烈烈的群众运动中。在1970年一份地方病防治材料中，有这样一段颇有意味的话：“医疗队的同志们一方面要向群众学习，接受贫下中农再教育，同时要努力防治地方病，大骨节病是很严重的，国家为了防治地方病，专门设了几十个机构，搞了二十多年未搞出个名堂来，这些机构中的人大部分是好同志，但由于方向不对搞不出东西来，防不能防，治不能治。跟着洋鬼子跑，病因仍然搞不出来，搞了二十年，不如个铁匠。有的人说铁多，氟多，钙锶比例失调，营养不好等等，最气人的是苏修，说粮食上长了细菌，尽是胡说，有些资产阶级学者还给捧场，而且还写在书上害人，现在我们要解放出来，不仅要治疗现患，而且要调查研究，而且要拿出道理来，不要想当然。”[②] 这段话充满了意识形态和政治形势的色彩，但剔除了语言包装的外表，却真实勾勒了安泽县地方病防治近二十年的历程，应当说国家、地方政府投入了大量资源，各领域的专业人员也努力探寻地方病因，然而由于大骨节病因的复杂性和认识水平的有限性，专业人员虽然从各方面进行了科学的调查分析，也注意到了群众关于水土病的经验，但没有将其提升到应有的位置，所以对病因认识在一段时期处于模糊、矛盾、摇摆不定的状态。在群众经验的启示下，结合专业调查与分析，最终形成了饮用水缺乏一些元素是导致大骨节病的主要因素的认识，于是一场大规模的群众性改水运动随之展开。

早在20世纪50年代就已经依靠群众寻找有效的防治方法，研究与推广了来自群众防治大骨节病的经验，提出“打旱井，吃雨水，预防大骨节病”的号召。宋家岭村1952年打了43眼旱井，群众饮用雨水、雪水后，全村73人中只有24个病人，除15人在1952年以前发病外，7年中仅发现9个新病例。[③] 1955年安泽

① 〔美〕麦克法夸尔、〔美〕费正清编，谢亮生等译：《剑桥中华人民共和国史》（1949—1965年），中国社会科学出版社1990年版，第321—323页。

② 《北京军区后勤部卫生部李德庆副部长在安泽县千人大会上的讲话》（1970年9月7日），安泽县档案馆：卷宗号17，第5页。

③ 《中共安泽县委关于防治大骨节病的初步总结》（1959年4月15日），山西省档案馆：卷宗号C89-5-95，第15—16页。

县根据宋家岭等村群众打旱井吃雨水完全可以防治水土病的经验，将发动全县群众组织起来打旱井吃雨水作为当时的一项重要任务，订出了全县防治水土病打旱井的实施方案，要求在第二个五年计划的1960年以前，全县要完成1322眼旱井，基本上达到平均每5户有一眼旱井，在水土病区要求在1956年春节完成总任务的80%，到1956年底全部完成。然而资料显示，20世纪50年代的改水工作并没有达到预定的计划。

20世纪70年代，随着对大骨节病因认识的深化，改水重新得到强调并发展为一场广泛的群众运动。改水主要有几种形式：凡病区居住10户以上的村庄，都要进行水改，河边、山沟水位低的地方，搞透河井过滤；山泉、浅井水位高的地方，修过滤道；深井采取循环过滤或井底放煤定期加药；黄土层厚的地方提倡土深井；单家独户的小山庄，提倡水缸中放煤、石灰石及草木灰等药物。一些生产大队还创造性地开展了工作，如三交公社上掌大队，根据河槽低无法修过滤井及居住分散单家独户多等特点，试建了60余个家庭过滤槽。和川公社孔旺大队大部分社员已开始采用过滤缸，进行饮水改良。①

改水运动虽然蕴含了政治色彩，以及防病治病的功能性目的，但它又可视为社会生活的改造，实实在在给群众带来了日常生活的便利，所以激发了群众的自主性和积极性。“人们对修起来的井十分爱护，沟口大队一位社员，怕洪水冲坏水井，扛着铁锹，冒着大雨，在井边守候了一天一夜，终于保住了过滤井。冬天，贫下中农怕把修好的井冻坏，用谷草编一个大井盖把井保护起来。每个过滤井推选出维护员，按期换药和维修。滤槽内使用药物，以草木灰为好，不花钱，使用方便，可以就地取材。”② 将其中夹杂的政治成分过滤，改水运动得到了群众的支持和响应是显而易见的。

改水运动对居民防病治病的有益作用无可置疑，从这样的逻辑来看基层组织应该不折不扣的贯彻实施，群众也应当积极投身其中，然而在他者看来是一项利民之举的改水运动却在基层具体实施过程中和基层单位、民众个人的利益形成了

---

① 《改水防病，征服“瘟神”》（1972年8月3日），安泽县档案馆：卷宗号65，第84页。

② 《改水防病，征服“瘟神”》（1972年8月3日），第85页。

冲突，致使改水陷入了上面热情、下面不动的局面。1969 年搞水改时，正值夏收大忙季节，又搞整党建党运动，由于劳力少，要赶着夏收和夏种，又得搞运动，当时抽调一个劳力都感到很困难。开展水改的个别生产队长不愿派劳力，少数社员说："忙过这阵再修井。"有保守思想的人也说："尽是出'洋点'，改井能管用，前几辈就改了，还能等到现在？"这个矛盾究竟怎样解决？病区的水还改不改？是先抓生产推迟水改？还是抽少数劳力搞水改，使生产、水改两不误？党支部、宣传队通过认真学习文件、统一思想、提高认识，正确处理各种关系成为解决矛盾的钥匙。大家认为水改是为了根治水土病，是落实毛泽东无产阶级卫生路线的大事。从长远利益讲，能保证人民健康，将更大地促进生产。当前生产固然忙，但只要合理安排，还是有潜力可挖的。要只争朝夕，绝不能拖下去，再忙也得搞水改，没有时间可以挤，没有劳力设法抽。经过发动群众，一个群众性的水改高潮掀起来了。社员中午不休息挖坑修井；上地回来每人捎一块石头；小学的学生利用星期天和课余时间到四五里远的沁河滩拣青石，抬着送到每个井上；年老体弱的老婆、老汉砸石子。支部书记、大队主任等领导干部带头下水挖泥、砌井；解放军医疗队、整党宣传队，都参加了紧张的改水劳动，他们说这是一场捍卫毛泽东革命路线的战斗。大队统一抽出两名技术人员，作为专业队伍。合理安排使用劳力，使专业队伍和群众运动相结合，做到生产水改两不误，60 余天就修起了活动药槽过滤井 13 处。[①]

从上述水改过程可以看出，在他者看来水改能够有效地防治大骨节病，所以群众应该积极地参加，这是一个浅显而易于理解的道理。实际的情形是，基层干部和群众对于自上而下，由外而内施加的运动并非全心全意的接受，尤其是和乡村社会的实际利益产生冲突时，便遭到了抵制，如何调和水改与生产的矛盾，如何消除群众的思想疑虑，则又成了一个利益均衡的过程，同时又是一个思想动员、群众动员的过程，水改其实就是一场群众运动。

---

① 安泽县冀氏公社柳树沟大队党支部：《纲举目张方向明，改水防病干革命》（1972 年 5 月 20 日），安泽县档案馆：卷宗号 43，第 8 页。

（二）合作医疗——医疗成本的革命

1965年6月26日，毛泽东一针见血地指出卫生部是“城市老爷卫生部”，并且发出战斗口号“把医疗卫生工作的重点放到农村去”。1965年，中国有140多万名卫生技术人员，高级医务人员80%在城市，其中70%在大城市，20%在县城，只有10%在农村，医疗经费的使用农村只占25%，城市则占去了75%。广大农村一无医，二无药。

1970年，安泽县17个公社，126大队基本实现了合作医疗制度。1973年（1971年8月划西部七公社置古县，屯留县良马公社划属安泽）全县99个大队，全部实行了合作医疗。随着合作医疗的飞速发展，一支半农半医的赤脚医生队伍迅速成长起来。全县共有赤脚医生250人，每个大队平均2.5人，不脱产的卫生员474人。在99个大队中，有27个大队合作医疗实行了全部免费制度。其余72大队实行了部分免费。全县11个卫生院中有9个国家投资装备了医疗设备。全县医务人员398人，比建国初期提高了3倍多，医疗卫生防治网逐步形成，公社有卫生院，大队有卫生所，生产队有赤脚医生，庄庄有卫生员，所所有土药房，做到了小伤小病不出村，常病的吃药不花钱，解决了群众有病无医、缺药无钱的困难。

合作医疗是做好水土病防治工作的物质基础和技术基础。合作医疗设计的出发点是以成本核算为关键的，目的是使农民在花费最少的情况下能够使常见病得到治疗。医疗经费一般由二级筹集，各地社员每年的交款幅度控制在1.5—2元之间，看病每人次收挂号费3—5分，不再收针药费。慢性病患者需自付药费一半。红木垣大队共78户，291人，四个生产队，分居在10个山庄里。1969年春天，建立了合作医疗。当年每人全年投合作医疗费1.5元。当时有人抱着“交费不吃药，不能吃这亏”就要求开大方吃贵重药。新建的合作医疗有垮台的危险。怎么办？赤脚医生和合作医疗互为表里，是合作医疗的实际运作者，对药费的控制和对本乡本土医疗资源的利用是合作医疗能否支撑下去的关键。大队的赤脚医生刁希武在支部的领导下，组织大家学习毛泽东著作，使大家认识到，自己要求开大方吃贵重药，一包药虽不重，但可以衡量出一个人对毛泽东革命卫生路线的态度。认识提高后，有的人就把过去要的药自动交回，同时，乐意接受针灸、单方、验方治疗。[①] 既治好了病，又节约了开支。这个故事中人们思想的转变过程带有强烈的时代政治气息，但是从侧面也可看出，为了维护合作医疗的存在，从降低医药成本考虑，作为本乡本土的赤脚医生最明白，配制中草药是为老百姓节约成本的唯一出路。

采集种植中草药的群众运动。郭都公社四周环山，药源丰富，是一个天然的药库。公社党委决定，各大队每年采药季节，统一时间，合理安排劳力，集中力量突击采集，以人定量，超额归个人，根据规定数量向合作医疗投药，解决合作医疗的资金。既增加了集体的收入，又调动了社员采药的积极性。在采药运动中，正确处理了生产与采药争劳力的矛盾、集体采药与个人采药的矛盾、社员投药与正当的家庭副业的矛盾，使群众的采药运动迅速掀起了高潮。赤脚医生，做到路不空行，出诊看病捎带采药。像农民又背药箱，像医生又背锄头。小学生利用假日、课余时间采药，大家都为合作医疗出力。1970—1973 年，全公社采集中草药达 128500 斤，为合作医疗投药 59800 斤，折款 14000 元。英寨大队社员采药 55000 斤，投合作医疗 24000 斤，折款 8400 元，除社员看病吃药不出钱外还节余 2843 元。本地山上没有的药发动社员种植，1971 年共种药材 15 种 24 亩，收药折价 1000 余元，1972 年又种各种药材 93 亩。卫生院还在院子里种植半亩牡丹。东上寨卫生所医生卫保银同志从山东老家带回了 30 株芍药，并种植了一亩党参。为了解决粮药争地的矛盾，他们利用荒山播种，利用林业专业队，林药间作，又发动社员群众在道旁、房前屋后种植花草药物如菊花等。[②]

发挥一根针、一把草的强大威力，广泛收集民间有效的土方、单方、验方、偏方，节约了经费开支，巩固发展合作医疗。北京军区后勤卫生部李德庆在安泽千人大会上说，西医虽有不少优点，但致命弱点有三个。第一，治病单打一，反

① 《自力更生依靠群众办好合作医疗 —— 古县永乐公社红木垣大队合作医疗制度的调查报告》（1971 年 12 月），安泽县档案馆：卷宗号 45，第 75—76 页。

② 《走自力更生的道路，发展巩固合作医疗 —— 郭都公社是怎样发展巩固合作医疗的》（1973 年 5 月 20 日），安泽县档案馆：卷宗号 43，第 34 页。

映到工作中分科过细。第二，历史短，治疗方法少。第三，设备笨重不适用农村，离不开电，离不开工业，集中在城市，打起仗来还易破坏，中医就不然，我们非走中西结合的道路不行。[①] 红木垣赤脚医生刁希武为了学会治病的偏方，他就跑上几十里路，数次到洪洞登门求教，潜心学习，收集了上百个土偏方。他应用一根针一把草治疗感冒，酸痛等常见病，简单方便、见效快。[②] 在防治大骨节病的运动中，郭都公社创制出骨节灵 1—3 号和大量的草木灰溶液，既省钱又见效，在当年担负起了为全县熬制骨节灵的任务。[③]

积极开展预防也是节约费用开支，巩固合作医疗的又一重要措施。红木垣大队每户天天打扫卫生；山庄每周打扫环境卫生一次；每月全大队评比一次；按季节发放预防药，以中草药为主；进行预防接种，对疾病早预防、早发现、早治疗。这样发病率大大下降，节约了费用开支。

无可回避，全国范围内实施的合作医疗制度的形式是在政治运动的形式下才得以全面展开的，在 20 世纪整个 70 年代达到了巅峰。只是合作医疗在各个地区的推广并非都是一帆风顺的，在安泽它也经历了一个反复的过程。合作医疗的建立，并不意味着从建立那刻起，它就会自然运转良好，也不意味着每个个体都会符合意识形态对他们的刻板建构，它需要严厉的约束机制，给个体造成精神上的压力。郭都公社在合作医疗刚办起时，有的群众对此持怀疑态度，认为社办合作医疗摊子大，底子薄，不好管理，怕乱了套。一些医务人员怕影响收入发不了工资，怕制度卡严了惹人，怕倒了台不好交账。也有人认为，合作医疗不公道，是多数人出钱，少数人享受。这些认识被认为是“反革命修正主义”，在路线斗争中，利益驱动在政治话语下屈服了。[④] 在冀氏公社南孔滩大队，刚办起了合作医疗，

① 《北京军区后勤部卫生部李德庆副部长在安泽县千人大会上的讲话》（1970 年 9 月 7 日），安泽县档案馆：卷宗号 17，第 11 页。

② 《自力更生依靠群众办好合作医疗 —— 古县永乐公社红木垣大队合作医疗制度的调查报告》（1971 年 12 月），第 77 页。

③ 《走自力更生的道路，发展巩固合作医疗 —— 郭都公社是怎样发展巩固合作医疗的》（1973 年 5 月 20 日），第 35 页。

④ 《走自力更生的道路，发展巩固合作医疗 —— 郭都公社是怎样发展巩固合作医疗的》（1973 年 5 月 20 日），第 34 页。

就出现“合作医疗不公道，不如谁吃药谁出钱”的言论，因此医务人员不团结，干部信心也不大。二千余元的资金只剩下三四百元，卫生所很快就倒了台。合作医疗一垮台，神汉巫婆、私医、游医就到处活动，坑骗钱财。1972 年春季发生流感和麻疹，全村差不多家家有病人，每天到冀氏、北孔滩、郎寨等地请医生，买药的不下 20 多人，误工、花钱、耽误病，严重地影响了生产。卫生所虽然没药，可是社员家家都备有各种药品、针剂，以防急用时买不到，增加了社员不必要的开支。①

在“文化大革命”中，每个人都要按照要求，把自己改造成“社会主义新人”，从而改变自己的公共生活形象。这样符合集体经济、社会主义要求的普遍的社会心理才会逐渐形成。但这也是一个过程。人们也可能会出于本能的利益的驱动与之发生偏离。合作医疗初始出现了医务人员的以下的这些问题：“不团结。杜村公社卫家湾大队卫生所有二个赤脚医生，过去他们闹纠纷，不团结，由原来住的一个家，中间打了一堵墙，开了两个门，一锅饭变成两口锅，互相不说话，有事不商量，使工作受到很大损失。不安心。有的人觉得当赤脚医生，‘没出息’、‘没前途’，想着当干部当工人，责任心不强，不安心本职工作。义唐大队三个赤脚医生都是党员，有两个是大队支委，按说应当把工作做好，就是因为这个风阻碍了工作的开展。不劳动。赤脚医生是一支新型的医疗卫生队伍，既是医生，又是农民，不脱离实际，不脱离劳动，这是和现阶段社会主义集体经济相适应。广大农民的疾苦他们最清楚，最能满足群众的要求，为群众服务，如果脱离了劳动，也就脱离了群众。不艰苦。一些医生在检查中承认，过去刮风下雨不出诊，山高路远不出诊，半夜三更不出诊，招待不好不出诊，这些都是不愿吃苦、贪图安逸的具体表现，是与无产阶级医疗作风格格不入的。”②

情感动员与实际利益相结合。面对上面的情况，除了路线斗争外、就是从正面的例子中吸收进一步革命的动力，对广大群众进行大量的情感工作，这是共产党进行中国革命的成功经验。如贺诚就说过：“进行卫生宣传时，举出真人真事，不说空话，或者开诉苦会，诉说在旧社会无法讲卫生的痛苦，算细账讲明卫生有

① 《县革委副主任卫玉明同志在首次赤脚医生会议上的讲话》（1973 年），安泽县档案馆：卷宗号 17，第 55—56 页。

② 《安泽县首次赤脚医生会议总结》（1973 年），安泽县档案馆：卷宗号 64，第 302—305 页。

利，也是好办法。”[①] 郭都大队贫农社员郑爱玉，在路线教育会上，就讲了自己的遭遇。旧社会母亲生了病，因没钱医治，丢失了生命。前后27天家中就死去四口人。1956年闺女生病，请医、抓药，误工不说，花钱160余元，卖了一口母猪，一窝猪娃，还拖下几十元的债，好几年还不清。实行合作医疗后，他积极报名参加，后来他和老伴都病了，吃药、打针花下100余元，合作医疗作了报销。在这里政治的刻板语言被还原成了朴素的得到一付出关系。许多牛羊工和贫农身份的人，都把在业余时间里所采集的连壳、黄芩等药献给合作医疗。司马大队女共产党员申桃英，一次就送给卫生所连壳100斤，卫生所要折价付钱，她说，办合作医疗是大家的事，众人拾柴火焰高，我交药是为了“线”（路线）不是为了钱。[②] 我们且不说这是出于政治的刻意包装，至少他们都是合作医疗的受益者。在今天我们的采访中，能感受到一些人的失落感，这些失落感来自现实生活中他们的弱势地位，高血压、心脑血管病，一些老年人没有能力去医治，农村里这些群体的日益边缘化，使他们产生对当年集体生活的怀念。我想他们不是怀念过去大家一样贫困的生活，而是他们在当时社会生活中被人关注的地位。

（三）赤脚医生——医患关系的不变与变

在中国农村，传统的医患关系中，医疗的主体是病家，病人自由择医而治，对于医治过程，从诊断到开方，病人的家属都有主动权，也就是说病人绝不是完全无知与被动，更不会完全放弃个人本有的判断与知识。而医生若想要维持其声名不坠，一个很重要的关键便是能学会“择病而医”，要小心翼翼、全力避免接到“死症”。医生不持现代科学专门化的标准为治病依据，单凭经验诊病，常常以平稳之方治半轻不重之病。[③] 这是乡土社会特有的一种医患关系。医生必须考虑乡土

---

① 贺诚：《为继续开展爱国卫生运动而斗争》，《人民日报》1953年1月4日。贺诚，曾任政务院卫生部副部长。

② 《走自力更生的道路，发展巩固合作医疗——郭都公社是怎样发展巩固合作医疗的》（1973年5月20日），第35页。

③ 雷祥麟：《负责任的医生与有信仰的病人：中西医论争与医疗关系在民国时期的转变》，《生命与医疗》，中国大百科全书出版社2005年版。

社会的人情世故，必须学会“讨好”病人，包括嘘寒问暖。而病人也会把这种医生的善意在邻里间传递表达，而不纯粹是一种医疗技术水平的高低。这与城市里病人对医生的信仰，对听诊器与实验仪器的敬畏，对医院的苍白感到恐惧是不一样的。福柯把它喻为沉默的暴力，意蕴悠远。赤脚医生的出现，是现代政治运作的结果，是作为反传统的姿态出现在历史舞台上的，但作为本乡本土人，根植在乡土社会的沃野中，接受乡土传统的熏染，承袭乡土传统的气息，他们走进了人们的视野，走进了人们的生活。

赤脚医生被视为“文化大革命”中的新生事物，是“文化大革命”的政治表现，国家对他们进行了各种道德与制度的规训。拨开政治的笼罩，我们还是能发现，赤脚医生作为本乡本土的医生，是乡土社会人情网络中的一员，他们的道德热情成了传统的乡土感情的自然延续。郭都公社英寨大队车沟生产队的防治员王翠花，人们称她为好闺女，在防治大骨节病中担负着全队十几个自然村庄的送药任务。这个生产队坐落在黑虎岭上，山陡沟深，荆棘丛生，送一次药要翻五座山、过四条沟，往返三十多里。九个月来不论刮风下雨，还是酷暑严冬，坚持送药，从不间断，行程四千多里，还热心为社员医治小伤小病，被群众称为“全心全意为人民服务的卫生员”。在她的努力下，全队 24 个大骨节病患者已有 21 个痊愈，另外 3 个也明显好转。[①] 在安泽，这样的故事较多。由于安泽地势多山，再加上水土病又是一种慢性病，需要长治久治，而且安泽又是全省乃至全国防治水土病的重点，这里的赤脚医生不会比别的地方轻闲，反而是到处可见他们的影子。提着壶，拿着碗，送药到田间地头，冷了就再加热，看着病人服了药才走。女儿有事外出，怕耽误送药，病人不满意，母亲就担负起送药的任务。制度约束与人情约束混合发生作用。

在安泽，还有一只“不走的医疗队”——解放军医疗队。1970 年毛泽东亲自批示：“加强对克山病、大骨节病、布氏干菌病等地方病的防治工作，要从战备的观点出发，抓紧时间，尽快做出成绩。”1970 年春中国人民解放军派医疗队来到

① 《认真贯彻毛泽东革命卫生路线，大打防治地方病的人民战争》（1974 年 5 月），安泽县档案馆：卷宗号 43，第 37 页。

了安泽县。他们的身份使得人们近距离地感受到了相对遥远的国家政治，他们的医疗作风有效地复制了战争的场面。但同时，他们与老百姓的亲情关系，使这支外来陌生的医疗队与当地人之间的距离没有了，这也是解放军从实践中得来的优良传统。

1970年5月20日，解放军医疗队接到从茨林大队蔚南庄打来的抢救难产病人的电话像战场上接到命令一样，一溜小跑，翻过三条山梁，来到了离驻地二十余里的病家。产妇王青梅，二十多岁，被大骨节病残害的身高只有二尺八。如此矮小的身材和狭窄的骨盆，使医疗队的同志们大为吃惊，这不是一般难产，显然是剖宫产的绝对适应症。为了抢救病人及孩子，同志们顾不上喝水、吃饭，忘记了一路上的疲劳，马上又将产妇抬回医疗队的驻地。在人员少、条件差、设备简陋的情况下，成功地做了剖宫产，并用口吸痰，救活了已经窒息的婴儿。在他们发现婴儿只包一块布时，一位同志特意为孩子做了两件崭新的衣服和帽子从家里捎来。[①]

这一事件在媒体的宣传中被表达为“救死扶伤的革命人道主义”，这是政治对他们规定的角色。但是医疗队不只是治病，他们还不时关心着群众的生产生活，他们期盼着与老百姓走得更近，也渴望在这种贫下中农再教育中不落后，成为典范，在医患关系中演绎着邻里的关系。到贫下中农家里不是帮助烧火做饭，就是帮大娘做衣服，不是挑水就是扫院；贫下中农的孩子滚得一身泥巴，解放军同志像见了自己的孩子一样抱起来亲了亲。种种付出得到了回报，也得到了认同。老百姓眼见亲人解放军淌过寒彻的沁河水，杏坡村的人们很快架起了一座六二六木桥。这种天然情感的回报，使政治的刻板形象融入人情亲情关系中，而少了一些隔阂。

同时，资料也为我们展现了不和谐的一面：

有病请不到，紧病慢大夫，徇情顾面，服务态度恶劣。有个大队一位妇女难产，公社卫生院处理不了，叫另一名医生时他却说：“叫有本事的看吧，我才不给

---

① 《毛泽东为贫下中农派来的亲人——记战斗在革命老根据地岳阳山区的解放军医疗队》（1970年11月10日），安泽县档案馆：卷宗号16，第4—5页。

他收这个摊子哩。”怎么也请不到，结果产妇死了。像这样“张医生看过的病李医生不再看”的问题在卫生队伍中还严重存在。

“资本主义倾向严重”，大搞单干。有个公社医务人员同流窜人员合伙烧砖瓦，从中取利。拖欠公款达 340 元，还雇人做桌子和床抵顶欠款，变相地出售家具。有个大队的医生，自己养了一窝蜂，工作调到哪里，把蜂带到哪里。收下蜂蜜，掺上玉茭面卖给卫生所，做成的丸药酸得不能吃，干得咬不动。有的医生常年不参加集体生产劳动，而是搞副业，乱开小片地。有的医生把上药材地的化肥，上在自己的自留地里。有的抬高药价，卖高价药。

有的医务人员不问政治，不务正业，不关心群众疾苦，娇气十足。有的不服从调动，在家住几个月不上班。有的一年请假时间比工作时间还长，有的小病大养，可以搞家务，可以拾柴，就是不能上班工作。

开大方，药品走后门。中药材不加工，不炮制，霉烂现象严重。有个大队医生一个处方就开了 167 元。一个大队卫生所购进 80 支黄链霉素走了后门。还有一个大队卫生所霉烂了价值 500 多元的中草药。有的不积极用针灸、推拿、火罐等新医疗法和单验土方，而是开大方、贵方，滥用药品和抗生素，给合作医疗资金带来了困难。

部分大队卫生所财务混乱，制度不严，胡支乱借，贪污盗窃，有的卫生所从建所到现在没有清过账，没账、没表，卖多少算多少。

有的医务人员，违法乱纪，胡作非为，道德败坏，玷污了赤脚医生这个光辉称号，造成极坏影响。孔村大队赤脚医生王旭华，平时不学习毛泽东著作，思想意识落后。在公社医院开会时，趁司药不注意偷了 100 个空心胶丸，大队卫生所进了 200 个空心胶丸，也变为己有，装上假药到外地去卖，偷中药，配中药，卖高价药，并嫁祸于司药人员。给一个社员配了不到半斤重的一副丸药，向病家要了二斤蜂蜜。在集体的药地里种菜，除自己吃了外，还担到街上卖高价。看病向病家要烟、要茶，在本村（南庄）看了病，不仅自己在病家吃饭，还领着老婆孩子到病家吃饭。看了病要让病家给他担水、担粪、种自留地，南庄大部分社员给他干过活，群众意见很大，影响恶劣。

还有个大队的赤脚医生，本大队的病不看，跑外大队，有时一走半月二十天，送病人几天不回去，吃住都让病人负担，群众叫他“请不来”、“送不走”，给群众增加了不必要的经济负担。[①]

赤脚医生不是道德圣人。由于一些复杂的情感因素和非情感因素，诸如利益的驱动、面子的问题、待遇不公正等，都会使一些赤脚医生偏离政治对他们规定的角色，教育的过程就成了规训的过程。但同时这也说明国家的政治力量和人们的既得利益始终相互较量。这也多少能看出赤脚医生需要一定的约束机制，否则他们就会失去红色的身份，以及人们对他们的道德期盼。三三轮换制（一人在卫生所值班，一人下乡搞防治，一人参加劳动，定期轮换）的实行，就是为了保持赤脚医生的劳动本色，对他们实行进一步规范的措施，但是太过苛求和理想化了。

先进与落后，积极与消极在群众性医治过程中总是如影相随，明暗相较，然而大骨病防治的主流却是好的，从20世纪70年代几则大骨节病愈后的典型患者以及病区村庄，我们可以得出防治效果的粗浅印象。

疾病治愈后，参加生产劳动、文化学习，成为先进模范。三交公社上梯大队贫农社员左德义，时年54岁，17岁患大骨节病，后来瘫在炕上起不来了，胳膊不能打弯，饭碗送不到嘴边，20世纪70年代春天坚持服卤碱，一个月后浑身舒坦，两个月后就扔掉拐棍，秋季下地参加劳动，后半年做劳动日60多个，1971年做劳动日220个，1972年做劳动日240个。1971年1月份他光荣地加入了中国共产党，10月份当上了生产队保管员，他没文化，记账有困难，就在这年冬天，他带领社员群众办起四十多个人参加的政治夜校。坚持书本不离身，遇到生字，逢人就问，现在已会记简单的账目了，他说：“干社会主义革命，没文化可不行啊。我要活一天学一天，活到老学到老。”他是贫协委员，还分管村中学校。1971年、1972年度7月1日都被县上评为模范党员，还被公社评为农业学大寨的模范人物，并发了奖状。

治好大骨节病，婚姻问题得到解决。多年来，群众中流传着这样一首歌谣，“大骨节病苦难深，找不到对象结不了婚，最后叫你断了根”。这种情况已经开始改变。三交公社过去有女往外流，现在女子嫁不出沟，近年来就有二十多对青年

---

① 《县革委副主任卫玉明同志在首次赤脚医生会议上的讲话》（1973年），安泽县档案馆：卷宗号17，第62—64页。

结婚。和川公社孔旺大队贫农社员张八子，时年45岁，原籍河南林县。1933年老家遭灾，一家逃难来山西安泽，路上父亲被饿死了，母亲讨饭夜宿破窑被砸死了。他从小就给地主放牛，10岁就得了大骨节病。新中国成立后分到了土地和房屋，他想这下可好了。哪知瘟神缠身，病势越来越严重。他给队里放牛，膝盖疼痛，行走困难，经常把牛赶到山沟里，挤在一起，不让牛走动，怕牛跑散撵不上，结果牛喂得很瘦，年年评比是三类。自己感到悲观失望。在用卤碱、草木灰浸出液治好了大骨节病后，1970年后半年结了婚，1972年还生了个小女孩，张八子走上了康乐大道，干劲可大啦，给队里放牛还捎带拾粪。他放的牛也由三类变成了一类。过去每年下小牛三头，现在就下了六头，增加一倍。此外他还刨药材60多斤。全年做工400个，除分口粮外，还分现款100元。他激动地说："这都是托毛泽东他老人家的福，毛泽东派来解放军医疗队和防治队帮助我们，推倒了'大山'，送走了瘟神，我张八子这下彻底翻了身。"

过去的欠款户，现在变成了余款户，家庭经济状况得以改善。郭都公社雷古台生产队，通过治疗有21个病人痊愈。社员朱克胜，全家7口人，两个患大骨节病，过去每年只能做工200多个，年年欠款，治好病后，去年做工400多个，长款110元。1971年来，这个队的五户欠款户，变成了长款户。三交公社连家庄生产队贫农社员田德海，全家七口人就有六口患大骨节病，过去年年欠款。治好病后，他和大儿子都由半劳力变成了全劳力。1971年长款300余元，1972年又分现金480余元。现在家里有余粮有余款，不仅添置了不少生活用具，还买了一辆飞鸽牌自行车，他决心为集体喂好牛、马，为革命出大力。

稳定了人心，安居乐业。由于大骨节病的威胁，多年来，干部、群众中存在着不定居思想，许多人是："人在安泽，心在外地，河南安家，山西种地。"冬去春来，流动性很大。郭都大队贫农社员郑爱玉，全家11口人，有六个患大骨节病。他父亲郑来，1920年逃荒来到这里，先后娶过两个老婆，都患大骨节病，难产致死。前后搬过六次家。现在全家大骨节病治好后，才真正安下心来，盖了三间新房，三个孩子也上了学。冀氏公社沟口大队138户，1970年以来就有五十人盖了新房132间。大队和生产队集体建新房20间，这个大队支部书记路双则，原籍壶关县，来这里三十多年了，始终不安心，住两孔破窑，下雨就漏，也不修补，

1969年回老家把房子的根基都扎好了，准备迁移。大骨节病控制后，决心不走了，1972年秋季把旧窑用砖挂了面，还盖了两间新房。社员赵章锁1968年在沁水用450元买了一孔石窑，两间平房，准备迁移。去年他去沁水又卖了，在这里盖下了新房。据三交公社统计，近三年来新建房屋417间。

经过治疗，身体条件符合军队征兵要求。冀氏公社柳树沟大队社员刘小孬，因患大骨节病，关节疼痛，胳膊伸不直，担不动一担水，病治好后，1971年在县机械厂当工人，1972年应征参了军。小孬参军后，改名刘大勇。柳树沟大队过去二十多年来只走过两个义务兵，前年一次就有两个青年检查合格，应征入伍。

由矮变高，体高发生变化。和川公社有一位贫农鹿大爷，他的儿子鹿惠东，16岁才长一米一高，他到处打听给儿子买长高的药，解放军总医院医疗队研究用卤碱配“九二〇”治疗，鹿惠东治疗后两年长高了20厘米。经用“九二〇”四基睾丸素治疗矮小大骨节病人36人，均有不同程度的长高。郭都公社的石金生，两年长高18厘米。

防治大骨节病，解放了大批劳动力，促进了农业学大寨运动的深入开展，山区面貌发生了深刻变化。三交公社连家庄生产队，地处重病区，全队26户，75口人，24个劳动力，就有23个患大骨节病。通过防治，有20人已恢复健康，大大的解放了劳动力，近三年修大寨田80亩，发展水浇地72亩，每人平均一亩水浇地，一亩多大寨田，粮食连年上升。对国家贡献越来越大，连续两年粮食亩产过“黄河”，人均双千斤，每人向国家贡献1000多斤粮，集体储备粮26700多斤，人均303斤。去年社员口粮每人平均550斤，每个工分值一元一角伍分，家家有余粮，户户有存款。罗云公社车道生产队，是个严重地方病区，多年来缺乏劳动力，农业生产的步子一直迈得很慢，春愁种不上，苗出锄不过，秋收运不回，庄稼雪里埋。1972年治愈了大部分病人，解放了劳动力，生产面貌大变，种得早，管得好，跨进了人均双千斤，户均万斤的先进行列。[①]

这几则愈后的病例，以现在眼光来看，有它切合实际的一面，但同时又有出于政治的夸大宣传。表面上是身体治愈后，人们恢复日常生活所承担的社会角色

① 《认真贯彻毛泽东革命卫生路线，大打防治地方病的人民战争》（1974年5月），第38—39页。

的过程，但它背后的社会意义以及对政治的隐喻作用，无不在论证着政权的合法性，使人们在对身体的深切感受中，感知了政治。但是无论它背后的动机是出于一种政治的渗透，抑或是一种对人的严酷的塑造，在当时的物质条件下，共产党成功地医治了地方病确是一件千秋万代的事，是一个“现代传统”的实践的过程。

小　结

地方病是基于一定的自然环境引发的疾病，它首先体现了人与自然环境的关系，安泽县自然条件的禀赋是引发地方病的根本原因，它对生活用水影响尤为重要，从这个意义来讲，大骨节病是水土病，也是生态病。对地方病病因的认识、防治，其实是人认识环境、应对环境、改造环境的过程。

在前现代社会，大骨节病的防治为个体的医疗行为，因其病理的独特性，不像瘟疫那样具有强烈的传染性，地域的扩散性，流行的时段性，而是一种积渐所致、不易觉察、难以治愈的疾病，有一定的地域性、封闭性、延续性。从病区角度来看，大骨节病是一种地方的疾病，区域性的疾病。

水土病在安泽的流行，产生了一系列的社会问题，疾病的摧残下，身体畸形，人亡户绝，妇女不孕，婴儿难长，人口流动，村庄疏落，所以病症导致了社会问题，也可以说是一种社会的疾病。

地方病的医治仅仅局限于地方内部的个体行为，虽然在1948年已经开始了较为系统的调查，但其仍然属于地方医疗行为。在传统医疗的框架里，疾病发生的道德隐喻往往只与个人有关，顶多扩及宗族与村社一级。因此，社会控制与道德之间建立的隐喻关系也是具有区域性的特征。“中国政治没有没有宗教思想的支持，它的正当性是从解决各种实际问题的能力而来，不能解决实际问题的政府和政治制度，就失去正当性。”①

① 邹傥：《二十世纪中国政治——从宏观历史与微观行动角度看》，香港牛津大学出版社1994年版，第234页。

1949年中华人民共和国成立，从此地方病的防治就成为现代国家建构在医疗制度方面的一个不可忽视的面向，当然也深深烙上了历次政治运动的印痕。它是一个自上而下、国家对地方社会全面的渗透过程，本章剖析的是一个区域性地方病医疗史，并不能全面回答近现代社会变迁的所有面向，但是通过上述各节，我们可以明显地感觉到在20世纪40年代至70年代，地方病具有的种种隐喻，如何纳入国家改造的过程，又如何成为历次政治运动的重点。在这一过程中对疾病的研究和治疗，对地方病病因的分析，患者的医治，病区的预防，其背后都隐含改造自然、改造环境、医治病人、改造社会的逻辑。

国家对于地方社会的改造并不是一个单向扩张、渗透的过程，传统与现代也不是截然的二元对立。在地方病医疗过程中，对自然环境的认识，对地方病病因的分析，对地方病的医治，一方面对病理、病原、营养、骨骼等的分析采取了西医的方法和技术，西方医学对大骨节病的病因分析并不适用于安泽病区，在反复徘徊的认识过程中，群众关于水土病病因认识的地方性经验最终成为医治的关键。在具体的医治过程中，针灸、中药等手段成为医治的主要方面，所以地方病的治疗是一个中西医结合、互补的过程，传统与现代糅和的过程。中国革命运动在大革命失败之后，在特定历史条件之下所形成的独特的认识方法，要求从对农村的实践的认识出发，提高到理论概念，再回到农村去检验。中国共产党十分可取地避免了囫囵吞下现代科学主义的错误，而国民党则几乎完全接受西方的现代医学知识及其理论和价值观，认为传统医学是不科学、不可取的，因此在上海和北京等大城市用国家政权试图建立新的基于西方现代医学的卫生体系。从安泽地方病防治来看，中国共产党注重实践的现代传统的确经受了检验。

在传统的医疗制度下，地方病患者的医治仅仅是一个个体性的事件，而不具有社会意义。患者可能只是身体的残疾、尊严的丧失、婚姻的不幸，以至香火难继，户绝人亡。它所呈现的只是每个人无法像常人一样生产、生活。然而在国家对地方病的医治过程中，它成了一个现代政治隐喻，任何一个人的健康或生病都不是一种单独的个体行为，而是与其成为一个国民的身份状态和素质有关，祛除疾病，保持健康与中国能否作为一个合格的现代民族国家自立于世界这样的大命题，紧紧联系在一起。个人对疾病的态度及其对医治过程的重视与否，也成为衡量其国民身份素质优劣的指标。地方病对健康的严重摧残，不仅使患者没有一个健康的外观形态，劳动力的减损、丧失，严重影响了农业生产，在招工、参军中，因体质不合格而达不到要求，这样就隐含了这个地方成为迫切需要医疗的病区，使其承担起一定的社会角色和地方责任。地方病的医治对每一个患者来说无疑是一个福音，减轻疾病痛苦的折磨，恢复和提高劳动力，改善生产和生活状况，健全心理都具有重要作用。按照这一逻辑，对疾病医治应该积极参与治疗，然而，一些患者在医疗过程中表现出消极抵制和缺乏耐心，试图摆脱对于身体的控制。在那个时代很自然地接受医治的态度就和政治觉悟的高低，思想水平的好坏，先进与落后联系在一起。脱离医疗就是脱离生产，不管愿意与否，每个患者都被纳入这种医疗体系。

地方病的防治是凭借广泛的政治动员、群众运动的形式来开展和完成的。在这场运动中，个体的患者转化为被医治的群体，这不同于西医的入院治疗，也不同于旧医的病家治疗。大大提高了效率，降低了医疗成本。地方病防治的过程正好经历了现代中国农村由互助合作到人民公社的变革时期，其高潮则处于“文化大革命”时期，农业生产的组织、日常生活方式等方面都呈现出集体化特征。尤其是人民公社时期，实行组织军事化、行动战斗化、生活集体化、集体劳动和公共食堂，从生产和生活两方面，强有力实现了对每个患者身体的控制，这恰恰为地方病患者的集体医疗提供了一个绝好的契机。

在爱国卫生运动、“大跃进”、“文化大革命”不同的阶段中，尽管运动的主题不尽相同，但为地方病医治包裹了色彩斑斓的外衣，也丰富了医疗实践过程，显现了阶段性和差异性。群众动员，集体医治自始至终贯穿其中，成为一个突出的特征。群众动员包含了多项内容。首先是医生队伍自身的变化，本土医疗资源的整合，医生行医方式、受到在地化的规训，纳入到医治体系当中，但这不完全是一个同质、整体、无差异的总体转化，而是一个异质、个体、分化的过程，是一个双向选择和塑造的过程，从国家来讲，为走出医疗资源缺乏的困境，本土医生被吸纳进来，不管怀着怎样的目的和动机，形式上当他们成为地方病医治体系中的一员时，他们自身的身份已发生了转化，重新塑造，具有乡土和政府的双重性、合法性，并延续了医者在传统乡村社会中具有的尊敬、权威。从反面的例子不难发现，在这个动员过程中一些医者如何抵制被改造的过程。

其次，从病情普查、知识宣传、改水运动等方面无不是一个发动群众、提高思想觉悟，消弭抵触情绪，把医治工作和群众利益调和的政治动员过程。

对于解放军医疗队而言，他们属于外来的医疗资源，面临着如何适应当地社会的人情关系网络，如何在当地扎根被群众接受取得情感上的理解和信任，当然他们也面临着政治舆论上的压力。对于他们而言，医治地方病是一场战斗，是战争场景的复制和再现，所以队伍自身的动员，以及对群众的动员，都可视为战争动员。

无论赤脚医生、解放军医疗队，在地方病防治过程中，地方病和常见病一起治，疾病与生活一起关心，是较为常见的情形，这样就在医患之间逐步建立了人情关系网络。所以，地方病防治不仅仅是自上而下的社会动员，而且是一个和乡村不断调适、建立人情关系网络、取得群众信任的过程 。

现代中国尤其是 1949—1978 年，国家对社会的强力渗透和改造都是前所未有的，“大跃进”、集体化等在农村的实践可能有不成功的实践，学界对此段历史多持否定批判态度，但从安泽县地方病的防治过程来看，在现代中国广泛的群众动员、合作医疗的开展，的确也表现了国家强力的渗透和对患者疾病的管控，但我们要看到安泽县地方病最后确实成功地得到了医治，今日中国这种经验值得我们深思。

第七章　节水及其他习俗

在黄土高原地区，由于水资源的缺乏，人们长期面临生活用水困难。在这种环境下，凿井而饮、挖池蓄水、修渠引水等生活用水形式，都形成了严格的用水制度。在水资源有限的条件下，各类用水形式最大限度地满足了生活用水的需要和人自身的生产，无论与同时代富水地区相比还是从现代生活用水的标准来看，都已经是一种节水行为了。节水并非不用水，受水资源限制，在具体用水实践中，黄土高原地区的人们形成了节约用水的习俗、节约用水的意识。这是本章研究的重点。

一、水源开发与节水

水资源有多种用途，如农业灌溉用水、人畜生活用水、水磨业、手工业生产等各种类型。人畜生活用水和其他类型的用水有一个重大的区别，在于它是维持人或牲畜的基本生存，而不像其他类型的用水，水资源是作为一项投入，有相应的产出作为投入的回报。从用水需求的秩序而言，人畜生活用水处于用水次序的首要位置。这一点，在缺水地区，表现得更为突出。

正缘如此，缺水地区的水源开发也以保障人畜生活用水为最高目标，最大限度地满足和适应这一需要。在水量有限的条件下，为满足人畜生活用水，也就必需对其他类型的用水严格节制。在黄土高原地区，我们一方面要看到不少地方充分利用河、泉之水，兴修水利，开挖渠道，灌溉农田，发展农业生产。另一方面，我们也要注意有不少地区因为缺水，人畜生活用水受到很大制约，人们通过修渠输引河、泉之水，有的水渠兼备农业灌溉和人畜生活用水之功用，有的则专门用于解决民食，严禁灌溉。在前面的一些章节中，我们曾对河南省阌乡、灵宝，陕西省华阴县、潼关，山西省闻喜、霍州等地的引渠用汲生活用水形式进行过详细的讨论，就是在说明这些缺水地区水源开发的最初目的，是为了满足生活用水而不是水利灌溉，如果用于水利灌溉，人畜生活用水就无法保障。这其实是两种不同类型的水利，两种不同需求的水利。学界对于山西四社五村的研究，将它归结为不灌溉水利，并指出这是一种节水类型，并没有切中问题的实质。

缺水环境下，有的地方开源节流，积极开发替代性水源，体现了节水精神。另外一些地方，则在有限的水资源条件下尽量不开发新水源，这也是一种节水行为。

董晓萍等人在对生活用水研究中发现，四社五村的15个山村中，近半数以上有地表径流或泉水水源，是可以打井取水的。但在历史时期，当地农民对于打井的呼声，远不如对修渠那样高涨，这与打井不是祖制有关。据称，按照水利簿的规定，四社五村是不能轻易新开水源的。从前，有个别村庄即使有井，也是老井，新开井情况极少。近30年来，这种情况有所改变，当地出现了新打机井的行为。过去之所以长期不打井，水利观是主要原因，贫困村无力打井才是次要的原因。① 四社五村的研究，侧重于多个村庄不灌溉水利用水制度的讨论，而没有对个体村庄内部水井用水制度的分析。从研究报告来看，四社五村的一些村庄如南川草窪，过去是有老井的。② 既然有井的存在，水井在村庄生活用水中发挥着何种作用？井和渠在整个用水制度中是一种什么样的关系？研究者并未给予关注，这不能不说是一个不足。另外，仔细研读四社五村的水利簿，并没有不准打井的规定。所以村庄不打井，不在水渠之外开发新的水源，要么是研究者的忽视，要么是另有原因，不能简单理解为当地水利制度的制约。

根据我们在黄土高原地区田野考察的经验，缺水村庄在水环境条件许可的情况下，还是尽可能地通过开凿深井等形式来开发水源，解决生活用水问题。历史时期，如果四社五村所处的地理条件和当时的凿井技术可以开发出新的水源，那

① 董晓萍、〔法〕蓝克利：《不灌而治——山西四社五村水利文献与民俗》，第271页。

② 董晓萍、〔法〕蓝克利：《不灌而治——山西四社五村水利文献与民俗》，第398页。

么，这些村庄应该会开凿水井，获取地下水源，而不会置此不顾而命悬一渠之水。最重要的是，在传统凿井技术条件下，当地的地理环境无法凿井及水，因此，各个村庄不得不依赖于泉水活命。这一点，从四社五村所保留的碑刻资料来看，内容涉及到开凿水井的碑刻并无一块，从侧面也说明历史时期当地很难通过凿井来获取地下水源，也就是说不是不打井，是打不出井。打出井了，也可能出水很少不敷足用。

随着时代发展和技术进步，四社五村的水源开发已经出现了变化。20 世纪 70 年代，四社五村的仇池社开始了新水源的开发，在“农业学大寨”的号召下，开掘山泉，兴建水库，既解决了村庄的吃水问题，所余之水还可用于小规模的农田灌溉。20 世纪 80 年代后期，仇池社的桥东村打出了一口深井，后来又在桥西村历经艰辛打出了一口深井。另外，渠首村刘家庄从 1974 年也开始打井，打井至 108 米时，因民工死亡，工程失败。1996 年，刘家庄开始打第二口井，打到井下 170 米时，因山岩坚硬，以致钻井的钻头磨损脱落，掉进井里堵住了部分水眼，钻井队勉强下管，该井出水量很小。这说明缺水地区是存在开发新水源的愿望和梦想的，只是受到了环境和技术的限制。①

人口增长加大了缺水地区的用水矛盾，为了解决生活用水，就必须开发新的水源。山西、陕西、河南等地的水井碑刻对此多有记载。另外，水池或收蓄自然降水，或存储引流之河泉，在一些地方，随着人口的增长，为供应增长人口的用水需要，多有扩建、新建水池之举。以四社五村的南李庄村为例。据碑刻记载，“南里庄村自立村伊始，一池吃水，虽不觉其有余，亦未见其不足。嗣后室家繁盛，人口众多，水至则溢之而灌道，水往则竭尽而无余。所以然者，岂水不足用，乃池之规模狭隘，容受不多，故致终岁有莫给之叹也”。为水所苦，道光五年（1825），该村兴工凿池，这样就有了上、下二池，取水大为便利。②

由于受到技术条件的限制，和现代社会相比，传统社会生活用水的水源开发，不论是凿井开发地下水，还是修水池、打旱井积蓄自然降水，修渠引导地表

---

① 董晓萍、〔法〕蓝克利：《不灌而治——山西四社五村水利文献与民俗》，第 271—275 页。

② 董晓萍、〔法〕蓝克利：《不灌而治——山西四社五村水利文献与民俗》，第 109 页。

水，虽然从给水形式来看，与现代社会大体相似，如水井与机井，辘轳与抽水机，但其给水效率和对水资源的破坏都是不可同日而语的。所以，现代意义上讲的尽量不开发新水源与节水，是不能和历史时期对比的。历史时期，即使在缺水地区，如果水环境和技术条件许可，人们还是尽可能地去开发水源。

在水资源紧缺的地区，除充分利用现有水资源外，积极开发可替代性的水源，也属于一种节水行为。我们在讨论水井、水池、水窖等几类不同形式时，已经对此有所论及，这里从水源开发与节水的角度，再加以分类分层次的研究。

从黄土高原的水环境来看，由于黄土埋藏较厚，地下水位一般而言都相对较深，这就使得凿井而饮的水源开发十分困难。另外，即使一些地方开凿了水井，但由于水井太深、井水出水量有限等原因，汲取水源也需要耗费大量的时间和人力，用水成本太高。因此，他们因地制宜，从当地水环境出发，积极开发替代性水源，采取分类用水的办法，形成了深井、水池、旱井相需相济的生活用水体系。

在水井较浅的地方，人畜生活用水、兴工建筑用水等各类用水均依赖水井，水池的水一般不用，发挥了防洪蓄水的功效。

在水井很深的地方，汲水成本较大，开挖水池收蓄自然降水，修建水窖积蓄自然降水，其实都是积极开发新水源的措施。相对于井水，水池和水窖所收之水，经由地表汇流而成，污染程度较高，水的质量较差，但在缺水环境下，这可能是开发可替代水源的唯一途径了。除深井外，一些地方还有水池与旱井，这样就形成了旱井、水池、深井依次而进的用水秩序，也形成了井、池、窖多渠道的给水形式。井水、旱井提供人的生活用水，牲畜日常生活则饮食池水或窖水，积极开发替代性水源，一方面可能解决了所有生活用水的水源问题；另一方面，由于牲畜、兴工用水质量相对于人的生活用水要求不高，在人的生活用水中，饮食、卫生用水又存在水质要求不同的级差秩序，深井、水池、旱井满足了缺水环境下不同品级的用水需求，在首先解决了人的生活用水，不侵占、减少人的用水量的同时，又解决了牲畜的日常用水，通过开源节流，达到了节水目的，实现了节水的效果。

综上所述，在传统时期，是否开发新水源并不是节水问题的主要方面，而是水源的分配、使用过程中所体现出的节水意识和节水行为。

二、日常用水与节水

在水量有限的情况下，共同使用水源的家户对水的分配进行限制，从而最大限度达到用水的满足，这也是一种节水行为。

水源分配因为给水形式不同而存在差异。

水井是通过汲取地下水而获得用水。在水井较深、出水量有限的地方，汲水需要较长时间，十分困难。为了保证井水自身的供给、出水与汲取保持适度的缓冲，减少汲水者等水时间，避免矛盾与冲突，达到持续用水的目的，村庄对汲水量、汲水时间进行了严格规定。

在凿井而饮的章节中，我们已经对水井制度进行了较为全面的讨论，其中，用水分配一方面严格限定汲水者一次仅能汲水一担，不能多汲水。另一方面是把用水家户组成一定的单位，如山西晋南地区的番，按照规定，一番有相应的汲水日期，通过用水日程的规限，从而实现用水量的节制，使得有限的井水能够细水长流，源源不断。

另外，凿井而饮依赖了地下水，而地下水随着季节或年季水环境的变化而时丰时枯，因此具有不稳定性。受此影响，井水出水量相应发生变化，在春夏干旱季节或是遭遇干旱的年份，井水水位会下落甚至枯竭。在这种情况下，就会限量用水，以保障井汲家户基本的生活用水需求。

水池相较水井是一个较为开放的给水系统。水池是缺水环境下，集蓄自然降水或通过渠道引导河泉之水的供水设施。引导河泉之水，水池可以较稳定地补充水源。那些依赖自然降水的水池，积蓄水源则要视自然降水量而定。一方面，从季节降水量而看，黄土高原地区的降水季节变化大，主要集中在夏秋两季，冬春两季降水少。另一方面，黄土高原地区有十年九旱之称，气候干旱。这样，就影响到水池的蓄水量，并不一定能够稳定地得到补充，水池的汲水总是以蓄水的减少为特征的。为了节约用水，达到一年四季的用水平衡，对于水池的取水量也有严格限制。如河北省井陉县的于家石头村，规定每次从池中汲水、取冰，只许一担，违者重罚。这样的规定，实际上也是在有限的水源下，对汲水量进行节制和约束，从而实现节约用水和持续用水。

在缺水地区，当用水从水井、水池、水渠等公共水源运输到家户，或者自家私有的水窖蓄水，水就脱离了公共资源的意义成为家户私有的财产。

人的生活用水大致可分为饮食、卫生两大类。

“宁叫吃个馍，不叫喝碗水。”既是缺水的写照，也是节水的表现，在缺水地区，家庭十分注意节约用水。例如，道光年间，甘肃“会宁、安定两邑，夏间逃水荒尤甚。盖甘肃跬步皆山，居民仰溪以食。会宁、安定山产硝，水带红色，食者往往病。是以富者多筑深坑蓄天落水，节啬以度；贫者逃往四方就水，夏旱多不得归者”①。

在水源缺乏的条件下，节水最突出的表现是水的循环利用、高效利用。

节约饮食用水。饮食用水必须维持最基本的用水量，但是饮食过程中的用水则可以充分发挥多种用途，按照用水质量讲求标准的高低，形成层阶用水。淘米水用于洗菜，洗菜水用于洗锅碗，洗锅碗水用于饮牲口。有的则是洗菜用过的水，可以澄清后用来洗衣或是喂牲口；洗锅灶、洗碗筷的水可用来喂牲口、家禽；蒸锅水用来洗衣或喂牲畜。繁峙县小柏峪村则把洗锅碗的水澄清，倒出上面的清水存起来再次使用。②

明代的陆容在讨论礼制时候，曾谈到北方生活用水状况，“若凿井一事，在北方最为不易。今山东北畿大家，亦不能家自凿井，民家甚至令妇女沿河担水。山西少河渠，有力之家，以小车载井绠，出数里汲井。无力者，以器积雨雪水为食耳，亦何常得赢余水以浴”。在陆容看来，“礼不下庶人，非谓庶人不当行，势有所不可也”③。换言之，在缺水地区，并非人们不愿讲求个人卫生，而是为势所迫，必须节约个人卫生用水。

一为节约用水量。在缺水地区，全家人每天洗脸用一盆水，盆的容积很小。

---

① （清）朱桂桢：《雪泥鸿爪记·第四图甘肃会宁县二十里铺》，参见（清）朱绪曾编：《金陵朱氏家集》，“中央研究院”傅斯年图书馆藏道光二十年刊本，《庄恪集》，第7—8页。

② 繁峙县志编纂委员会：《繁峙县志》，今日中国出版社1995年版，第106页。

③ （明）陆容：《菽园杂记》卷二，《元明史料笔记丛刊》，中华书局1985年版，第20页。

一为依序用水。洗脸的顺序是大人洗了小孩洗，小孩洗了妇女洗。山西省屯留县仝家庄村民“早上洗脸一盆水，大人小孩轮着洗，全家洗过饮牲口”[①]。

一为重复使用。洗用后的水并不倒掉，而是澄清后把下面沉淀的污物倒了，上面的清水留存下来继续使用。清代乾隆年间，据赵翼记载，“甘肃地少水，水甚珍。余尝遣一仆至皋兰，每宿旅店，有一盂水送盥面，盥毕不可泼去，店家澄而清之，又供用矣。凡内地诸水不通流者，谓之‘死水’，久则色变，且臭秽不可食。甘省独不然。土井、土窖绝不通河流，但得水即藏入，虽臭秽顾也。久之，水得土气，则清彻可饮矣”[②]。

在山西省万荣县还流行这样的故事，大人每天早上让孩子们洗脸，不是用脸盆洗，而是先叫孩子们站成一排，大人嘴里含一口水，喷洒到孩子脸上就算洗脸了。就是孩子们站的地方也大有讲究，必须站在喂牲口的槽头，这样做是为了让没有喷洒到脸上的水落到身后的槽子，以免浪费。这种节水方式虽有一定的取笑成分，却反映了缺水地区人们的节水意识。

衣物、被单等的洗涤耗水量较大，根据各地用水困难程度的不同，衣物洗涤节水的办法也是不尽相同。一些村庄建有水池，有的水池专供人畜用水，严禁浣洗衣物；在有水井、旱井的村庄，水井、旱井、水池相济相需，分担了不同的用水功能，不用于人的生活用水的水池，它们提供了牲畜、兴工、洗衣等用水的形式。采取分类用水的形式，事实上也达到了节约用水的目的。

在一些地区，由于生活用水紧缺，从有限的水源中再难以提供衣物洗涤用水，人们只好采取各种办法洗涤衣物，保持衣物清洁。

集中洗衣。分件洗衣，相对而言用水量大，所以把脏衣物积攒起来，集中清洗，大大减少了用水量，从而达到节约用水的目的。

借雨洗衣。如果适逢天降雨水，自家院内屋檐下摆满了盆盆罐罐，檐雨滴流，正是洗衣的好时机，晾衣绳上挂满了衣物被单。雨后天晴，路旁的沟渠汇集下的雨水，也成了妇女争先恐后的洗衣之所。我们 2007 年暑期在陕西省合阳、澄城县

---

① 屯留县志编纂委员会：《屯留县志》，陕西人民出版社 1995 年版，第 123 页。

② （清）赵翼、姚元之：《檐曝杂记　竹叶亭杂记》卷四《甘肃少水》，《清代史料笔记丛刊》，中华书局 1982 年版，第 75 页。

一带田野考察时，正值一场大雨过后，汽车行驶在乡村小路上，看到妇女、小孩在沿途道路两旁的积水中洗衣正忙，虽然汇流的雨水夹杂着黄土，但这种缺水环境下借雨洗衣的风景仍然给我们留下了难以忘却的记忆。

趁水洗衣。在一些缺水地区，妇女把脏衣物积攒下来，把衣物带到有水的亲戚家趁水洗衣。

远水洗衣。由于缺水，一些地区的妇女则结伴而行，带着需要洗洁的衣物，到附近的河边或水溪中去洗涤。在吕梁山区，妇女们端盆担笼到邻近的河溪中洗衣，棒槌声声，水声潺潺，别有一番诗情画意。[①]山西省屯留县的一些村庄因为用水困难，妇女洗衣服要带着干粮出外寻找小河、池泉洗涮。[②]壶关是有名的缺水县，当地有“冬天吃冰雪，夏天喝泥汤，雨季檐下摆满缸，洗碗水变成糊糊汤，带上干粮洗衣裳，一年四季为水忙，倘若客人来家住，舍米舍面不舍汤”的记载。妇女外出洗衣有的要远走十几里、二十里的路，为了减少负重量，需要把衣物晾干后带回，往返路程达三四十里之遥。

牲畜用水量相对较大，在缺水地区，牲畜用水的节水方式也令人称奇。在山西省闻喜县北垣一带，由于缺水，人们在夏季把牲口牵到窑洞里，窑洞内气温较低，在这种环境下，牲口出汗较少，减少了排汗量也就相应地达到了节约用水的目的，一天能节省半桶水。在农闲时，北垣人把牲口牵到用水方便的塬下，寄养到亲戚家，从而节约了自己家庭的用水。[③]

借水还水。根据董晓萍等人的研究，在四社五村各个村庄间存在一个借水系统，村庄间借水“九借十不还，这是人情”，和送水系统相比较，借水系统是四社五村集体创造的义让制度。[④]与村庄间借水不同的是，邻里之间的借水，却需要还水，在山西省闻喜县流传着“借驴儿还马儿，借一桶还一担”的借水还水规矩。在山西北部地区，如果借人家的水桶担水，要一手提扁担，一手提空桶出院，不

---

① 白占泉：《吕梁民俗》，北岳文艺出版社 1998 年版，第 64 页。

② 屯留县志编纂委员会：《屯留县志》，第 123 页。

③ 冯志华主编：《闻喜县水利志》（内部资料），第 457 页。

④ 董晓萍、〔法〕蓝克利：《不灌而治——山西四社五村水利文献与民俗》，第 262 页。

允许担空桶出院。还桶时还要担一担水，不还空桶，谓之“来去都有”。[①]

人的生活用水存在日常和“有事”之别。有事指家庭给新生儿过满月、红白喜事等与人生礼仪有关的活动，或是兴工建筑等。需要指出的是，四社五村的研究，把人生礼仪和日常用水进行区别，并没有把兴工建筑等生活用水包括在内，兴工建筑虽然不属人生礼仪，但参加兴工建筑的工匠、帮忙的乡邻的吃饭用水量也比较大，有别于家庭的日常用水。在这些场合下，人数较多的乡邻、亲戚汇聚在事主之家，这时家庭的用水量相对日常要大得多，水的供应不仅需要专人负责，水的使用也要加以限制和节约。

有事之时，个人卫生用水非常节俭。主家或具体负责用水者对所有帮忙的乡邻和前来参加的亲戚只提供一盆水，不管洗手、洗脸过后水有多脏，大家合用一盆水，尽量少用水。

吃饭用水是有事之时最重要的用水项目。根据董晓萍等人的调查研究，用水一事在四社五村非同小可，其处理用水的严肃程度，是不缺水地区难以想象的。在人生礼仪的用水中，四社五村的社首集团成员大多会介入，在仪式全过程中实行限水管理，他们中部分成员就是仪式的组织者。在仪式项目中，四社五村增加了拉水、洗碗、菜锅等用水岗位，具体负责的人为社首或社首组织的其他成员，由此可见节水意识向生活用水的渗透。在这些场合下，女性在用水中扮演的是配角。[②]

三、妇女与节水

一般而言，男性和女性在生活用水上有所分工，男性负责水的汲取，用水进入家户后，女性负责家庭生活用水的管理和使用，可以称之为男主外，女主内。但男女两性分工并不是绝对的，在一些地方，妇女也承担着取水的工作，走上井

① 温幸、薛麦喜主编：《山西民俗》，山西人民出版社1991年版，第161页。

② 董晓萍、〔法〕蓝克利：《不灌而治——山西四社五村水利文献与民俗》，第264页。

台，摇起辘轳，或一人担水，或两人抬水，形成乡村的一道独特风景，并在民谣中传唱。在陕西省长安县流传一首《小姐担水不换肩》：

石榴树，弯又弯，小姐担水不换肩。
一担担到桃花山，桃花山上有人看。
看我头，是好头，珍珠玛瑙往下流；
看我脸，是好脸，胭脂花粉擦半碗；
看我手，是好手，金银戒指下半斗；
看我身，是好身，红绸袄，绿背心；
看我腿，是好腿，绿绸裤子半露水；
看我脚，是好脚，红缎小鞋绿裹脚。[①]

这首民谣里，少女虽然肩挑水担，重压在肩，但能不换肩、不停歇，走很远的路，而通过少女挑水的风姿，刻画出乡村女性开朗、美丽的形象。

女子出嫁后，在夫家也可能承担着取水的劳动，对婚姻的不满和命运的抱怨似乎也从一些有关井汲民食的民谣中体味出来。陕西省长安县民谣《一头高来一头低》这样唱道：

一个媳妇年十七，再过四年二十一；
嫁个丈夫才十岁，大她丈夫整十一。
一日井边去打水，一头高来一头低；
不念翁婆待我好，一足踢你井里去。[②]

在黄土高原地区，由于地下水埋藏很深，井深绠长，汲水非常困难，妇女对于生活用水的困难和汲水的艰辛也是多有嗟叹。长安县《浇（绞）得水来骂媒人》

① 朱介凡主编：《陕西谣谚初集》，天一出版社 1974 年版，第 80—81 页。
② 朱介凡主编：《陕西谣谚初集》，第 83 页。

则反映了妇女怨恨媒人把自己说亲到汲水困难夫家的情形：

皂角树，开黄花，有女不嫁麦王家；
路又远，井又深，浇得水来骂媒人：
“媒人狗贼不成心，
吃青草，屙驴粪，
驴粪弹，向南滚！”①

陕西乾县的《把住辘辘骂媒人》：

荞麦花，崩崩开，
夜晚梦着大姐来，
第二天早上可没来，
第二天上午抱包包哭着来：
“公打来，婆骂来？”
“公没打，婆没骂。”
浇水去，井很深，
把住辘辘骂媒人：“没良心！”②

陕西省洛南县赵家岭生活用水困难，小伙子找媳妇难，人常说：“有女不嫁赵家岭，种地担粪笼，天旱挑水桶，一担一上午，出的牛马力，吃的稀糊糊。”

在缺水地区，一方面，身处其中的妇女对用水困难和取水的艰辛心怀嗟叹；另一方面，在严重缺水地区，水池、旱井收蓄自然降水为生活用水来源，相对于井水而言水质较差，因此，对于喜爱干净卫生的女性而言，大都不愿意出嫁到水质不好的村庄。在陕西省蓝田县有首《有女别给旱原上》的民谣：

---

① 朱介凡主编：《陕西谣谚初集》，第92页。
② 朱介凡主编：《陕西谣谚初集》，第148页。

锤布石响响，
有女别给旱原上，
吃了一桶水儿很难尝。[①]

在晋、陕地区进行田野调查期间，当对水质不洁问题进行访谈时，作为家庭用水主管的妇女言语间对不好的用水表达了强烈的不满、厌恶和无奈：

哎呀，肮脏死了，虫多的太，用箩子过。夏天从池泊里挑来水，拿箩子隔一下，一隔那水里的小虫一疙瘩。哎呀，我就是渴也喝不下去。锅烧开了，水就和那稀泥水一样，尿沫沫漂在上面，恶心的，真是受症了。[②]

由于用水困难或水质不好，姑娘不愿意出嫁到这些村庄。在山西省闻喜县北垣一带田野访谈时了解到，女子一般不出嫁到上白土村，原因是水太差。十口八口人，洗脸只用一盆水，还是小盆水。有的早晨洗脸是用嘴向家人脸上喷一口水。村里用的是泊池水，也就是青蛙、蝌蚪水，夏天用泊池里的水就要拿细箩过一遍，要不就没法吃。附近几个村庄的姑娘都不嫁上白土村，吃不了它的水，因而上白土本村内结成婚姻关系的较多。[③]

由于生活用水困难，水资源成为一种财富的象征，并成为影响婚姻关系的一个重要因素。在晋西北、晋东南缺水地区，谁家拥有几眼水窖，不仅说明这个家庭生活用水无忧，而且是财富的象征。姑娘相亲，先要看男方家里有没有水窖，有几眼水窖。如果男方家庭有水窖，婚姻才可能定下来，否则就很难说了。[④]

也正是因为缺水，在一些地区，婚姻关系对因生活用水而形成的村际关系、用水制度等方面产生了重要影响。在山西省霍州义旺村和孔涧村因为生活用水有一个传说，义旺村里有一个闺女，嫁到孔涧村。姑娘不去，说没有水吃。当时义

① 朱介凡主编：《陕西谣谚初集》，第170页。
② 访谈对象：王徐科妻子，山西省万荣县北甲店村。访谈时间：2006年3月19日。
③ 访谈对象：张东才，男，62岁，山西省闻喜县下白土村。访谈时间：2007年7月21日。
④ 2009年3月山西省偏关县田野访谈资料；2009年5月山西省陵川县田野访谈资料。

旺村就给了她三枪水，说你嫁过去就给你三枪水，义旺村的这个闺女就把水带走了。带走了水，也把孔涧村拉入到当地的四社五村组织里，成了五村。过去当地是四社，后来加了孔涧村，成了五村。①

当地刘家庄的一日水程又是孔涧村给的。传说孔涧村一个管村事的人，闺女嫁到刘家庄。嫁到刘家庄以后，家庭也好，女婿也好，回到娘家就生气。父亲问姑娘："女子你吼啥哩，没有吃的？没有花的？"女子说："啥也好，就是没有洗脸水。"父亲说："你拿上一日水。"这样，孔涧村就给了刘家庄一日水。姑娘又哭了，说："可是没有渠"，他父亲又说了："没渠，给你犁上一犁。"用牲口从上往下一犁就形成了一道水沟。所以刘家庄缺水，孔涧村的姑娘嫁到这里回娘家说没有洗脸水。孔涧村给姑娘送了水，所以刘家庄吃的是洗脸水，吃的是老丈人的水。②

有研究者已经注意到，女性的特殊角色和地位决定了女性是家庭生活用水的保管者、分配者和使用者，她们和水资源有密切关系。女性在家庭中决定着做饭、洗衣等生活用水的使用和分配。一个家庭其他成员的用水习惯与女主人的用水习惯有着密切关系。但是研究者同时认为，农村妇女的节水意识不强，是在农村实施节水的一大障碍。③ 应当说这种武断的观点距离事实较远。

男女两性在生活用水中有分工也有合作，女性是家庭用水和节水的操持者。通过田野考察，董晓萍等人对女性在日常用水的作用有切身的体会。四社五村的水渠送水到各村后，由女性按每月天数进行再分配，以日担或勺计，节缩使用。根据用水物品进行用水分类，以精细地计划用水的质量和数量，形成了限水节约的思维定式，养成了按节省原则区别用水工具的分类形式，也出现了按照用途实行用水计量的行为习惯。④

董晓萍等人在调查中发现，女性管理家庭用水的重要观念是管理家庭用水的秩序，她们在这方面的责任感和警惕性都是永久的。在每天的饮用和洗涤用水中，谁先谁后，都是由女性安排的。正如晋、陕其他地区节约用水的方式一样，她们

---

① 董晓萍、〔法〕蓝克利：《不灌而治——山西四社五村水利文献与民俗》，第163页。

② 董晓萍、〔法〕蓝克利：《不灌而治——山西四社五村水利文献与民俗》，第163—165页。

③ 黄海艳、姚俊琪：《女性在节水战略中的作用》，《中国农村水利水电》2002年第10期。

④ 董晓萍、〔法〕蓝克利：《不灌而治——山西四社五村水利文献与民俗》，第25—26页。

按照家庭成员的年齿秩序、性别秩序和公私空间秩序，分别排出饮用和洗涤的秩序，在这个范围内，实行轮流用水。一般是老人、男人和出门上学的孩子被排在前面用水，家庭主妇却处于用水次序的最末端，是第一节水对象。在家庭成员结束用水后，女性会将用过的水留下来，喂牲口、家禽；再剩下的水，用来擦洗室内；再剩下的水，浇花和洒扫庭院，总之，在家庭内循环利用，从不浪费一滴水。

根据对四社五村的女性与日常用水的考察，研究者发现，当地家庭用水十分节省，除喝水外，凡涮锅、做饭、洗手、洗脸等，用水都不许浪费，用过的水并不倒掉而是要喂牲口、家禽，或洗抹布、搞卫生，或倒在庭院里浇花、浇树、除尘，水均多次循环利用，家庭主妇成为节水的主力。[①] 因此，过去对农村女性的用水观念和节水方式缺少文化分析和价值评估，这是不公平的。[②]

在一些缺水地区，母亲在女子未出嫁前，还在日常生活中对姑娘进行节水习惯的培养。在山西闻喜北垣一带妇女不上桌，当然妇女不上桌受传统社会男尊女卑观念的限制，而闻喜的女人上桌与不上桌却和用水有关。这里的女人倒茶能做到滴水不漏，所以桌上不放抹布，谁家抹布上了桌就叫“上桌事件”，也叫“上桌女人”，女人是不能上桌的，女人上桌，说明主妇滴漏抛洒，不是一个会“过光景”的能手。所以，母亲把“滴水不漏”这一技术手传给闺女，要是滴漏一两点，“养凤钱”（彩礼）就得减一半，而减了价的女子自然嫁不到好人家。俗话说油瓶碰倒了可以不扶，水碰翻了就要剁手指头，因为油可以不吃，水不能不喝。旱塬缺水地区妇女献茶倒水滴水不漏的节水本领，令人佩服。[③]

妇女在节水中的地位和作用，从一些地方的婚俗中也能够得到侧面的体现。在闻喜县北垣一带由于缺水，姑娘出嫁后回娘家，母亲虽然为出嫁的姑娘藏了一碗好水，但因为缺水仍会引起小姑子和嫂子之间的争吵，在蒿峪村流传着一首久唱不衰的姑嫂《吵架歌》：

割完麦，碾罢场，蒸了白馍看我娘。

---

① 董晓萍、〔法〕蓝克利：《不灌而治——山西四社五村水利文献与民俗》，第 21 页。

② 董晓萍、〔法〕蓝克利：《不灌而治——山西四社五村水利文献与民俗》，第 263—264 页。

③ 冯志华主编：《闻喜县水利志》（内部资料），第 458 页。

我娘听说我来了，端碗好水接我啦。
嫂嫂听说我来啦，水罐水瓢全台（藏）啦。
嫂！嫂！你别台，只要娘在我还来。
咱娘要是不在了，你请我来都不来！

娘在哪哒睡，北厦坑上睡。
铺啥哩，盖啥哩？
铺绸缎，盖花被，花花枕头软着哩！
嫂在哪哒睡，茅石板上睡。
铺啥哩，盖啥哩？
铺麻袋，盖簸箕，气死你这花狐狸！

不是我家多嫌你，就嫌你来不背水。
不背水，喝啥哩？喝些风，喝些尿，
喝尿我还舍不得，尿儿还得攒起来，
我娃还要洗脸哩！

从这首因水吵架的歌谣可以看出，缺水地区一碗好水的珍贵，也生动地刻画了因水而生的三个女性的形象，体现了妇女在家庭用水和节水中的角色。母女情深，母亲为了招待出嫁的姑娘，偷偷地背着媳妇提前藏了一碗好水。水既然是珍贵的，姑嫂之间就为水闹出了别扭。在闻喜北垣一带还有一首关于水的民谣：

一个闺女半个贼，
两个闺女一个贼，
三个闺女一窝贼，
都是一窝偷水的贼。
一个媳妇半条狗，
两个儿媳一条狗，

三个儿媳一窝狗，
都是一窝看水的狗。[①]

在亲属关系中，姑嫂关系既有和谐一面，也有矛盾一面，可谓一个恒久话题。但在缺水地区，双方之间因为生活用水问题产生的矛盾则显得较为突出。出嫁后的姑娘回娘家，不仅增添了用水量，甚至有从娘家偷水的行为。嫂嫂或弟媳作为家庭用水的掌控者和管理者，必然对此心生不满而加以限制和防范。母亲则身处女儿与媳妇中间，并不能公开地让姑娘喝好水或从家中带走水，只好暗中行事。这些与水有关的歌谣，体现了水具有财产性质的珍贵价值，守护家庭生活用水的不是男子，而是家庭的妇女。在缺水地区，妇女去娘家不仅可以节省自己家庭的用水，甚至可以通过非正常渠道的偷水从娘家获得有限的用水，充当了男性无法承担的角色。

小　结

我们现在面临的水资源问题主要体现在地下水过量超采、农业灌溉低效用水、工业用水污染、生活用水浪费等方面，相应地，节约用水也是针对上述问题而展开。传统农业社会生活用水各类给水形式如凿井汲取地下水，凿池积蓄自然降水，修渠引导地表水等，现代生活用水、工业生产用水从形式来看与传统时期大体相似，由于受技术条件限制，传统给水形式获取水资源的能力相比之下还是有限的，即使开发新水源，也不会对当地的水环境造成破坏，对生态平衡不致造成不利影响。所以，在缺水地区，只要当地环境和技术条件许可，还是尽可能地开发新水源，以解决生活用水困难。

历史时期黄土高原地区的节水体现在生活用水的各个方面。首先，人们根据用水质量讲求不同的位序，对人、畜用水进行分类，人的用水次序处于优先地位。

① 冯志华主编：《闻喜县水利志》（内部资料），第463—465页。

其次，人的用水根据家庭成员的年齿秩序、性别秩序和公私空间秩序，分别排出饮用和洗涤的秩序，一方面做到循环利用，另一方面根据用水质量讲求次序不同，人、畜、禽逐级利用，达到节约用水的效果。

在缺水地区，人们不仅养成了节约用水的习惯，而且培养了节水意识。女性的特殊角色和地位决定了女性是家庭生活用水的保管者、分配者和使用者，她们和水资源有密切关系，在生活用水的节水中发挥着重要作用。

结　语

本书试图要回答这样一个问题——明清以来黄土高原地区的生活用水是如何解决的。这是一个非常重要的民生问题，同时也是一个关注水利的研究者所长期忽略的问题。

水资源是人类赖以生存的基本条件，具有不可替代的重要性，生活用水是社会生活的一个重要方面。历史时期，黄土高原就存在生活用水困难问题，但在以农立国的传统社会，水利灌溉工程理所当然地受到最高统治者以及各级官员的重视，在官方所修史书中，保存了大量的农业水利历史文献。相对于农业水利，生活用水问题主要由基层乡村社会解决，因为关系到日常生活基本需求，关系到人的生存和发展，乡村社会对此非常重视，民间遗留了大量的生活用水碑刻。从用水需求来看，生活用水应当处于各类用水的最高位序，但就具体实践来看，农业水利却在国家层面获得了优先发展的地位。这不仅反映了历史时期国家的水利观念，也体现了生活用水与生活质量认识水平的时代性，两类水利被赋予了不同的意义等级。

不少研究者从水资源控制、开发、利用等方面展开研究，推动了从水资源角度解释的社会科学理论的发展。历史学、社会学、人类学、民俗学、政治学等对水资源与国家、社会的关系提出了问题并给予了回答，其中尤以魏特夫的“东方专制主义”、日本学者提出的“水利共同体”影响较彰。虽然学科不同、研究方法各异，但这些研究者都把注意力集中在农业水利灌溉方面，却长期忽视了生活用水这一重大民生问题的研究，生活用水研究非常薄弱。

本书要强调的是，农业用水和生活用水在水源利用方面存在重大区别。农业用水属于一种生产资料，水利灌溉的投入是以获取一定的产出为目的。生活用水主要是为了人或其他生物如牲畜、家禽自身的生存和发展，具有公益性。虽然从水源开发、供应、分配等方面来看，两种类型的给水形式大体相似，如有汲取地下水的凿井而饮，也有辘轳上下的凿井以灌；有引渠用汲的轮水制度，也有严密的水利灌溉渠系及分水日程。但二者还是分属不同类型，用水制度存在较大差异。既然如此，就不能把生产用水和生活用水区分为灌与不灌，把缺水地区解决生活用水的水利形式简单理解为不灌溉水利，从水利灌溉的视角去理解生活用水而过度解读不灌的意义，而应该摆脱不灌的束缚，放置在黄土高原地区生活用水研究的框架中，正确地赋予其水利社会研究的类型意义。

一、水资源环境决定了黄土高原地区的生活用水特征

研究黄土高原的生活用水必须从它的水资源环境出发。

黄土高原地区属于干旱半干旱地区，降水量少，蒸发量大，地貌类型复杂，地形破碎，冲沟发育，贮水、导水性差的黄土广泛分布。只有在河谷、阶地、山前等径流汇集区，地表水、地下水才易于取用，大部分山区、丘陵地区水源条件不好。因此，区内人畜饮水的总体特征是：水源类型多样，取用条件变化大，有不少地区人畜饮用水严重缺乏；供水方式比较落后，以人力为主；饮用水量较低，饮水卫生缺乏保障。受地形地貌条件的限制，黄土高原河流密度较小，且大多为间歇性河流，区内人畜饮用水源以地下水为主。据20世纪90年代初期的调查，黄土高原地区地下水饮用人数占农村总人口的80%，地下水主要是浅井水、深井水和泉水，饮用人数各占一半。地表水饮用人数占农村人口的20%，其中水源包括河溪水、池窖所蓄之水；在山区和地表水稀少的丘陵地区，地下水位也较深，常以取用深井水为主，其中一些地区因为地下水位太深，无法取用，只能修池打窖集蓄降水，以水质不良的池、窖之水为生。①

根据历史文献记载和田野考察经验，历史时期黄土高原地区的生活用水保持

① 中国科学院黄土高原综合考察队：《黄土高原地区水资源问题及其对策》，第236页。

着和上述统计基本相符的特征。正如本书所言，在黄土高原地区生活用水中，凿井而饮的形式较为普遍，有的地区或挖池蓄水依赖自然降水，或引渠引水引导泉溪，总体来讲，水资源及其开发利用条件是造成黄土高原地区生活用水困难的根本原因。

生活用水困难或缺水是一个相对的概念，它和用水量、水质、取水的难易程度有着密切关系。根据我们对历史时期黄土高原地区生活用水的研究，从时间上来看，缺水可分为常年性缺水和旱年旱季性缺水。所谓常年性缺水就是在一些地方长期缺水，其缺水状况又可大致归纳为三种类型。一是黄土丘陵地带缺水，山西西北、陕西北部一带最为典型。由于黄土层堆积较厚，地下水埋藏很深。另外，在长期的侵蚀作用下，形成千沟万壑的地貌，贮水条件差，降水很快流失，地下水难于贮存。一是山区缺水，如位于太行山脉的山西省壶关县、黎城县，河南省林县，陕西的潼关、华阴县等，河泉稀少又难以凿井汲引。一是水质性缺水，就是地下水中含有过量的物质，形成苦咸水或高氟水，如在山西南部、关中东部、甘陇一带都存在水质性缺水问题。另外，黄土高原地区分布着一些盐池，周围地区的用水因为含盐量过高而不能饮用，运城、解州的盐湖地区水质不堪饮食。所谓旱年旱季性缺水，就是缺水有一定的时间变化性，这和黄土高原地区降水量年季变化大的特征密切相关。黄土高原素有“十年九旱”之称，一年之中尤以春、夏两季最为集中。

我们搜集的历史时期的水井碑刻、旱井收水规约、引渠用汲制度等描绘出黄土高原地区水资源环境特征和生活用水困难类型的图景：受干旱年份或春、夏季节性降水量少的影响，地下水位下降，井水出水量减小或干枯；水池、旱井收水量不足；河涧泉溪断流，从而导致严重的生活用水困难。

黄土高原地区生活用水困难既与水资源环境有关，也与历史时期水源开发利用的技术条件有关。地下水的开采有赖于地下水埋藏条件和凿井技术两方面，通过我们的考察虽然有山西省万荣县“丁樊冯村出了名，杜村千尺还有余”这样深达300米以上的深井，也有“一石石，一石钱（粮）”穿石凿井的记载，但传统凿井工艺相对于现代凿井技术而言，仍然难于开发利用深层地下水。这相应地对生活用水困难产生了两方面影响，从出水量来看，在有的地区无法凿井出水或出水量很少，有的地区则因为是浅层地下水，水质不良。另外，一些水源地处深谷河涧，受提水技术、运水设施限制，只能靠人担畜驮。在有的缺水地区，由于无法凿井及泉，只能通过远距离引导河、溪等地表径流解决生活用水，受地形条件限制，很难克服水源供应输送过程中的架桥、涵洞、防渗漏等工程技术问题，从而形成“远水解不了近渴”的状况。

黄土高原水资源环境和生活用水形式又决定了其水质问题。受黄土的特殊物理化学性质影响，黄土高原大部分地区水质的浊度高、偏碱性，一些地区地下水氟及亚硝酸盐含量高，积蓄自然降水的旱井、水池之水硬度大。受水资源环境的影响，黄土高原地区或者可以扩展到中国北方地区，北方和南方的生活用水形式有着较大区别。相对来讲，南方地区河湖密布，生活用水以饮用江河湖溪之水居多，北方土厚水深，凿井而饮的形式较为普遍。这样，北方地区和南方地区在生活用水形式上就有了结构性的差异。中国南北地理环境、生活用水形式不同又决定了水质的差异，缘水而生的地方性疾病也就相应地体现出不同特征。一般而言，古代南方的生活用水以江河湖泉为多，外在“所染”为其水质问题的主要方面；北方生活用水以井水为多，井水自身“所含”的水质问题则较突出。正如，我们所强调的那样，虽然北方地区凿井而饮比较普遍，但黄土高原和北方其他地区如河北、河南、山东等地相比，受特殊的地理条件影响，其水质问题主要为井水水味咸苦、偏碱性、含氟量高等，它长期困扰黄土高原居民的日常生活及身体健康。水质问题对各级治所的经营有所制约，也曾对历史时期北方国都营建产生过重要影响。水质是生态环境问题也是社会问题，不同时代、地域、阶层对黄土高原的水质有不同感知，历经实践浸染与文字流布，这一日常生活的身体实践逐渐演变成为一种知识、观念乃至于文化。

二、生活用水圈是基于黄土高原乡村社会用水实践的新概念

黄土高原乡村生活用水的社会机制是从水资源的环境发展而来。

研究表明，井、池、渠三种形式的用水制度在具体的场景中内容非常复杂，

甚至存在一些实质性的差别，但它们又具有一些相似性，最重要的一点就是它们同属于黄土高原缺水地区的生活用水实践，是对整个人类用水经验的贡献。一方面是水资源匮乏且不稳定的自然环境，另一方面是长期生活在这片土地上的人口以及在此基础上形成的区域社会。在缺水环境下，人们制定了严格的生活用水制度，以规范人们的用水行为，使得“出入相友，守望相助”相互依存的居民能够在缺水环境下避免或减少用水矛盾或冲突，最大限度地实现合理用水和持续用水。

本书还尝试对明清以来黄土高原生活用水实践经验加以概括和提炼。

通过明清以来黄土高原的生活用水研究，既对研究中国基层社会的婚姻圈、市场圈、祭祀圈、水利共同体、文化权力网络等概念有了新的体认，也有了深刻的反思。本书强调，各种圈层理论都从不同方面研究人的生存需求，其中水利研究尤多涉及，但较多关注灌溉用水，而忽略了生活用水之研究。本书所用的“生活用水圈”概念，正是对黄土高原乃至北方乡村社会具有主导性、统摄性地位的生活用水与社会关系的概括与解释。

生活用水圈指为了解决共同生活用水而共同治水的居民所属的地域单位。受环境差异和生存选择影响，生活用水形式可分为水井、水池、旱井、水渠等，因此，生活用水圈是一个可伸缩的空间单位。根据我们的研究，黄土高原生活用水圈具有一些基本特点：

1. 清晰界定生活用水与其他类型用水的边界。生活用水在用水次序上具有优先性和排他性。日常生活用水相对于农业灌溉、手工业制作等用水，处于用水次序的最前列。因此，为了保证生活用水，禁绝或限制灌溉等其他类型的用水，严格划分生活用水及其他用水类型的边界，可以视为生活用水圈的第一个特征。

在水资源紧张的情况下，如果不明确生活用水的首要位序，不划分生活用水与其他类型用水的边界，就会存在生活用水与其他类型的用水竞争和用水者之间的冲突。以水井为例，一些水井规约明确规定“食用为先，杂用为次”。以水渠引水食用为例，研究者把山西洪洞、霍州交界的四社五村水利称为不灌而治（不灌溉水利），其实质为水资源极度缺乏的环境，生活用水相对灌溉用水的用水位序优先，必须严禁灌溉用水，才能保证生活用水。河南西部山区的一些渠道水量相对较大，除生活用水之外还能灌溉部分农田，但灌溉用水是在保证生活用水的前提下才可使用。这些都说明，在水资源紧张的地区，严格划分生活用水与其他类型的用水边界，是保证生活用水、减少用水冲突的基本前提。

2. 清晰界定用水者的边界。对有权从公共水资源中获取一定水量的个人、家庭、村庄有明确的规定。用水者边界的划分就是生活用水圈社会边界与空间边界的确定，也是共同用水、共同治水的前提。如果用水者的边界不明确，圈外之人的进入、圈内之人的离开都会影响到用水和治水秩序。

水井、水池、水渠三种生活用水形式所涉用水者的范围并不相同，但都有一个明确的边界。水井体现为井分，没有井分的人不能用水；井分有时以家户人口为单位，有时以家户的男丁为单位，存在一定差异。在山西襄汾，一些水井的井分有买卖、进出的自由，无论以何种形式放弃井分，用水者随即失去在该井汲水权。水池则可从村庄内部凿池而饮扩展到数个村庄结成共饮之谊，用水村庄亦有明确边界；水渠则往往包括多个村庄，这些村庄形成的用水边界在一些场景下是跨越行政区划边界的，例如山西洪洞、霍州交界的四社五村，河南、陕西交界的西董渠。

在生活用水圈内，用水村庄之间有时存在一定的级差秩序。如四社五村的水权村、渠首村、用水村之间的差别和界线。

3. 费用共担。用水者共同承担建造、维修生活用水设施的费用、人工等，在水池、水渠事务中是以村庄为单位承担费用、人工，具体到村庄内部也是由用水者（以家户形式）共同承担的。用水者付出的费用、劳动和获取生活用水的权利密切相连。

用水者在享受用水权利的同时，承担建造、修复、维护用水设施的责任。从黄土高原的案例来看，它是按照受益家户或村庄的人口数（有的地方女性人口不计算）、牲畜的数量、地亩的多少或者用水比例等进行钱、粮、饭、工等的分配和摊派。井地的购置、水井的开凿与修浚、井房的建造与维修、井绳的更新以及日常盘绳等方面均属此类。水池与公用旱井由于取水方式相对容易。水渠跨越空间较大，因此供水问题主要集中在通道方面，包括渠地购买与租用、渠道修建和维护、渠口渠道淤塞的清理等方面。

4. 集体商议，共同管理。用水家户、村庄集体商议、共同管理水井、水池、水渠的生活用水事务，由用水家户、村庄推选或轮充领导职务。

生活用水的公共事务，超越了个体家庭、家族甚至村庄，需要合作、商讨来处理相关事务。水井、水池碑刻多次出现“合社公议”、“合社商议”、“集众商议”的记载引人注意，反映了用水者集体商议，共同治水的场景。负责水井事务的井头、井首、首事人有时由用水各家户轮流充任，有时为大家遇事临时推举，有时长期担任。井首多由声望较好，年龄较大，主持公道的人充任。统计资料显示，井首中的绅士所占比例较小，多为普通乡村居民。

水渠跨越村庄边界，水利事务需要多个村庄相互协调、集体行动，牵涉面相对较广，对水利组织和领导者提出要求。具有代表性的山西省洪洞、霍州四社五村，社首组织是水利的核心集团。在传统社会，社首分为正、副社首，四社五村共有 5 名正社首，10 至 15 名副社首。正副社首有一定分工，正社首组成首脑集团，负责分配用水、工程规划、经费管理、处理纠纷等，副社首协助正社首办理各种工作。1949 年以前，正副社首由村中各姓家族轮流担任，1949 年后，村长、村党支书同时担任社首。从现有资料来看，四社五村的社首并没有绅士的背景。

当生活用水圈内发生用水冲突，在向官府诉讼的过程中，绅士作为村庄代表出现的可能性较大。但是，相对绅士，代表村庄行政的甲头、乡地、乡约等也较多出现。

5. 用水分配制度适应水源供应条件及其变化。在水源分配方面，由于用水形式不同，它是通过固定的水量或时间单位来实现的，整体呈现出用水的轮流制度。如水井的汲水制度限定的一次汲水量是固定的单位，也有把各个用水家户组织成番，每番有一定的轮流汲水日期。水池的水量分配主要是限定一次性汲水量。引渠用汲或是通过限定水池的数量、规模达到生活用水分配的目的，或是通过安排固定的用水日程轮流用水，当然对水的储存量和用水日程有时是独立的，有时又是结合的，前者以山西省闻喜的雷公渠为个案，后者则以山西洪洞、霍州的四社五村为个案。

在黄土高原，用水制度和自然或人工开发的水源自身所能提供的水量关系密切。受水文地质条件限制，有的水井常年出水量很小，有的水井出水量则在旱年、旱季受到地下水位变化的影响，集蓄自然降水的水池、旱井的水源储存量最易受到旱年旱季降水量的影响，同样在枯水季节，引渠用汲的供水能力也大大降低甚至发生断流。由于水源不稳定而引发水源自身的供应问题，是影响用水制度一个非常重要的因素，水井、水池、旱井、水渠等各类形式的用水制度，都对水资源变化而引起的用水分配有相应规定，例如水井、水池的限量汲取，旱井在旱季不能收水，水渠在旱季轮水日程的调整等，都反映了用水制度对于水源变化的适应和调整。

黄土高原生活用水分配制度适应水源条件及其变化，体现了缺水地区或相对富水地区在枯水季节为保证每个家户、村庄基本的生活用水需求而采取的自我调适、自我制约的措施，最大程度地配置、利用了水资源，在某种程度上缓解了人口与资源之间的矛盾，从而达到有限水资源的合理分配与可持续利用。

6. 有与生活用水相关的祭祀活动。祭祀活动一方面反映了缺水地区居民希望神灵护佑，保证生活水源的稳定；另一方面，祭祀活动也是现实用水秩序的体现，用水秩序借助祭祀活动得以强化与确认。

7. 保持水质清洁卫生的制度。水源污染是影响水质的重要因素，因此，防止水源污染、保持水质清洁卫生，是生活用水类型水利的一个突出特征。

8. 国家仲裁执行“食用为先”的原则。前已述及，官府对村庄之间因水井汲用产生的冲突，执行“食用为先，杂用为次”的仲裁原则，对水渠灌溉用水与生活用水的冲突，强调水以人畜食饮为大，渠水先尽各村食饮，如有余水，方可灌田。有时，发生用水冲突之后，也有乡村社会自身商讨解决的情形。

生活用水圈的特征是基于黄土高原具体生活用水实践经验的概括，因此，每一个具体案例未必都完全符合上述条件。尤其是国家仲裁反映了生活用水圈外力量的介入，只适应于发生严重的用水冲突的案例。

黄土高原生活用水困难的情形较为普遍。生活用水成为一种稀缺性资源，可谓牵一发而动全身，在基层社会中具有支配性、决定性作用，相较其他区域，相较其他方面，生活用水并非社会生活的全部，但它对社会的制约性显得更为突出，对社会组织、运行、控制的统摄性更为强烈。以生活用水的开发、分配、管理、冲突解决等为核心内容的用水制度反映了社会组织、运行、控制等重要方面，并对其他方面产生了影响，成为社会得以联系的纽带。这些用水制度的实质是人们在控制、开发、分配、管理生活用水过程中相互之间形成的关系。以生活用水为中介，在开发利用水资源过程中，人与自然环境的关系得以建立，与此同时，村庄内部人与人之间、村庄之间的社会关系也缘水而生。因此生活用水圈具有以水为中心的社区意义，可作为研究黄土高原基层社会的一个概念。

当然，其他类型的圈层理论反映了基层社会的一个重要方面，并且研究者强调某一圈层对其他圈层的主导性和决定性。至于生活用水圈和其他圈层的关系，就现有研究而言，除祭祀圈重合外，婚姻圈也应当有交叠重合，例如四社五村生活用水圈、祭祀圈、婚姻圈相互之间的关系较为密切。它和市场圈的关系还有待更进一步的研究。我们的理解是，基层社会的一些主导性的圈层未必能包括其他圈层，基于不同生存需求的圈层更多的是相互搭配的并存关系，有的相互分离，有的交叠重合，有的包含依附。黄土高原的生活用水圈是和其他圈层并存的、重要的社会活动空间。

三、黄土高原生活用水及其改善是一个生态—政治问题

在传统社会，政府对黄土高原生活用水困难的关注点集中于各级治所。各级治所是黄土高原地区村庄之外的重要的聚落形态，一个浅显的道理是，各级治所的日常生活有赖于水，也不会因为自身功能有别村庄就摆脱了黄土高原缺水环境的限制，因此解决治所的生活用水困难成为地方官员行政的一项重要内容。长期以来，治所官员出于行政、聚民、守战等方面考虑，在解决生活用水方面颇有惠政。政府并没有专门经费用于解决治所生活用水困难，地方官员向上级申请经费并不一定获得批准，有的仍需要捐出自己一部分俸禄，号召绅民捐钱、出工，自筹经费办理。虽然国家规定的官员职责并没有明确的要求，但事实上，体察民情，关注民生，注意生活用水困难的解决则成为在黄土高原地区各级官员的一项重要职责，大量的地方文献记载了官员在治所开井、凿池、修渠的德政，在解决治所用水困难的同时，也缓解了附近村庄的生活用水之苦。

如果放宽视野，生活用水则与更大的历史联系起来。黄土高原的北部正好处

于农牧交接地带，这里既有汉族和游牧民族的交流融合，也有相互间的军事和政治斗争，在中国历史上，尤以明代的九边军事防御最具代表。沿长城一线，尤其是地处黄土高原范围内的长城以及墩堡，长期驻守着数量庞大的军士和战马，在缺水地区，士马的生活用水成为制约日常生活与军事行动的重要因素。正如我们所分析的那样，沿长城一带水资源缺乏，作为一种重要的战略物资，对水资源的争夺、控制、扼守、侦探等以取得制水权成为军事行动的重要内容。土木之变发生后，明军在军事上由主动出击转为全面的防御，军事行动生活用水的重点也转为边地士马生活用水供应问题。墩堡的修建常常不能兼备地形险要和水泉方便之美，因此使得不少墩堡的士马饱受用水之苦，而有的墩堡则因生活用水问题而反复迁建。

从历史时期来看，应该说黄土高原地区的水资源环境是有变化的，但水资源缺乏的总体特征没有变化或者说变化不大，它既是区域内部人们生存的生态基础，也是政府行政的生态基础。从民国时期开始，一些地方官员就有由政府出资帮助解决乡村生活用水困难的呼吁。

生活用水是私人生活的重要内容，但是在现代国家它越来越成为国家关注的领域。中华人民共和国成立后，解决乡村人畜生活用水困难、“水土病”医治成为政府的一项制度安排，和历史时期相比较发生了重大转变。第一阶段，建国初期，结合兴修水利着手解决农村人畜饮水问题，在解决防洪、灌溉、除涝、城市供水以及发展水电、航运、水产的同时也解决了相当一部分人畜饮水困难。第二阶段，20 世纪 70 年代，在北方地区，普遍开展抗旱打井工作，使人畜饮水工作大大向前推进一步。十一届三中全会以后，各级水利部门将农村人畜饮水工作列入重要议事日程，人畜饮水工作又进入到第三阶段。[①]

这项改善民生的制度安排在各个阶段也带有不同色彩。1949 年中华人民共和国成立，是现代国家构建的一个重要标志，正如我们在山西省安泽县水土病医治和改水运动中所揭示的那样，地方病的防治就成为现代国家建构在医疗制度、民

---

① 水利水电部文件（85）水电家水字第 15 号《关于印发杨振怀副部长在全国农村人畜饮水工作会议上的“总结讲话”的通知》。

生改善方面的一个不可忽视的面向，深深烙上了历次政治运动的印痕。它是一个自上而下、国家对地方社会全面的渗透过程，我们可以明显地感觉到在20世纪40年代至70年代，地方病具有的种种隐喻，如何纳入现代国家的改造过程，又如何成为历次政治运动的重点。在这一过程中对疾病的研究和治疗，对地方病病因的分析，患者的医治，病区的预防，其背后都隐含改造自然、改造环境、医治病人、改造社会的逻辑。在阶级斗争和群众运动风起云涌的年代，人畜饮水和毛泽东“要关心群众生活”的指示相连，关系到增强人民的体质，解决生产力，加快“农业学大寨”步伐的问题，是执行不执行毛泽东革命路线的问题，是对广大贫下中农的阶级感情问题，是衡量有没有群众观点的一个标志。

20世纪七八十年代，解决农村饮水问题列入政府工作议事日程，采取以工代赈的方式和在小型农田水利补助经费中安排专项资金等措施支持农村解决饮水困难。1984年国务院批转了《关于加快解决农村人畜饮水问题的报告》以及《关于农村人畜饮水工作的暂行规定》，农村饮水解困工作逐步得到规范。

20世纪90年代，解决农村饮水困难正式纳入国家规划。1991年国家制定了《全国农村人畜饮水、乡镇供水10年规划和“八五”计划》，1994年把解决农村人畜饮水困难纳入《国家八七扶贫攻坚计划》，通过财政资金和以工代赈渠道增加投入。到2004年底，中国基本结束农村饮用水难的历史。2005年，经国务院批准实施的《2005—2006年农村饮水安全应急工程规划》，实现了农村供水工作从“饮水解困”到“饮水安全”的阶段性转变。2001—2005年，国家共投入资金223亿元人民币，解决了6700万人的饮水解困和饮水安全问题。

从2006年开始，农村饮水安全工程全面实施。根据《全国农村饮水安全工程“十一五”规划》，“十一五”时期全国计划解决1.6亿农村居民饮水安全问题。到2009年，全国可累计解决1.95亿人的饮水安全问题，占2000年3.79亿饮水不安全人数的51%，提前六年实现联合国千年宣言提出的目标。根据规划，到2015年之前，全国将基本解决农村饮水安全问题。到2020年，基本实现农村普及自来水。

“十三五”期间，全国农村饮水安全工作的主要预期目标是：到2020年，全国农村饮水安全集中供水率达到85%以上，自来水普及率达到80%以上；水质达标率整体有较大提高；小型工程供水保证率不低于90%，其他工程的供水保证率不低于95%。推进城镇供水公共服务向农村延伸，使城镇自来水管网覆盖村的比例达到33%。健全农村供水工程运行管护机制，逐步实现良性可持续运行。

新中国成立以来，农村人畜饮水解困是水利事业发展中公共财政惠及最广泛农民的民生工程，近年来“加快农村饮水安全工程建设”成为中国政府“三农”工作的一项重要内容。在这一进程中，黄土高原地区也基本结束了人畜饮水困难的历史，农民生产生活方式发生了变革。

解决黄土高原生活用水问题，是乡村人民对美好生活向往的基本需求，也是国家领导人非常重视的民生问题。2013年2月，习近平总书记在甘肃省定西市渭源县考察引洮供水工程。2016年7月，习近平总书记到宁夏回族自治区固原考察，在泾源县大湾乡杨岭村走访中，了解村里解决生活饮水的情况。2017年6月，习近平总书记来山西考察，在吕梁山区岢岚县赵家洼村，他走到村里唯一的一口饮水井旁，登上用石块垒成的井台，仔细查看井里的蓄水情况。这些感人的场景，动人的画面，说明生活用水之艰仍然存在，解决生活用水这样重大的民生问题，任重道远。

同时，我们也要看到，在黄土高原实施人畜饮水解困过程中，虽然在经费、工程技术等方面有了较大变化，但并没有摆脱开发地下水、储蓄自然降水、引导地表水这三种形式。随着生活水平的提高，在黄土高原地区，人们对生活用水也会提出越来越高的要求。解决生活用水问题将成为国家和地方政府改善民生的一项重要内容，改善生活用水的宏观政策和具体措施，必须从黄土高原水资源环境的具体实际出发，因地制宜，选择与环境相适应的、可持续发展生活用水形式，将是一个永恒的主题，也是明清以来黄土高原生活用水的历史经验给予我们的启示。

参考文献

一、专著

《史记》，中华书局1982年版。

《汉书》，中华书局1962年版。

《三国志》，中华书局1982年版。

《北史》，中华书局1974年版。

《北齐书》，中华书局1972年版。

《隋书》，中华书局1973年版。

《新唐书》，中华书局1975年版。

《新五代史》，中华书局1974年版。

《宋史》，中华书局1985年版。

《元史》，中华书局1976年版。

《明史》，中华书局1974年版。

《明太宗实录》，"中央研究院"历史语言研究所，1962年。

《明孝宗实录》，"中央研究院"历史语言研究所，1962年。

（春秋）管仲：《管子》，文渊阁四库全书影印本，第729册。

（秦）吕不韦：《吕氏春秋》，文渊阁四库全书影印本，第848册。

（汉）许慎：《说文解字》，中华书局1963年影印本。

（汉）应劭：《风俗通义》，文渊阁四库全书影印本，第862册。

（三国魏）嵇康：《嵇中散集》，《四部丛刊初编·集部》缩印本，上海商务印书馆1936年版。

（北魏）郦道元：《水经注》，华夏出版社 2006 年版。

（唐）李吉甫：《元和郡县志》，文渊阁四库全书影印本，第 468 册。

（唐）陆羽：《茶经》，文渊阁四库全书影印本，第 844 册。

（唐）张又新：《煎茶水记》，文渊阁四库全书影印本，第 844 册。

（宋）陆游：《入蜀记》，文渊阁四库全书影印本，第 460 册。

（宋）罗愿：《尔雅翼》，文渊阁四库全书影印本，第 222 册。

（宋）孟元老：《东京梦华录》，文渊阁四库全书影印本，第 589 册。

（宋）沈括：《梦溪笔谈》，文渊阁四库全书影印本，第 862 册。

（宋）宋敏求：《长安志》，文渊阁四库全书影印本，第 587 册。

（宋）岳珂著，吴企明点校：《桯史》，中华书局 1981 年版。

《黑鞑事略及其他四种》，见王云五主编：《丛书集成初编》，商务印书馆 1937 年版。

（元）马端临：《文献通考》，中华书局 1988 年版。

（元）王恽：《秋涧先生大全文集》，《四部丛刊初编·集部》缩印本，商务印书馆 1936 年版。

（元）于钦：《齐乘》，文渊阁四库全书影印本，第 491 册。

（明）陈仁锡：《皇明世法录》，台北学生书局 1986 年版。

（明）陈绛：《辨物小志》，见王云五主编：《丛书集成初编》，商务印书馆 1936 年版。

（明）陈奕禧：《皋兰载笔》，《小方壶斋舆地丛书》第 6 帙。

（明）顾廷龙编：《皇明经世文编》，《续修四库全书》，上海古籍出版社 2002 年版。

（明）顾炎武：《天下郡国利病书》，上海书店 1985 年版。

（明）金幼孜：《金文靖公北征录》，《续修四库全书》，第 433 册。

（明）李时珍：《本草纲目》，文渊阁四库全书影印本，第 772 册。

（明）李贤：《明一统志》，文渊阁四库全书影印本，第 472—473 册。

（明）马文升：《西征石城记》，《续修四库全书》，第 433 册。

（明）申时行：万历《明会典》，中华书局 1989 年版。

（明）孙世芳：嘉靖《宣府镇志》，台北成文出版社 1970 年版。

（明）王士性著，吕景琳点校：《广志绎》，中华书局 1981 年版。

（明）魏焕：《皇明九边考》，台北华文书局 1968 年影印本。

（明）徐光启撰，石声汉校注：《农政全书校注》，上海古籍出版社 1979 年版。

康熙《灵丘县志》，康熙二十三年刻本。

康熙《曲沃县志》，康熙四十五年刻本。

康熙《保德州志》，康熙四十九年本，乾隆五十年增刻。

康熙《朝邑县后志》，康熙五十一年后刊本。

雍正《乾州新志》，雍正五年刊本。

雍正《河南通志》，雍正九年刻本。

雍正《山西通志》，雍正十二年刻本。

雍正《陕西通志》，雍正十三年刻本。

乾隆《甘肃通志》，乾隆元年刻本。

乾隆《环县志》，乾隆十七年刻本。

乾隆《蒲县志》，乾隆十八年刻本。

乾隆《阳城县志》，乾隆二十年刻本。

乾隆《浑源州志》，乾隆二十八年刻本。

乾隆《闻喜县志》，乾隆三十一年刻本。

乾隆《潞安府志》，乾隆三十五年刻本。

乾隆《蒲城县志》，乾隆四十七年重修本。

乾隆《府谷县志》，乾隆四十八年刊本。

乾隆《澄城县志》，乾隆四十九年刻本。

乾隆《卫辉府志》，乾隆五十三年刻本。

道光《大同县志》，道光十年刻本。

道光《壶关县志》，道光十四年刻本。

道光《榆林府志》，道光二十一年刻本。

咸丰《同州府志》，咸丰二年刻本。

光绪《三原县新志》，光绪六年刊本。

光绪《壶关县续志》，光绪七年刻本。

光绪《同州府续志》，光绪七年刊本。

光绪《永济县志》，光绪十二年刻本。

光绪《富平县志稿》，光绪十七年刊本。

光绪《山西通志》，光绪十八年刻本。

光绪《阌乡县志》，光绪二十年刻本。

宣统《固原州志》，宣统元年刻本。

（清）毕沅：《关中胜迹图志》，文渊阁四库全书影印本，第 588 册。

（清）董恂：《度陇记》，《小方壶斋舆地丛书》第 6 帙。

（清）谷应泰：《明史纪事本末》，中华书局 1985 年版。

（清）和珅：《大清一统志》，文渊阁四库全书影印本，第 474—483 册。

（清）胡聘之：《山右石刻丛编》，山西人民出版社 1988 年版。

（清）黄云鹄：《粥谱》，《续修四库全书》，第 1115 册。

（清）蒋湘：《后西征述》，《小方壶斋舆地丛书》第 6 帙。

（清）陆廷灿：《续茶经》，文渊阁四库全书影印本，第 844 册。

（清）陆燿：《保德风土记》，《小方壶斋舆地丛书》第 6 帙。

（清）孙兆溎：《风土杂录》，《小方壶斋舆地丛书》第 5 帙。

（清）谈迁：《北游录》，中华书局 1960 年版。

（清）王锡纶：《怡青堂文集》，民国（年代不详）铅印本。

（清）王心敬：《丰川续集》。

《陇边考略》，台北成文出版社 1970 年版。

阙名：《燕京杂记》，《小方壶斋舆地丛书》第 6 帙。

佚名：《兰州风土记》，《小方壶斋舆地丛书》第 6 帙。

〔德〕福克：《西行琐录》，《小方壶斋舆地丛书》第 6 帙。

民国《商水县志》，民国七年刻本。

民国《闻喜县志》，民国七年石印本。

民国《万泉县志》，民国七年石印本。

民国《虞乡县新志》，民国九年石印本。

民国《临晋县志》，民国十二年铅印本。

民国《澄城县附志》，民国十五年铅印本。

民国《邠州新志稿》，民国十八年抄本。

民国《翼城县志》，民国十八年铅印本。

民国《林县志》，民国二十一年石印本。

民国《新修阌乡县志》，民国二十一年铅印本。

民国《安泽县志》，民国二十一年铅印本。

民国《洛川县志》，民国二十三年铅印本。

民国《续修陕西省通志稿》，民国二十三年铅印本。

民国《灵宝县志》，民国二十四年重修铅印本。

〔日〕华北产业科学研究所：《山西省农业事情调查报告书》（调查资料第八），昭和十四年。

应廉耕、陈道：《华北之农业（四）：以水为中心的华北农业》，北京大学出版部 1948 年版。

黄河水利委员会水利科学研究所编：《黄河流域旱井调查研究》，水利电力出版社 1958 年版。

上海市农村医疗卫生普及手册编写组：《农村医疗卫生普及手册》，1969 年。

朱介凡主编：《陕西谣谚初集》，天一出版社 1974 年版。

黑龙江省地质局第一水文地质队编：《地方病环境水文地质》，地质出版社 1982 年版。

刘东生：《黄土与环境》，科学出版社 1985 年版。

沈树荣、王仰之、李鄂荣等：《水文地质史话 · 札记》，地质出版社 1985 年版。

李景汉：《定县社会概况调查》，中国人民大学出版社 1986 年版。

蔡蕃：《北京古运河与城市供水研究》，北京出版社 1987 年版。

蔡少卿主编：《再现过去 ——社会史的理论视野》，浙江人民出版社 1988 年版。

渭南地区水利志编纂办公室：《渭南地区水利碑碣集注》（内部资料），1988 年。

安泽县民间文学三套集成编辑委员会：《安泽民间文学三套集成》（内部资料），1989 年。

〔美〕麦克法夸尔、〔美〕费正清编，谢亮生等译：《剑桥中华人民共和国史》（1949—1965 年），中国社会科学出版社 1990 年版。

武安县地方志编纂委员会：《武安县志》，中国广播电视出版社 1990 年版。

吴文藻：《吴文藻社会学人类学研究文集》，民族出版社 1990 年版。

龙门村志编纂委员会：《龙门村志》，新世界出版社 1991 年版。

温喜、薛麦喜主编：《山西民俗》，山西人民出版社 1991 年版。

钱信忠主编：《医学小百科・地方病》，天津科学技术出版社 1992 年版。

王森泉、屈殿奎：《黄土地民俗风情录》，山西人民出版社 1992 年版。

〔美〕杜赞奇著，王福明译：《文化、权力与国家——1900—1942 年的华北农村》，江苏人民出版社 1994 年版。

邹谠：《二十世纪中国政治——从宏观历史与微观行动角度看》，香港牛津大学出版社 1994 年版。

繁峙县志编纂委员会：《繁峙县志》，今日中国出版社 1995 年版。

屯留县志编纂委员会：《屯留县志》，陕西人民出版社 1995 年版。

安泽县志编纂委员会：《安泽县志》，山西人民出版社 1997 年版。

山西省史志研究院：《山西通志・卫生医药志》，中华书局 1997 年版。

〔法〕费尔南・布罗代尔著，顾良、施康强译：《日常生活的结构：可能与不可能》，见《15 至 18 世纪的物质文明、经济和资本主义》（第一卷），生活・读书・新知三联书店 1997 年版。

白占泉：《吕梁民俗》，北岳文艺出版社 1998 年版。

〔美〕明恩溥著，午晴、唐军译：《中国乡村生活》，时事出版社 1998 年版。

〔美〕埃利诺・奥斯特罗姆：《公共事物的治理之道》，上海三联书店 2000 年版。

〔美〕何炳棣著，葛剑雄译：《明初以降人口及其相关问题 1368—1958》，生活・读书・新知三联书店 2000 年版。

李俊峰主编：《众志成城送瘟神——山西省地方病防治纪实》，山西人民出版社 2000 年版。

范天平编注：《豫西水碑钩沉》，陕西人民出版社 2001 年版。

水利部农村水利司农水处编：《雨水集蓄利用技术与实践》，中国水利水电出版社 2001 年版。

薛平拴：《陕西历史人口地理》，人民出版社 2001 年版。

〔美〕艾兰著，张海晏译：《水之道与德之端 —— 中国早期哲学思想的本喻》，上海人民出版社 2002 年版。

潘光旦：《潘光旦文集》，北京大学出版社 2002 年版。

〔澳〕谭达先：《中国的解释性传说》，商务印书馆 2002 年版。

吴裕成：《中国的井文化》，天津人民出版社 2002 年版。

西营村志编纂委员会：《西营村志》，天马图书有限公司 2002 年版。

刘海岩：《近代天津城市演变》，天津社会科学院出版社 2003 年版。

瞿同祖：《清代地方政府》，法律出版社 2003 年版。

〔美〕苏珊 · 桑塔格著，程巍译：《疾病的隐喻》，上海译文出版社 2003 年版。

余新忠：《清代江南的瘟疫与社会 —— 一项医疗社会史的研究》，中国人民大学出版社 2003 年版。

郭冰庐：《窑洞风俗文化》，西安地图出版社 2004 年版。

张学会主编：《河东水利石刻》，山西人民出版社 2004 年版。

冯志华主编：《闻喜县水利志》（内部资料），山西省闻喜县水利局，2005 年。

李建民主编：《生命与医疗》，中国大百科全书出版社 2005 年版。

〔美〕克里斯托弗 · 贝里著，江红译：《奢侈的概念：概念及历史的研究》，上海世纪出版集团 2005 年版。

中国地图出版社编制：《中国自然地理图集》，中国地图出版社 2005 年版。

〔美〕威廉 · 埃德加 · 盖洛著，沈弘、恽文捷译：《中国长城》，山东画报出版社 2006 年版。

肖江河主编：《砖壁村志》，山西人民出版社 2006 年版。

阳泉供水志编纂委员会：《阳泉供水志》，山西人民出版社 2006 年版。

杨念群：《再造“病人” —— 中西医冲突下的空间政治（1832—1985）》，中国人民大学出版社 2006 年版。

梁志平：《水乡之渴：江南水质环境变迁与饮水改良（1840—1980）》，上海交通大学出版社 2014 年版。

李文瑞：《柏林村史稿》（未刊稿）。

S. A. M. Adshead, *Material Culture in Europe and China, 1400-1800: The Rise of Consumerism*, Macmillan, 1997.

Denis Smith, *Water-Supply and Public Health Engineering (Studies in the History of Civil Engineering, Volume 5)*, Variorum, 1999.

二、论文

曹树基：《国家与地方的公共卫生——以 1918 年山西肺鼠疫流行为中心》，《中国社会科学》2006 年第 1 期。

陈述平：《明清时期的井灌》，《中国社会经济史研究》1983 年第 4 期。

胡英泽：《古代北方的水质与民生》，《中国历史地理论丛》2009 年第 2 期。

胡英泽：《集体化时代农村档案与当代中国史研究》，《中共党史研究》2010 年第 1 期。

胡英泽：《水井碑刻里的近代山西乡村社会》，《山西大学学报》2004 年第 2 期。

胡英泽：《水井与北方乡村社会——基于山西、陕西、河南省部分地区乡村水井的田野考察》，《近代史研究》2006 年第 1 期。

胡英泽：《凿池而饮：明清时期北方地区的生活用水》，《中国历史地理论丛》2007 年第 2 期。

黄海艳、姚浚琪：《女性在节水战略中的作用》，《中国农村水利水电》2002 年第 10 期。

黄宗智：《悖论社会与现代传统》，《读书》2005 年第 1 期。

黄宗智：《认识中国：走向从实践出发的社会科学》，《中国社会科学》2005 年第 1 期。

过少雯：《“土木堡之变”的后勤警示》，《中国机关后勤》2001 年第 4 期。

雷祥麟：《负责任的医生与有信仰的病人——中西医论争与医病关系在民国

时期的转变》，见《生命与医疗》，中国大百科全书出版社 2005 年版。

李辅斌：《清代山西水利事业述论》，《西北大学学报》1995 年第 6 期。

李玉尚：《地理环境与近代江南地区的传染病》，《社会学研究》2005 年第 6 期。

〔日〕森田明：「水利共同体」論に対する中国からの批判と提言，東洋史訪第 13 号，兵庫教育大学東洋史研究会。

唐嘉弘：《井渠法和古井技术》，《农业考古》1984 年第 1 期。

王建革：《华北平原内聚型村落形成中的地理与社会影响因素》，见《历史地理》第 16 辑，上海人民出版社 2000 年版。

王铭铭：《水利社会的类型》，《读书》2004 年第 11 期。

王庆成：《晚清华北村落》，《近代史研究》2002 年第 3 期。

王涛锴：《“社会文化视野下的中国疾病医疗史”国际学术研究讨会综述》，《中国史研究动态》2006 年第 11 期。

王仰之：《中国古代的水井》，《西北大学学报》1982 年第 12 期。

萧璠：《汉宋间文献所见古代中国南方的地理环境与地方病及其影响》，见《生命与医疗》，中国大百科全书出版社 2005 年版。

行龙：《从“治水社会”到“水利社会”》，《读书》2005 年第 8 期。

应星：《身体与乡村日常生活中的权力运作 —— 对中国集体化时期一个村庄若干案例的过程分析》，《中国乡村研究》（第二辑），商务印书馆 2003 年版。

余新忠：《从社会到生命 —— 中国疾病、医疗史探索的过去、现实与可能》，见杨念群、黄兴涛、毛丹主编：《新史学 —— 多学科对话的图景》，中国人民大学出版社 2003 年版。

余新忠：《清代江南的卫生观念与行为及其近代变迁初探》，《清史研究》2006 年第 2 期。

余新忠：《另类的医疗史书写 —— 评杨念群著〈再造“病人”〉》，《近代史研究》2007 年第 6 期。

张茂增：《关中盆地地下水中氟中的地球化学特征与地方性氟病》，《陕西医药资料》（防治地方性氟中毒专辑）1984 年第 2 期。

张晓虹：《陕西历史聚落地理研究》，见《历史地理》第 16 辑，上海人民出版社 2000 年版。

周春燕：《明清华北平原城市的民生用水》，见王利华主编：《中国历史上的环境与社会》，生活·读书·新知三联书店 2007 年版。

三、田野考察搜集的部分黄土高原生活用水碑刻

山西省

山西省高平县北凹村关帝庙内咸丰五年《北凹村西河井壁记》

山西省高平县北凹村关关帝庙内咸丰八年《袁大老爷永断西河汲水碑》

山西省高平县梨园村同治十三年《告示碑》

山西省高平县张庄村咸丰九年《张庄村禁赌修理大池碑记》

山西省洪洞县罗云村乾隆四十年《天池碑》

山西省壶关县至正二年《创凿龙渊铭》

山西省壶关县至正四年《创凿龙井记》

山西省壶关县脚底村乾隆四十三年《创修石池碑》

山西省壶关县洪井村乾隆四十四年《挖池碑记》

山西省壶关县洪井村民国二十五年《洪井村修理大池碑记》

山西省壶关县绍良村乾隆五十七年《重修鲲化池碑记》

山西省稷山县复兴庄道光二十九年水井碑

山西省稷山县西段村嘉庆十二年水井碑

山西省稷山县南位村民国二十六年《重修东井碑记》

山西省稷山县梁村道光十二年水井碑

山西省稷山县杨史村乾隆五十五年《东井官银置箱碑》

山西省稷山县杨史村嘉庆十七年《修井厦建更铺碑》

山西省稷山县杨史村同治十二年《重修东甲井记》

山西省稷山县杨史村道光二十年《穿井并建井厦序》

山西省稷山县吴嘱村乾隆四十二年《穿井序》

山西省稷山县吴嘱村乾隆四十四年水井碑

山西省稷山县吴嘱村嘉庆十九年《起盖井夏碑》

山西省稷山县吴嘱村民国二十四年《东井穿井碑》

山西省稷山县南位村乾隆三十四年水井碑

山西省稷山县南位村乾隆三十五年水井碑

山西省稷山县南位村嘉庆九年水井碑

山西省稷山县南位村同治十一年《重修东井碑记》

山西省稷山县南位村民国二十四年《重修东井碑记》

山西省稷山县南位村民国八年《重修井碑记》

山西省稷山县南位村民国九年《修旧井记》

山西省稷山县武墩坡乾隆二十一年水井碑

山西省黎城县洪井村乾隆四十四年《挖池碑记》

山西省黎城县洪井村民国二十五年《洪井村修理大池碑记》

山西省辽县中寨村民国二十四年《中寨村凿井记》

山西省临汾市南太涧民国二十九年《西井重修记》

山西省临汾市土门镇乾隆五十三年《老虎沟井》

山西省临汾市土门镇民国二十三年《永久纪念碑》

山西省临汾市土门镇民国三十五年《十字井》

山西省临汾市王汾村道光七年水井碑

山西省临猗县好义村清代（年代不详）《重修池波碑记》

山西省陵川县四义庄村道光二十二年《古井碑记》

山西省陵川县附城镇大槲树村咸丰十一年《大槲树村禁约碑记》

山西省偏关县万历十年《创建滑石堡砖城记》

山西省平定县东小麻村民国十一年《三村公议修理泉子沟水井并规定四至界限及损坏井泉禁约规则合记》

山西省平定县回城寺村乾隆四十二年《公议用水碑记》

山西省平定县柳沟村咸丰十《施双眼井碑记》

山西省平定县道光十九年《思源井碑记》
山西省平定县道光三十年《后思源井碑记》
山西省平定县小桥铺村乾隆五十四年《新刻娘娘庙沟东官井碑记》
山西省平陆县圣人涧村光绪十二年《疏浚池塘记》
山西省平顺县东庄村光绪二十五年《创修水井及堂殿东西厨房记》
山西省平顺县掌里村光绪十九年《重修》
山西省平顺县掌里村民国十六年《三井筒序》
山西省万泉县解店村咸丰十年《解店凿井记》
山西省闻喜县郝壁村嘉庆七年水井碑
山西省闻喜县郝壁村嘉庆二十年《十字井记》
山西省闻喜县岭西东东村乾隆四十二年水井碑
山西省闻喜县岭西东西村万历三十四年《打井花名碑》
山西省闻喜县岭西东西村乾隆年间《西甲穿井记》
山西省闻喜县岭西东西村乾隆二十九年《创建井棚施财姓名碑》
山西省闻喜县岭东村正德元年《东官庄创开新井记》
山西省闻喜县岭东村康熙四十七年《岭东官庄村穿井记》
山西省闻喜县岭东村康熙五十年《井亭记》
山西省闻喜县岭东村乾隆十一年《中落井》
山西省闻喜县岭东村乾隆十六年《官庄村东甲重修井石记》
山西省闻喜县上白土村民国十一年《山西省高等审判分厅民事判决碑》
山西省闻喜县上白土村民国十五年《为渠水涉讼始末记》
山西省闻喜县上白土村 1984 年碑记
山西省闻喜县上宽峪村康熙二十八年《创建井神记》
山西省闻喜县上宽峪村雍正十二年《半坡穿井小叙》
山西省闻喜县上宽峪村乾隆三十七年《穿井小引》
山西省闻喜县上宽峪村乾隆四十三年《重修井崖记》
山西省闻喜县上宽峪村民国三十年《重修井厦记》
山西省闻喜县中宽峪村乾隆四十九年《观音庙前修路碑》

山西省闻喜县下宽峪乾隆四十七年《捐前花名碑》
山西省闻喜县店头村康熙四十九年《农事碑》
山西省闻喜县店头村乾隆三年水井碑
山西省闻喜县店头村乾隆五年《修井记》
山西省闻喜县店头村乾隆五年西北坡水井碑
山西省闻喜县店头村乾隆十六年白衣庙水井碑
山西省闻喜县店头村乾隆二十一年《重修井记》
山西省闻喜县店头村乾隆三十一年《重修享殿塈井舍记》
山西省闻喜县店头村乾隆四十年《重修井记》
山西省闻喜县店头村乾隆四十七年《修井口记》
山西省闻喜县店头村乾隆五十三年西北坡水井碑
山西省闻喜县店头村道光四年《新建真武庙重修井厦记》
山西省闻喜县店头村道光四年西北坡水井碑
山西省闻喜县店头村咸丰三年《重修井内施财姓名碑》
山西省闻喜县店头村同治七年《重修店头村官道井厦记》
山西省闻喜县店头村民国七年东井碑记
山西省闻喜县店头村民国八年西北坡水井碑
山西省闻喜县店头村民国二十二年《重修井厦记》
山西省闻喜县西雷阳村康熙四十三年《工完告成序》
山西省闻喜县西雷阳村雍正十二年《重修井记》
山西省昔阳县崔家庄乾隆二年《新修池碑记》
山西省昔阳县崔家庄乾隆三十八年《新修石坪碑记》
山西省昔阳县柳沟村道光二十五年《凿池碑记》
山西省昔阳县楼坪村嘉庆十八年《新凿南池序》
山西省襄汾县盘道村道光八年《修井碑记》
山西省襄汾县汾城镇尉村嘉庆三年《重修井序》
山西省襄汾县汾城镇尉村嘉庆九年《重修井碑》
山西省襄陵县北太柴村光绪元年水利碑

山西省阳城县崇祯八年《怀古坊清德井铭》
山西省阳城县小析山康熙十九年《大阳小析山取水记》
山西省阳城县孤山村顺治十八年《创立万缘池补修路碑记》
山西省阳城县西关宣统三年《重修西池记》
山西省翼城县南官庄康熙五十五年《西北巷创建碾房记》
山西省翼城县南官庄嘉庆六年水井碑

陕西省

陕西省澄城县马庄村道光元年《合村公议禁条》
陕西省澄城县居安村道光十六年《合村乡约公直同议禁条碑》
陕西省澄城县韦家村咸丰四年《乡约公直同议碑》
陕西省合阳县东清村万历四十八年《清善庄穿井碣记》
陕西省合阳县灵泉村道光十八年《重修池塘记》
陕西省合阳县灵泉村光绪十三年《重修东井龙王庙及房屋碑记》
陕西省合阳县灵泉村光绪二十六年《重浚东井并舍宇碑记》
陕西省合阳县灵泉村光绪二十六年《东井轮流时辰碑》
陕西省韩城县党家村乾隆五十五年修建井房碑记
陕西省韩城县党家村嘉庆七年《重修井舍碑记》
陕西省韩城县党家村光绪十一年《重修西井井房记》
陕西省韩城县党家村民国十一年《重修六行巷旧井并新建井房记》
陕西省韩城县留芳村嘉庆二年《建井房石记碑文》
陕西省韩城县留芳村咸丰三年《重修井泉并建井房碑记》
陕西省蒲城县永丰村乾隆三十三年《合村凿池碑记》

河北省

河北省井陉县于家石头村乾隆三十九年《柳池禁约》

河北省武安县柏林村万历四十五年《按院禁约碑》

河北省武安县柏林村乾隆十三年《移碑记》

河北省武安县柏林村乾隆四十七年《县正堂示》

河北省武安县柏林村嘉庆十七年《重修西池碑记》

河北省武安县柏林村道光十八年《县正堂示》

河北省武安县柏林村咸丰元年《重修东龙沟通利渠碑记》

河北省武安县柏林村光绪三十年《重修东龙沟碑记》

河北省武安县柏林村民国二十五年《上街四家公水窖记》

河北省武安县阳邑村同治元年《圣水池禁演放鸟枪碑》

四、档案资料

山西省档案馆

1. 卷宗号 C89-5-51

《山西省地方病防治人员训练总结及其实习调查报告》，1957 年。

《关于安泽县水土病（柳拐子病）的调查报告》，1957 年。

2. 卷宗号 C89-5-61

《关于柳拐子病及甲状腺肿病初步调查情况及防治措施意见》，1957 年 1 月 30 日。

《山西省浮山县安泽县大骨节病调查综合报告》，1957 年 12 月。

3. 卷宗号 C89-5-69

《临汾县地方病防治委员会关于 1958 年地方病调查防治工作报告》，1958 年 4 月 21 日。

《山西省卫生厅关于甲状腺肿及大骨节病初步调查与防治工作的报告》，1958 年 2 月 25 日。

4. 卷宗号 C89-5-70

《大骨节病中药治疗效果初步报告》，1958 年 12 月 29 日。

《中医针灸治疗对大骨节病疗效初步观察报告》，1958 年 11 月 20 日。

《沁源县乌木村地方性甲状腺肿防治经验及病因调查初步总结》，1958 年 7 月 29 日。

《中药“双乌丸”对大骨节病治疗效果总结报告》，1959 年 1 月 22 日。

《山西省安泽县冀氏乡宋家岭、瑶庄、料姜原、杨树庄四村吃旱井水防治大骨节病的效果调查报告》，1958 年 10 月 26 日。

5. 卷宗号 C89-5-71

《山西省卫生厅关于甲状腺肿及大骨节病初步调查与防治工作的报告》，1958 年 2 月 25 日。

《1958 年山西省甲状腺肿、大骨节病普查情况》，1959 年 4 月。

《山西省地方性甲状腺肿工作组到沁源县调查情况简报》，1958 年 7 月 25 日。

《安泽县柳拐子病调查报告》，1958 年。

《1958 年上半年消灭疾病工作情况》，1958 年 8 月 12 日。

《安泽县府城、范寨、和川三乡大骨节病调查总结》，1958 年 9 月 25 日。

《安泽县大骨节病不同程度罹患区饮用水物理化学分析初步报告》，1959 年 3 月 30 日。

《大骨节病防治研究组工作修订计划》，1958 年 12 月 4 日。

6. 卷宗号 C89-5-93

《大骨节病病因调查研究报告》，1959 年 4 月。

7. 卷宗号 C89-5-95

《中共安泽县委关于防治大骨节病的初步总结》，1959 年 4 月 15 日。

《中药“双乌丸”对大骨节病治疗效果观察报告》，1959 年 4 月 8 日。

《大骨节病 211 例分析》，1959 年 4 月。

《安泽县大骨节病流行病学调查分析总结》，1959 年 4 月。

《安泽县大骨节病地区对牲畜生长发育的影响调查报告》，1959 年。

8. 卷宗号 C89-5-97

《我们是怎样开展“水土病”防治工作的》，1959 年 4 月 17 日。

《喜报》，1959 年。

9. 卷宗号 C89-18-3

《中药“双乌丸”预防大骨节病效果观察报告》，1961 年 6 月 25 日。

《大骨节病临床及“双乌丸”治疗效果观察》，1961 年 6 月。

《山西省地方病防治概况》，1961 年 6 月。

10. 卷宗号 C89-18-39

《山西省安泽县水质分析报告》，1970 年。

《沿着毛泽东无产阶级卫生路线奋勇前进》，1970 年 12 月 15 日。

《红太阳照亮了金家凹》，1970 年 12 月 15 日。

安泽县档案馆

1. 卷宗号 1

《山西省安泽县大骨节病区营养调查报告》，1959 年。

《山西省十五个市县大骨节病调查总结》，1959 年。

2. 卷宗号 12

《安泽县地方病调查报告（1962—1963）》，1965 年 2 月 18 日。

3. 卷宗号 16

《毛泽东为贫下中农派来的亲人——记战斗在革命老根据地岳阳山区的解放军医疗队》，1970 年 11 月 10 日。

4. 卷宗号 17

《中国人民解放军北京军区后勤部卫生部李德庆副部长在安泽县千人大会上的讲话》，1970 年 9 月 7 日。

《县革委副主任卫玉明同志在首次赤脚医生会议上的讲话》，1973 年。

5. 卷宗号 26

《群防群治战病魔，人变地变产量增》，1972 年 5 月 15 日。

《草木灰浸出液治疗地方性甲状腺肿的做法和体会》，1972 年 5 月 20 日。

《大骨节病的致病因素及防治工作中的若干问题》，1965 年 10 月 20 日。

6. 卷宗号 27

《枯木逢春常思源——记一个大骨节病人的体会》，1973年4月8日。

《爹亲娘亲不如毛泽东亲》，1970年12月15日。

7. 卷宗号30

《安泽县地方病调查总结》，1966年11月。

《中共安泽县委关于防治大骨节病情况的总结报告》，1971年4月29日。

《实践出真知，防治有发展》，1972年4月23日。

《改水防病，征服“瘟神”》，1973年8月16日。

《安泽县大骨节病流行病学调查》，1973年9月5日。

《认真贯彻毛泽东革命卫生路线，大打防治地方病的人民战争》，1974年5月。

8. 卷宗号43

《军民改水，征服“瘟神”》，1972年1月12日。

《纲举目张方向明，改水防病干革命》，1972年5月20日。

《认真贯彻毛泽东革命卫生路线，大打防治地方病的人民战争》，1973年5月。

《防治大骨节病的几点看法》，1971年7月。

《改水防病，征服“瘟神”》，1973年9月5日。

《军民团结送瘟神，人变地变产量变》，1972年2月20日。

《走自力更生的道路，发展巩固合作医疗——郭都公社是怎样发展巩固合作医疗的》，1973年5月20日。

《认真贯彻毛泽东革命卫生路线，大打防治地方病的人民战争》，1974年5月。

《三年来防治地方病工作总结》，1973年5月7日。

《关于安泽县五个公社防治大骨节病情况的调查》，1973年。

9. 卷宗号45

《关于防治地方病工作规划（1973—1975）》，1973年5月14日。

《自力更生依靠群众办好合作医疗——古县永乐公社红木垣大队合作医疗制度的调查报告》，1971年12月。

《金家凹在继续前进》，1971年12月。

《军民团结送瘟神》，1974年5月。

10. 卷宗号49

《关于加强中西医结合工作的报告》，1976 年 6 月 1 日。

《大骨节病的致病因素及防治问题的探讨》，1974 年 7 月。

11. 卷宗号 54

《安泽县部分地区水文地质勘探结果》，1970 年 11 月 10 日。

《“九二〇”、甲基睾丸素促进大骨节病人生长效果的观察》，1972 年 5 月。

《水改防病效果好 ——柳树沟大队大骨节病普查报告》，1972 年 1 月 12 日。

《硫酸钾试治大骨节病初步观察》，1973 年 4 月。

12. 卷宗号 64

《安泽县首次赤脚医生会议总结》，1973 年。

13. 卷宗号 65

《镁碘盐防治大骨节病和地方性甲状腺肿安泽义唐试点居民患病情况调查报告》，1966 年 2 月 18 日。

《改水防病，征服“瘟神”》，1972 年 8 月 3 日。

14. 卷宗号 188

《安泽水土初步调查记》，1948 年 6 月。

15. 卷宗号 195

《全县水土情况调查》，1948 年 6 月。

陕西省档案馆

1. 卷宗号 152-2798

《陕西省水电局 1972 年 10 月澄城县召开的解决人畜饮水和机井建设会议的通知、报告、典型经验材料》

2. 卷宗号 152-2799

《陕西省水电局计委关于机井建设和解决人畜饮水、工程计划的报告，本局关于澄城、长武县人畜饮水情况调查报告》

3. 卷宗号 152-3354

《省打井办关于人畜饮水情况小结和有关地市关于人畜饮水、地方病的情况、

反映、计划、报告》

《陕西省永寿县御驾宫、马坊、仪井三公社大骨节病病因调查报告》

4. 卷宗号 152-3526

《1979 年 4 月份在彬县召开的“省人畜饮水病区改水工作座谈会议”材料》

5. 卷宗号 152-4009

《陕西省水利水保厅关于召开全省防氟改水、人畜饮水工作经验交流会通知、会议、日程、领导讲话交流材料》

6. 卷宗号 152-4109

《陕西省人畜饮改水工作会议交流材料》

7. 卷宗号 152-4110

《陕西省水利水保厅关于召开全省人畜饮水、防氟改水工作会议的交流材料（二）》

8. 卷宗号 244-1721

《1965 年至 1966 年各地防治地方病工作安排及有关材料》

致　谢

从2000年攻读硕士学位开始，我就以“从水井碑刻看近代山西乡村社会”为题，进行黄土高原生活用水的研究。2006年我申报的“明清以来黄土高原地区的民生用水与节水”国家社会科学基金青年项目批准立项，获此消息，真是“漫卷诗书喜欲狂”，自己多年的工作不仅得到了各位评审专家的认可，而且有了经费保障，可以按照自己的设想，从生活用水的角度开展乡村社会史研究。在此，谨向带领我走上学术之路的业师行龙教授，向国家社会科学基金办、省社科规划办致以诚挚的谢意！课题的一些阶段性成果在《近代史研究》、《中国历史地理论丛》、《史林》等刊物上发表，谨表谢意！

黄土高原生活用水研究是一个被研究者长期忽视的领域，必须通过田野考察才能解决史料不足的困难。黄土高原地域广大，沟壑纵横，要在短时间内完成田野考察和研究成果的撰写，实在是一个巨大的挑战。近年来，我们或以步当车，在黄土高坡上攀行；或租车求快，穿梭在乡村小路，进行了艰苦的田野考察工作，收集到大量一手资料。但面对广袤的黄土高原，我们是那么的渺小，工作真是微不足道。课题申报后，一则以喜，一则以忧。2003—2008年，正是我攻读博士学位之时，可以说，在读博期间，我同时又完成了课题，对于一个初学者来说，困难可想而知。课题结项后，书稿一放就是多年。后来，《山西、河北日常生活用水碑刻辑录》一文在《山西水利社会史》（北京大学出版社2012年版）刊出。2014年暑期沁河流域的多学科田野考察，再一次使我们认识到资料难以穷尽。作为“沁河风韵”系列丛书之一的随笔性著作《改邑不改井：沁河流域的水井与民生》（山西人民出版社2016年版）已经出版了，而本书的出版在我心目中有着更为重要的意义。

本书的第六章由课题参与人何满红撰写，是在她的硕士论文的基础上修改而成。

十多年来，在田野调查和查阅档案过程中，得到了一些单位和个人热心的帮助，在此我一一列举表示感谢。首先要感谢山西省安泽县档案馆、陕西省档案馆、陕西省渭南市水利局，为我们查阅档案提供了便利。田野考察，身处异乡，总难以忘记热情待我的好心人，他们不仅无私地提供资料，而且在生活上照顾有加，这些黄土地上的人们有山西省灵石县的景茂礼，陕西省合阳县文史馆的史耀增、渭南市水利局的华红安。台北“中央研究院”的邱仲麟教授惠寄了部分与生活用水相关的书籍，周春燕女士亦从事生活用水研究，惠赠了生活用水的论文及相关资料。周亚、李嘎制作的图表，也为本书增色不少，在此一并表示谢意。

在课题结项时，匿名评审专家对书稿的学术规范、研究框架、研究概念等都提出了很好的意见和建议，谨表谢忱。

书稿成于多年以前，不足与疏漏之处尚多，尚祈学界批评指正。